全国高等职业教育"十三五"规划教材

变形监测与沉陷工程技术

主　编　王启春　汪佑武

副主编　李　建　王瑞祥　毛　敏

参　编　孙宝明　王克晓

中国矿业大学出版社

内 容 提 要

本书充分考虑高等职业教育的教学要求与测绘工作实际情况,采用"项目—任务"模式,每个任务有"知识要点"和"技能目标",并按照任务导入、任务分析、相关知识、任务实施及思考与练习五个模块编写。基础知识以"必需、够用"为度,在满足相应课程教学目标的前提下尽可能降低教材的难度,删繁就简;突出实用技能培养,所讲内容尽可能贴近测绘生产实际情况,侧重对专业技能的培养,着重介绍现代变形监测新技术、新方法的应用,体现高等职业教育的特色。本书分为两篇:第一篇为工程变形监测技术,包括变形监测基本概念、沉降监测技术、水平位移监测技术以及基坑变形监测、工业与民用建筑物变形监测、边坡工程监测、地铁工程变形监测、水利工程变形监测;第二篇为开采沉陷工程技术,包括开采沉陷基本概念、地表与岩层移动监测方法、地表移动变形规律与预计、开采沉陷防治技术。

图书在版编目(CIP)数据

变形监测与沉陷工程技术/王启春,汪佑武主编
. —徐州:中国矿业大学出版社,2018.6
ISBN 978 - 7 - 5646 - 3888 - 7

Ⅰ. ①变… Ⅱ. ①王… ②汪… Ⅲ. ①变形观测—高
等职业教育—教材 Ⅳ. ①TV698.1

中国版本图书馆 CIP 数据核字(2018)第020528号

书 名	变形监测与沉陷工程技术
主 编	王启春 汪佑武
责任编辑	何晓明 孙建波
出版发行	中国矿业大学出版社有限责任公司
	(江苏省徐州市解放南路 邮编 221008)
营销热线	(0516)83885307 83884995
出版服务	(0516)83885767 83884920
网 址	http://www.cumtp.com E-mail:cumtpvip@cumtp.com
印 刷	江苏淮阴新华印刷厂
开 本	787×1092 1/16 印张 16.5 字数 412 千字
版次印次	2018 年 6 月第 1 版 2018 年 6 月第 1 次印刷
定 价	38.00 元

(图书出现印装质量问题,本社负责调换)

前　言

　　近年来,新型、有高科技含量的仪器设备和测量技术的出现,极大促进了变形监测技术的发展,丰富了课程内容,相应的课程教材需要及时地更新,缩减和淘汰陈旧的方法和技术。本书共分为两篇:第一篇为工程变形监测技术,包括变形监测基本概念、沉降监测技术、水平位移监测技术以及基坑变形监测、工业与民用建筑物变形监测、边坡工程监测、地铁工程变形监测、水利工程变形监测;第二篇为开采沉陷工程技术,包括开采沉陷基本概念、地表与岩层移动监测方法、地表移动变形规律与预计、开采沉陷防治技术。

　　本书充分考虑高等职业教育的教学要求与测绘工作实际情况,采用"项目—任务"模式,每个任务有"知识要点"和"技能目标",并按照任务导入、任务分析、相关知识、任务实施及思考与练习五个模块编写。基础知识以"必需、够用"为度,在满足相应课程教学目标的前提下尽可能降低教材的难度,删繁就简;突出实用技能培养,所讲内容尽可能贴近测绘生产实际情况,侧重对专业技能的培养,着重介绍现代变形监测新技术、新方法的应用,体现高等职业教育的特色。

　　本书由王启春、汪佑武任主编,李建、王瑞祥、毛敏任副主编。具体分工如下:项目一、项目九、项目十一、项目十二由王启春(重庆工程职业技术学院)编写;项目二由孙宝明(重庆工程职业技术学院)编写;项目三由王克晓(重庆市农业科学院)编写;项目四、项目五由王瑞祥(云南能源职业技术学院)编写;项目六、项目八由李建(重庆工程职业技术学院)编写;项目七由毛敏(云南能源职业技术学院)编写;项目十由汪佑武(淮南职业技术学院)编写。王启春、汪佑武对本书稿进行了统校工作。

　　在本书的编写过程中,中国矿业大学郭广礼教授和重庆工程职业技术学院冯大福教授、焦亨余副教授对本书进行了认真审阅,从内容到框架提出了许多宝贵的意见和建议,对本书质量的提高起到了促进作用。编者在编写过程中,参阅了大量的文献,引用了同类书刊的部分资料。在此,向以上同志和有关文献作者表示衷心的感谢!

　　由于编者水平有限,在本书编写过程中,虽然编者做了很大努力,但书中难免有谬误和错漏之处,敬请广大读者批评指正。

编　者
2017 年 7 月

目　　录

上篇　工程变形监测技术

下篇　开采沉陷工程技术

上　篇
工程变形监测技术

项目一 变形监测基本概念

任务一 变形监测基础知识

【知识要点】 变形监测的概念；变形监测的主要任务；变形监测的目的和意义；变形监测的特点和分类。

【技能目标】 了解变形监测的概念和主要任务；掌握变形监测的目的和意义；掌握变形监测的特点和分类。

任务导入

各种工程建筑物都有规定的使用年限，要求在使用期限内稳定安全，并能经受住一定的外力破坏作用。从开工建设到使用结束，均希望达到设计的质量标准，确保安全使用，并尽量延长使用期限。现代工程建筑物正朝着体积大、重量大、结构复杂、内部工程机械设备多、施工周期短、使用频率高等方向发展，因此工程变形监测有着特别重要的意义。

任务分析

为了掌握变形监测基础知识，需了解变形监测的概念和主要任务，从而掌握变形监测的目的与意义、特点以及分类。

相关知识

一、变形与变形监测的概念

物体的形状变化称为变形。变形通常分为两类：自身的变形和相对于参考物的位置变化。

物体自身的变形主要包括伸缩、裁剪、裂缝、弯曲和扭转等。物体相对于参考物的位置变化主要包括水平位移、垂直位移（沉降）、倾斜等。

变形监测又称变形观测，是对变形体进行测量以确定其自身变形，或者通过测量确定其空间位置随时间的变化特征。工程变形监测是利用专门的仪器和方法对工程建筑物等监测对象的变形进行周期性重复观测，从而分析变形体的变形特征、预测变形体的变形态势。

对于工程变形监测来说，变形体一般包括工程建（构）筑物、机械设备以及其他与工程建设有关的自然或人工对象（如高层建筑物、重型建筑物、地下建筑物、大坝、桥梁、隧道、高边坡、滑坡体、开采沉陷区、古建筑等）。

影响工程建筑物变形的因素有外部因素和内部因素两个方面。外部因素主要是指建筑物负载及其自重的作用使其地基不稳定,振动或风力等因素引起的附加载荷,地下水位的升降及其对基础的侵蚀作用,地基土的荷载与地下水位变化影响下产生的各种工程地质现象以及地震、飓风、滑坡、洪水等自然灾害引起的变形或破坏。内部因素主要是指建筑物本身的结构、负重、材料以及内部机械设备振动作用。此外,地质勘探不充分、设计不合理、施工质量差、运营管理不当等引起的不应有的额外变形和人为破坏也是重要因素。

二、变形监测的主要任务

工程变形监测的主要任务是周期性地对观测目标进行观测,从观测点的位置变化中了解建筑物变形的空间分布,通过对各次观测成果分析比较,了解其随时间的变化特征,从而判断建筑物的质量、变形的过程以及变形的趋势,对超出变形允许范围的建筑物、构筑物及时分析原因,采取加固措施,防止变形的发展,避免事故的发生。

三、变形监测的目的

工程变形监测的主要目的是要获得变形体的空间位置随时间变化的特征,科学、准确、及时地分析和预报工程建筑物的变形状况,同时还要正确地解释变形的原因和机理。

工程变形监测的目的大致可分为三类:第一类是安全监测,即希望通过重复观测,能第一时间发现建筑物的不正常变形,以便及时分析和采取措施,防止事故的发生;第二类是积累资料,各地对大量不同基础形式的建筑物所作沉降观测资料的积累,是检验设计方法的有效措施,也是以后修改设计方法、制定设计规范的依据;第三类是为科学试验服务,这实质上也是为了收集资料,验证设计方案,也可能是为了安全监测,只是它在一个较短时期内,在人工条件下让建筑物产生变形。

计算变形量、变形速度等数据的工作称为变形的几何分析;分析变形的产生原因、演变规律等的工作称为变形的物理分析。

四、变形监测的意义

变形监测有实用上和科学上两方面的意义。实用上的意义主要是监测各种工程建筑物及其地质结构的稳定性,及时发现异常变化,对其稳定性和安全性做出判断,以便采取措施处理,防止发生安全事故。

科学上的意义在于积累监测分析资料,以便更好地解释变形的机理,验证变形的假说,建立有效的变形预告模型,为研究灾害预报的理论和方法服务,验证有关工程设计的理论是否正确、设计方案是否合理,为以后修改完善设计、制定设计规范提供依据,如改善建筑物的各项物理参数、地基强度参数,以防止工程破坏事故,提高抗灾能力等。

五、变形监测的特点

与工程建设中的地形测量和施工测量相比,变形监测具有以下特点:

(1)重复性观测

这是变形监测的最大特点。重复观测的频率取决于变形的大小、速度以及观测的目的。第一次观测称为初始观测周期或零周期观测。每一周期的观测方案中,监测网的图形、使用仪器、作业方法乃至观测人员都要尽可能一致。

(2)观测精度高

相比其他测量工作,变形观测精度要求高,典型精度要求达到 1 mm 或相对精度达到 10^{-6}。但对于不同的任务或对象,精度要求有差异,即使对于同一建筑物的不同部位,观测精度也不尽相同。制定变形监测的精度取决于变形的大小、速率、仪器和方法所能达到的实际精度以及监测的目的等。

（3）综合应用多种测量方法

由于各种测量方法都有优缺点，因此根据工程点变形测量的要求，综合应用地面测量方法（如几何水准测量、三角高程测量、方向和角度测量、距离测量等）、空间测量技术（如 GPS技术、合成孔径雷达干涉等）、近景摄影测量、地面激光雷达技术以及专门测量手段，可以起到取长补短、相互校核的目的，从而提高了变形测量精度和可靠性。

（4）数据处理过程的严密性

变形量一般很小，有时甚至与观测精度处在同一量级，要从含有误差的观测值中分离出变形信息，需要严密的数据处理方法。观测值中经常含有粗差和系统误差，在估计变形模型之前要进行筛选，以保证结果的正确性。变形模型一般是预先不知道的，需要仔细地鉴别和检验。对于发生变形的原因还要进行解释，建立变形和变形原因之间的关系。变形监测资料可能是由不同的方法在不同的时间采集的，需要综合地利用。再者，变形观测是重复进行的，多年观测积累了大量资料，必须有效地管理和利用这些资料。

（5）多学科综合分析

变形观测工作者必须熟悉并了解所要研究的变形体，包括变形体的形状特征、结构类型、构造特点、所用材料、受力状况以及所处的外部环境条件等，这就要求变形观测工作者应具备地质学、工程力学、岩土力学、材料科学和土木工程等方面的相关知识，以便制定合理的变形观测精度指标和技术指标，合理而科学地处理变形观测资料和分析变形观测成果，特别是对变形体的变形做科学合理的物理解释。

六、变形监测分类

（一）按照变形监测的研究范围分类

可分为全球性变形监测、区域性变形监测和工程变形监测。

（1）全球性变形监测是指对地球自身动态变化（如自转速率变化、地极移动、海水潮汐、地球板块运动、地壳形变等）的监测。

（2）区域性变形监测是指对一个城市或一个工矿厂区等区域性地域进行的监测，如三峡库区周边地表沉降监测等。

（3）工程变形监测是指对某个具体的工程建筑物进行的监测。

（二）按照变形体产生变形的时间和过程分类

（1）静态变形通常指在某一时间段内产生的变形，是时间的函数，一般通过周期观测得到，如高层建筑物的沉降、矿区开采沉陷等。

（2）动态变形指在某个时刻的瞬时变形，是外力的函数，一般通过持续监测得到，如地震、滑坡、塌方等。

（三）按照变形监测相对于变形体的空间位置分类

（1）外部变形监测主要是测量变形体在空间二维几何形态上的变化，普遍使用的是常用测量仪器和摄影测量设备。这种测量手段技术成熟、通用性好、精度高，能提供变形体整体的变形信息，但野外工作量大，不容易实现连续监测。

（2）内部变形监测主要是采用各种专用仪器，对变形体结构内部的应变、应力、温度、渗压、土压力、孔隙压力以及伸缩缝开合等项进行观测。这种测量手段容易实现连续自动的监测及长距离遥控遥测,精度也高,但只能提供局部的变形信息。

（四）按照变形监测的目的分类

可分为施工变形监测（在施工过程中对其变形的监测）、监视变形监测（在工程竣工使用后的监测）和科研变形监测（为了研究变形规律和机理而进行的监测）等。

任务二　变形监测的内容与方法

【知识要点】　变形监测技术的主要内容;变形监测的方法。

【技能目标】　掌握变形监测技术的主要内容;了解变形监测的方法。

 任务导入

变形监测的内容应根据变形体的性质与地基情况来确定。对于不同类型的变形体,其监测的内容和方法应有所不同。

 任务分析

根据变形体的性质与地基情况来确定变形监测的内容,从而确定变形监测的方法。

 相关知识

一、变形监测的分类

（一）按照变形性质进行分类

变形体在平面位置、高程位置、垂直度、弯曲度等方面发生的变形,按照其变形性质一般可以归纳为以下几种:

（1）位移:变形体平面位置随时间发生的移动称为水平位移,简称位移。水平位移监测就是测定变形体沿水平方向的位移变形值,并提供变形趋势与稳定预报而进行的测量工作。产生水平位移的原因主要是建筑物及其基础受到了水平应力的影响。适时监测建筑物的水平位移量,能有效地监控建筑物的安全状况,并可根据实际情况采取适当的加固措施。

（2）沉降:变形体在高程方向上的变形,本应称为垂直位移,但由于历史的沿袭和特定情况下的需要,以及考虑与建筑学、岩石力学、土力学等相关学科之间的联系,常称为沉降或沉陷。建（构）筑物垂直位移监测是测定基础和建（构）筑物本身在垂直方向上的位移。当前,在建筑物施工或使用阶段进行沉降监测,其首要目的仍是为了保证建筑物的安全,通过沉降监测发现沉降异常,分析原因并采取必要的防范措施。

（3）倾斜:是指变形体在垂直度方面的变形。倾斜一般是由于变形体不同侧变形量大小不一样造成的,如基础的不均匀沉降等。

（4）挠度:是指变形体不同位置偏离其理论位置的变形。

（5）裂缝:是指变形体自身材料在拉、压应力的作用下产生的缝隙,是由于变形体各部分变形不均匀引起的,对变形体的安全危害最大。

（6）日照变形:是指变形体由于向阳面与背阳面温差引起的偏移量及其变化规律。

（7）风振变形：是指超高层建筑或其他构筑物上部结构在风的作用下产生的位移或偏振。

（8）动态变形：是指变形体在可变荷载作用下的变形，其特点是具有一定的周期性。

（二）按照监测方式进行分类

国内有些从事变形监测的学者将变形监测的内容分为以下四类：

（1）位移监测：主要包括垂直位移（沉降）监测、水平位移监测、挠度监测、裂缝监测等，对于不同类型的建筑物或地区，观测项目有一定差异。

（2）环境量监测：一般包括气温、气压、降水量、风力风向等。对于水工建筑物，还应监测库水位、库水温度、冰压力、坝前淤积和下游冲刷等；对于桥梁工程，还应监测河水流速、流向、泥沙含量、河水温度、桥址区河床变化等。总之，对于不同的工程，除了一般性的环境量监测外，还要进行一些针对性的监测工作。

（3）渗流监测：主要包括地下水位监测、渗透压力监测、渗流量监测、扬压力监测等。

（4）应力、应变监测：主要项目包括混凝土应力应变监测、锚杆（锚索）应力监测、钢筋应力监测、钢板应力监测、温度监测等。为使应力、应变监测成果不受环境变化的影响，在测量应力、应变时，应同时测量监测点的温度。应力、应变的监测应与变形监测、渗流监测等项目结合布置，以便监测资料的相互验证和综合分析。

（三）按照几何量和物理量进行分类

（1）有关几何量的变形监测：主要内容包括水平位移监测，垂直位移监测，偏距、倾斜、挠度、弯曲、扭转、振动、裂缝等监测。水平位移是监测点在平面上的移动，它可分解到某一个特定方向；垂直位移是监测点在铅垂线上的移动；而偏距、倾斜、挠度等也可归结为沉降和水平位移监测。

（2）有关物理量的变形监测：主要内容包括应力、应变、温度、气压、水位、渗流、渗压、扬压力等监测。

总的来说，变形监测的内容应根据变形体的性质与地基情况来确定。对于不同类型的变形体，其监测的内容和方法有一定的差异。

二、变形监测的过程

变形监测工作通常有如下几个步骤和过程：

（1）变形监测网的优化设计与观测方案的实施：包括监测网质量标准的确定、监测网点的最佳布设以及观测方案的最佳选择与实施。

（2）观测数据处理：包括观测数据质量评定与平差、观测值之间相关性的估计以及粗差和系统误差检测与剔除。

（3）变形的几何分析：包括变形模型的初步鉴别、变形模型中未知参数的估计、变形模型的统计检验和最佳模型的选择以及变形量的有效估计。

（4）变形的物理解释与变形预报：包括探讨变形的成因，给出变形位与荷载（引起变形的有关因素）之间的函数关系，并作变形预报。

三、变形监测的方法

（一）常规大地测量方法

常规大地测量方法通常指的是利用常规的大地测量仪器测量方向、角度、边长、高差等技术来测定变形的方法，包括布设成边角网、各种交会法、极坐标法以及几何水准测量法、三角高程测量法等。常规的大地测量仪器有光学经纬仪、光学水准仪、电磁波测距仪、电子经纬仪、电子全站仪以及测量机器人等。常规大地测量方法主要用于变形监测网的布设以及每个周期的观测。

（二）GPS方法

GPS技术在测量的连续性、实时性、自动化及受外界干扰程度等方面表现出了越来越多的优越性。使用GPS差分技术进行变形测量时,需要将一台接收机安放在变形体以外的稳固地点作为基准站,另外一台或多台GPS接收机天线安放在变形点上作为流动站。GPS方法可以用于测定场地滑坡的三维变形、大坝和桥梁水平位移、地面沉降以及各种工程的动态变形（如风振、日照及其他动荷载作用下的变形）等。

（三）数字近景摄影测量方法

使用数字近景摄影测量方法观测变形时,首先在变形体周围的稳固点上安置高精度数码相机,对变形体进行摄影,然后通过数字摄影测量处理获得变形信息。与其他方法相比较,数字近景摄影测量方法具有以下显著特点:

（1）信息量丰富,可以同时获得变形体上大批目标点的变形信息。

（2）摄影影像完整记录了变形体各时期的状态,便于后续处理。

（3）外业工作量小,效率高,劳动强度低。

（4）可用于监测不同形式的变形,如缓慢、快速或动态的变形。

（5）观测时不需要接触被监测物体。

（四）激光扫描方法

地面三维激光扫描应用于变形监测的特点如下:

（1）信息丰富。

（2）实现对变形体的非直接测量。

（3）便于对变形体进行整体变形的研究。地面三维激光扫描系统通过多站的拼接,可以获取变形体多角度、全方位、高精度的点云数据,通过去噪、拟合和建模,可以方便地获取变形体的整体变形信息。

（五）InSAR方法

合成孔径雷达干涉测量（InSAR）技术使用微波雷达成像传感器对地面进行主动遥感成像,采用一系列数据处理方法,从雷达影像的相位信号中提取地面的形变信息。

用InSAR进行地面变形监测的主要优点在于:

（1）覆盖范围大,方便迅速。

（2）成本低,不需要建立监测网。

（3）空间分辨率高,可以获得某一地区连续的地表形变信息。

（4）全天候,不受云层及昼夜影响。

（六）专用测量技术手段

变形测量除了上述测量方法外,还包括一些专门手段,如应变测量、液体静力水准测量、准直测量、倾斜测量等。这些专门的测量手段的特点主要有:测量过程简单,容易实现自动化监测和连续监测,提供的是局部的变形信息。

（1）应变测量

应变测量根据应变计工作原理分为两类:一类是通过测量两点距离的变化来计算应变;

另一类是直接用传感器,实质上是一个导体(金属条或很窄的箔条埋设)在变形体中,由于变形体中的应变而使得导体伸长或缩短,从而改变导体的电阻。导体电阻的变化用电桥测量,通过测量电阻值的变化就可以计算应变。

（2）液体静力水准测量

这是利用静止液面原理传递高程的方法,即利用连通管原理测量各点处容器内液面高差的变化,以测定垂直位移的观测方法,可以测出两点或多点间的高差。适用于建筑物基础、混凝土坝基础、廊道和土石坝表面的垂直位移观测。一般将其中一个观测头安置在基准点,其他各观测头安置在目标点上,通过它们之间的差值就可以得出监测点相对基准点的高差。该方法无须点与点之间的通视,容易克服障碍物之间的阻挡。另外,还可以将液面的高程变化转化成电感输出,有利于实现监测的自动化。

（3）准直测量

准直测量就是测量测点偏离基准线的垂直距离的过程,它以观测某一方向上点位相对于基准线的变化为目的,包括水平准直和铅直两种。水平准直法为偏离水平基线的微距离测量,该水平基准线一般平行于被监测的物体。铅直法为偏离垂直线的微距离测量,经过基准点的铅垂线作为垂直基准线。

（4）倾斜测量

基础不均匀的沉降将使建筑物倾斜,对于高大建筑物影响更大,严重的不均匀沉降会使建筑物产生裂缝,甚至倒塌。倾斜测量的关键是测定建筑物顶部中心相对于底部中心或者各层上层中心相对于下层中心的水平位移矢量。建筑物倾斜观测的基本原理大多是测出建筑物顶部中心相对于底部中心的水平偏差来推算倾斜角,常用倾斜度(上、下标志中心点间的水平距离与上、下标志中心点高差的比值)来表示。

任务三　变形监测技术的发展趋势

【知识要点】　变形监测技术的发展;新技术在变形监测中的应用。

【技能目标】　了解新技术在变形监测中的应用。

**任务导入**

现代科学技术的飞速发展,促进了变形监测技术手段的更新换代。现代变形监测正逐步迈向多层次、多视角、多技术、自动化的立体监测体系。

**任务分析**

了解变形监测技术的发展趋势以及新技术在变形监测中的应用。

**相关知识**

一、变形监测技术的发展

现代科学技术的飞速发展,促进了变形监测技术手段的更新换代。以测量机器人、地面三维激光扫描为代表的现代地上监测技术,改变了经纬仪、全站仪等人工观测技术,实现了监测自动化。以测斜仪、沉降仪、应变计等为代表的地下监测技术,正在实现数字化、自动化、网络化。以 GPS 技术、合成孔径雷达干涉差分技术和机载激光雷达技术为代表的空间对地观测技术,正逐步得到发展和应用。同时,有线网络通信、无线移动通信、卫星通信等多种通信网络技术的发展,为工程变形监测信息的实时远程传输、系统集成提供可靠的通信保障,现代变形监测正逐步迈向多层次、多视角、多技术、自动化的立体监测体系。总之,现代变形监测技术发展趋势有以下几个方面的特征:

(1)多种传感器、数字近景摄影、全自动跟踪全站仪和 GPS 的应用,将向着实时、连续、高效率、自动化、动态监测系统的方向发展。

(2)变形监测的时空采样率会得到大大提高,变形监测自动化为变形分析提供了极为丰富的数据信息。

(3)高度可靠、实用、先进的监测仪器和自动化系统,要求在恶劣环境下长期稳定可靠地运行。

(4)实现远程在线实时监控,在大坝、桥梁、边坡体等工程中将发挥巨大作用,网络监控是推动重大工程安全监控管理的必由之路。

二、新技术在变形监测中的应用

(一)测量机器人监测技术

TCA 自动化全站仪,又称测量机器人。该仪器由伺服马达驱动,在一定的范围内,由机载系统软件控制,自动识别目标、测量(水平角、垂直角、距离)目标和自动检测记录观测数据。测量机器人的测角测距精度高,目前徕卡 TCA2003 的测角标称精度达到 $\pm 0.5''$,测距标称精度 $\pm(1\ mm+1\times10^{-6}D)$,$D$ 指以 GPS 为中心的方圆直径,单位是千米(km)。且在此仪器的基础上,对仪器进行实验检测,精确确定仪器的差分改正系数,实现温度、气压、大气折光等外部条件对测量距离、角度观测值的实时差分改正,提高观测的精度。相比于普通全站仪测量机器人,具有自动照准功能,随机携带变形监测程序,且能够基于 GeoBasic 进行二次开发,因此测量机器人在变形监测中已得到了广泛应用。

目前徕卡 TCA2003 已成功用于小浪底大坝外部变形监测、大型桥梁变形监测、溪洛渡电站变形监测等监测工程中。对于不同的工程实例,虽然具体的监测方法和使用的具体监测程序不同,但是其基本原理和步骤相似,都是基于 TCA2003 的自动照准功能开发监测程序,自动获取监测点在不同时间的三维坐标,进行前后对比分析。其基本步骤如图 1-1 所示。

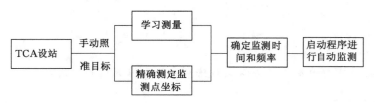

图 1-1　TAC 监测步骤

(二)近景摄影测量技术

近景摄影测量是摄影测量学的一个分支,采用非接触量测手段,具有速度快、效率高、信息量大、不触及目标等优点。近景摄影测量可以使用非量测数码相机进行拍照测量,其所用设备价格低廉,便于携带,野外作业灵活方便,目前国内已有许多学者将此技术应用于大坝、边坡以及矿区的变形监测。

基于近景摄影测量原理,不同的学者在野外数据获取和内业数据处理工作中,因实地情况、拍摄方法、数据处理方法不同,所得到的数据精度各不相同。刘昌华等使用标定后的非量测相机,采用旋转多基线交向摄影方式,在木城涧煤矿大台井采煤区上方的山坡做近景摄影测量实验,测量精度达到厘米级。李天子等使用高精度几何标定的非量测相机,采用多基线极限倾角的数字近景摄影测量技术,用于监测平面地表变形,平差后精度可以达到毫米级,满足沉降监测的精度要求。

（三）三维激光扫描监测技术

三维激光扫描是一种先进的全自动高精度立体扫描技术,激光雷达通过发射红外激光直接测量雷达中心到被监测点的角度和距离,获取被监测点的三维坐标。激光雷达属于无协作目标测量技术,能够快速获取高密度的数据。根据承载平台的不同,三维激光扫面又分为机载型、车载型、站载型。其中,车载型和站载型属于地面三维激光扫描。

（四）光纤传感器地下监测技术

光纤传感器地下监测技术是利用光在光纤中的反射及干涉原理监测结构体及岩土内部变形的技术。采用光纤传感器可以进行长距离、大范围的分布式面状监测,系统不受电磁干扰,稳定性非常好。光纤传感器本身又是信号的传输线,可以实现远程监测。

（五）GPS 监测技术

GPS 监测技术具有全天候作业、监测精度高、通视要求低、直接获取三维坐标、易实现自动化监测等特点,已成为变形监测领域一项重要技术。目前,我国已利用 GPS 建立了中国地壳运动观测网络。在工程变形监测方面,GPS 已被广泛应用在露天矿边坡监测、尾矿库监测、大型滑坡体监测、水库大坝监测、城市地面沉陷监测、矿区开采地表沉陷监测、地质灾害预报监测、地震预报监测等领域。

（六）合成孔径雷达监测技术

合成孔径雷达就是利用雷达与目标的相对运动把尺寸较小的真实天线孔径用数据处理的方法合成较大的等效天线孔径的雷达,其特点是分辨率高,能全天候工作,能有效识别伪装和穿透掩盖物。通过合成孔径雷达,探测目标物的后向散射系数特征,通过双天线系统或重复轨道法,可以由相位和振幅观测值实现干涉雷达测量。利用同一监测地区的两幅干涉图像,其中一幅是通过变形事件前的两幅 SAR 获取的干涉图像,另一幅是通过变形事件前后两幅 SAR 图像获取的干涉图像,将两幅干涉图像进行差分处理,可获取地表微量形变,因此 D-InSAR 可以用来研究地表面水平和垂直位移、形变等。合成孔径雷达干涉及其差分技术在地震形变、冰川运移、活动构造、大型工程的地面沉降及滑坡等研究与监测中有广阔的应用前景。

思考与练习

1. 简述变形监测的目的和意义。
2. 简述变形监测的特点。

3．变形监测的主要任务有哪些？

4．变形监测的分类主要有哪些？

5．变形监测的主要方法有哪些？

6．简述现阶段哪些新技术已在变形监测中得到应用。

项目二　沉降监测技术

任务一　概　　述

【知识要点】　沉降监测的基本原理和基本要求。

【技能目标】　了解沉降监测在建设方面起到的重大作用和意义。

任务导入

沉降监测是变形监测的主要内容之一,是定期观测监测点相对于基准点的高差,并求得该点不同时期的高程变化量的工作。对于建(构)筑物整个过程的稳定性起到客观评价的作用。本项目内容主要是让学生能够了解沉降监测的重要性,并能够掌握沉降监测的基本要求。对后续内容起到铺垫和入门的作用。

任务分析

为了掌握沉降监测技术的基本内容,首先需要了解沉降监测的意义,知道该项工作是至关重要的一个环节;然后掌握沉降监测的基本原理,可以通过沉降量求出监测差、沉降速度、部分倾斜量、相对弯曲度等基本量;最后需掌握沉降监测在实际作业过程中需要遵循的基本要求。

相关知识

一、沉降监测的意义

随着我国经济建设的不断发展,各类大型、复杂的建(构)筑物日益增多,在工程建设的整个过程中,不仅改变了地面的形态,而且建(构)筑物本身也会对地基增加一定的压力,这就势必引起地基与周边地层的位置变化,造成沉降。因此,为保证建(构)筑物能够安全正常施工作业和后期按照设计寿命使用,以及对后期的勘察设计提供准确的沉降参数,对建(构)筑物的沉降监测有重要意义。对于高层甚至超高层建(构)筑物,在施工过程中,沉降监测工作应该加强过程监控,指导施工过程安全进行,预防因变形不均匀导致施工进度缓慢。避免因沉降造成的建(构)筑物主体破坏或是产生影响结构使用上的裂缝,造成不必要的经济损失。

沉降监测是指测定事先安置在建(构)筑物上的观测点相对于高程基准点的垂直变化量(即沉降量)、沉降差和沉降速度,根据项目要求计算基础倾斜、局部倾斜、构件倾斜和相对弯曲量,并绘制沉降量载荷变化曲线、沉降分布曲线等。沉降观测的工作是从项目动工及地基开挖之前开始,并且在整个施工过程中持续进行,直到投入使用沉降量无明显变化为止。

二、沉降监测的基本原理

沉降监测是定期观测监测点相对于基准点的高差,并求得该点不同时期的高程变化量,即为该点的沉降量。通过沉降量可以求出监测差、沉降速度、部分倾斜量、相对弯曲度等,为监测分析提供更为翔实的数据。

设某建筑体上的一个监测点起始观测高差为 $h^{[1]}$,高程为 $H^{[1]}$,在后面周期的监测中高差分别为 $h^{[2]}, h^{[3]}, \cdots, h^{[i-1]}, h^{[i]}$,高程分别为 $H^{[2]}, H^{[3]}, \cdots, H^{[i-1]}, H^{[i]}$,基准点 A 的高程为 H_A,则有:

$$H^{[1]} = H_A + h^{[1]}, \cdots, H^{[i-1]} = H_A + h^{[i-1]}, \quad H^{[i]} = H_A + h^{[i]} \tag{2-1}$$

由此可知该监测点的第 i 个周期相对于第 $i-1$ 个周期的沉降变化量 $S^{i,i-1}$ 为:

$$S^{i,i-1} = H^{[i]} - H^{[i-1]} \tag{2-2}$$

该监测点在第 i 个周期相对于起始观测周期的沉降积累量 S^i 为:

$$S^i = H^{[i]} - H^{[1]} \tag{2-3}$$

由式(2-3)可知,当 S^i 为负值时,表示该监测点下沉;当 S^i 为正值时,表示该监测点上升。

当已知监测点第 i 次周期距起始周期的总观测时间为 Δ_t,则沉降的速度 v 为:

$$v = \frac{S^i}{\Delta_t} \tag{2-4}$$

三、沉降监测的基本要求

1. 仪器要求

一般情况下,沉降观测的精度要求是比较高的,为能精确反映出变化量,要求测量的误差要小于变形值的 $1/20 \sim 1/10$,则需要使用 S1 或 S05 级的精密水准仪进行作业。水准尺也要选择受环境变形影响较小的铟钢尺。

2. 观测时间要求

建(构)筑物的观测时间是有严格限制的,尤其是初次测量必须按时进行,否则观测的数据将不准确,无法达到监测的目的。其他各阶段在复测过程中也要根据施工的进展定时观测,变形监测变量是随时间变化的,因此不得漏测或是补测。

3. 监测点的要求

为了能够客观反映出建(构)筑物的沉降情况,监测点需要埋设在最能反映沉降特征且利于观测的位置,要求监测点在建(构)筑物上纵横方向均匀分布,相邻的监测点间距一般设置为 $15 \sim 30$ m。

4. 观测者的要求

测量人员必须经过严格的专业学习与培训,熟练掌握经纬仪操作流程与规范,视觉良好,能够对不同的监测项目做出具体的观测方案,针对作业过程中出现的各种问题能够分析解决,在操作过程中能够做到快速准确地观测。

5. 施测的要求

在监测过程中要做到操作方法和流程符合要求。在第一次观测前,要对使用的仪器进行精确校正,减少因仪器本身产生的误差;必要时,需要经计量单位进行鉴定,经检查合格后方可施测。后期连续观测 3～6 个月后,要重新对所使用的仪器进行检校。

6. 精度要求

精度等级的要求要根据施测的建(构)筑物特征及建设需求进行选择。在一般的高层建筑中,采用二等水准测量即可满足精度要求。各项的监测指标如下:

(1) 往返较差、闭合或附和闭合差 $\leqslant 4\sqrt{L}$ mm(L 为监测路线长度)。

(2) 前后视距 $\leqslant 50$ m。

(3) 前后视距差 $\leqslant 1$ m。

(4) 前后视距累计差 $\leqslant 3$ m。

(5) 仪器精度要不低于 S1 级。

7. 成果与计算要求

监测记录的数据要真实,不得涂改。计算成果要符合规范要求,并做到以步步校核、结果合格的原则整理数据。并且建(构)筑物设计图纸中要有专门的沉降观测点分布图,以方便复查。

8. 监测"五定"原则

沉降监测过程要遵循"五定"原则,主要包括:

(1) 监测基准点、工作基点和监测点的点位要稳定。

(2) 监测人员要稳定,不要有频繁变动,减少视觉个体差异造成的影响。

(3) 使用的仪器和设备要稳定,如果所用仪器确实需要更换,一定要换用相同型号和精度的仪器,并再次做精确的检核,合格后方可施测。

(4) 观测的条件要大致稳定,选择相似的环境进行观测。

(5) 观测路线、观测方法要固定,监测时进行等精度观测。

以上措施是为了能够在一定程度上减弱外界环境对监测数据的影响,减少监测的不确定性,使所监测的数值更能真实反映沉降量。

任务二　沉降监测网点的布设方法

【知识要点】　沉降监测网点的布设原则和埋设要求。

【技能目标】　能按照要求对监测点进行布设;能够合理布局监测点。

任务导入

沉降监测网点应在建(构)筑物合适的位置布设,用这些点的变化来反映建(构)筑物的变形情况。因此,这些点的布设甚是重要。沉降监测网点通常由基准点、工作基点和监测点组成。在布设这些点时要严格按照要求布设和埋设。只有前期的点位布设合格了,才能对后期的监测质量起到保障性作用。

任务分析

为了掌握沉降监测网点的布设方法,首先需要了解沉降监测网点的建立过程,对监测网点有初步了解;然后熟悉沉降监测网点的布设要求,能对基准点、工作基点和监测点三者的布设原则有所了解;最后需掌握沉降监测网点的规格和埋设要求,能区分和认识三种监测点的埋点形式。

 相关知识

一、沉降监测网

为了监测建(构)筑物的变形情况,通常需要在建(构)筑物合适的位置布设可以反映变形特征的监测点,用这些点的变化来反映建(构)筑物的变形情况,这些点称为变形监测点。

为了测定变形情况,就必须要以位置始终不变化的点作为该变形监测的起算数据,把这样的点称为监测基准点。通常为了保证基准点的可靠性,要把基准点设立在远离建(构)筑物沉降观测且易于长期保存的地方,并埋设较深的位置。基准点应当定期复测,复测周期要依据基准点位置的稳定性确定,在建筑施工过程中复测周期一般为1~2个月,点位稳定后,复测周期可以延长至4~6个月。但是当监测成果异常或是测区受自然环境影响时,应当及时复测。在沉降基准点测量中采用三角高程测量方法,主要是考虑到一些情况下可能难以进行高效率的水准测量作业。为减少垂线偏差和折光影响,对三角高程测量观测视线的行径要高度重视,尽可能使两个端点周围的地形相互对称,并缩短视线距离、提高视线高度,使视线通过类似的地貌和植被。

但是如果基准点埋设过远,也会影响该监测网的精度,因此需要在距离适中、便于观测的位置设定相对稳定的工作点,称为工作基点。

沉降监测网通常由基准点、工作基点和监测点组成。其中基准点是长期稳定不变的,工作基点是联系基准点与监测点的中间桥梁,当建(构)筑物规模较小且要求精度较低时,可以不用布设工作基点。当有工作基点时,每期的沉降监测都要与基准点进行联测,以确保数据真实可靠。基准网是由基准点和工作基点构成的,复测时间较长,目的是测量基准点与工作基点之间的沉降情况,因两者点位相对稳定,所以此变化量通常为微小量。基准点测量及基准点与工作基点之间联测的精度等级,对四等变形测量,应采用三等沉降观测精度;对其他等级变形测量,不应低于所选沉降观测精度等级。次级网由工作基点和变形监测点构成,复测时间较短,复测的间隔即为本作业的监测周期。

二、沉降监测网的布设要求

《建筑变形测量规范》(JGJ 8—2016)对沉降监测网的布设做出了如下规定:

(1)沉降观测应设置沉降基准点。特等、一等沉降观测,基准点不应少于4个;其他等级沉降观测,基准点不应少于3个。基准点之间应形成闭合环。

(2)沉降基准点的点位选择应符合下列规定:

① 基准点应避开交通干道主路、地下管线、仓库堆栈、水源地、河岸、松软填土、滑坡地段、机器振动区以及其他可能使标石、标志易遭腐蚀和破坏的地方。

② 密集建筑区内,基准点与待测建筑的距离应大于该建筑基础最大深度的2倍。

③ 二等、三等和四等沉降观测,基准点可选择在满足前款距离要求的其他稳固的建筑上。

④ 对地铁、高架桥等大型工程,以及大范围建设区域等长期变形测量工程,宜埋设2~3个基岩标作为基准点。

（3）沉降工作基点可根据作业需要设置，并应符合下列规定：

① 工作基点与基准点之间应便于采用水准测量方法进行联测。

② 当采用三角高程测量方法进行联测时，相关各点周围的环境条件宜相近。

③ 当采用连通管式静力水准测量方法进行沉降观测时，工作基点宜与沉降监测点设在同一高程面上，偏差不应超过 10 mm。当不能满足这一要求时，应在不同高程面上设置上、下位置垂直对应的辅助点传递高程。

（4）沉降基准点和工作基点标石、标志的选型及埋设应符合下列规定：

① 基准点的标石应埋设在基岩层或原状土层中，在冻土地区，应埋至当地冻土线 0.5 m 以下。根据点位所在位置的地质条件，可选埋基岩水准基点标石、深埋双金属管水准基点标石、深埋钢管水准基点标石或混凝土基本水准标石。在基岩壁或稳固的建筑上，可埋设墙上水准标志。

② 工作基点的标石可根据现场条件选用浅埋钢管水准标石、混凝土普通水准标石或墙上水准标志。

（5）沉降基准点观测宜采用水准测量。对三等或四等沉降观测的基准点观测，当不便采用水准测量时，可采用三角高程测量方法。

三、沉降监测点的规格和埋设要求

1. 沉降监测基准点的构造与埋设

根据地基基础设计的相关规定和经验总结，对沉降基准点的位置选择作了规定，目的是为了保证沉降基准点的稳定并便于长期保存。在沉降观测生产实践中，有时受现场条件限制，基准点只能布设在建筑区内，此时基准点应尽可能布设在待测建筑的影响范围之外，影响距离一般认为应大于基础最大深度的 2 倍。对于特殊的重要变形测量项目，基准点埋设基岩标是为了在较长期的变形测量过程中提供稳定的基准。基岩标的数量视区域大小确定，一般宜布设 2～3 个。当覆盖土层较浅时，可采用图 2-1 所示的基岩水准基点标石或是图 2-2 所示的混凝土基本水准标石。

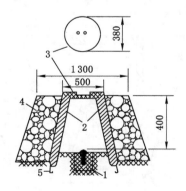

图 2-1　基岩水准基点标石

1——抗蚀的金属标志；2——钢筋混凝土井圈；

3——井盖；4——砌石土丘；5——井圈保护层

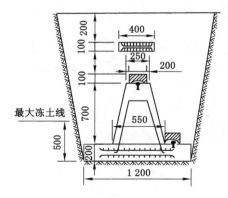

图 2-2　混凝土基本水准标石

当覆盖土层较厚时，可采用图 2-3 所示的深埋钢管水准基点标石；为避免温度对标石高程的影响，还可以采用图 2-4 所示的深埋双金属管水准基点标石。特殊性岩土地区或有特殊要求的标石、标志规格及埋设,需另行设计。有关水准测量、工程测量、城市测量等标准规范的相关规定也可参考。

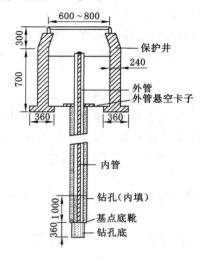

图 2-3　深埋钢管水准基点标石

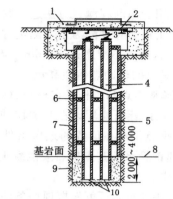

图 2-4　深埋双金属管水准基点标石
1——钢筋混凝土盖；2——钢板标盖；3——标心；
4——钢芯管；5——铝芯管；6——橡胶环；
7——钻孔保护钢管；8——新鲜基岩面；
9——M20 水泥砂浆；10——钢芯管底板与根络

2. 沉降监测工作基点的构造与埋设

对较大规模的建筑沉降观测,每一期的作业时间往往也较长,为方便作业,通常设置工作基点。工作基点与基准点之间一般采用水准测量方法进行联测；在地形条件特殊、环境适宜情况下,也可采用三角高程测量方法进行联测。当采用三角高程测量方法时,为消减有关气象因素的影响,应注意基准点和工作基点位置的选择。当采用静力水准测量方法进行沉降观测时,一般都要设置工作基点,工作基点的设置应考虑所用静力水准测量装置的有效工作量程,必要时则需要设置辅助点。工作基点的标石可以依据不同要求采取图 2-5 所示的浅埋钢管水准标石或图 2-6 所示的混凝土普通水准标石。

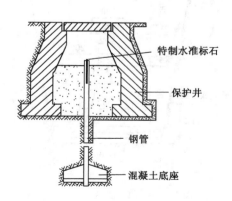

图 2-5　浅埋钢管水准标石

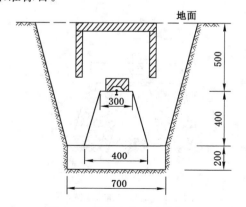

图 2-6　混凝土普通水准标石

3. 沉降监测点的构造与埋设

沉降监测点通常采用铸铁或不锈钢墙体暗标或明标标志。暗标标志常埋设于墙体上,图 2-7 所示即为暗标水准标志；明标标志适用于建筑内部埋设,图 2-8 所示即为明标水准标志。

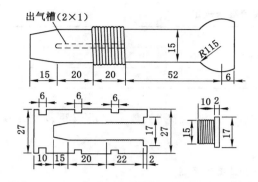

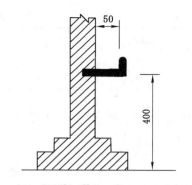

图 2-7　铸铁或不锈钢墙体暗标水准标志　　　　图 2-8　铸铁或不锈钢墙体明标水准标志

任务三　几何水准测量法

【知识要点】　几何水准测量方法的规范要求;水准观测作业的流程。

【技能目标】　能够做好几何水准观测的准备工作和检校工作。

任务导入

所谓几何水准测量法,即为测量学中基本的水准测量方法,只是在等级和规范上提出了更高的要求,因此在学习过程中应该比较易于理解与掌握。水准测量应用于沉降监测工作中有一系列的要求,在实际作业过程中要按要求实施。同时也对精密水准仪和水准尺做出了规范要求和检验标准,确保监测精度。在施测过程中要严格按照二等水准测量的规范进行测量,并应遵循观测成果的重测和取舍相关规定。

任务分析

为了掌握几何水准测量法基本内容,首先需要了解水准测量在沉降监测中应该遵循的基本规定,了解一、二等高精度水准测量的技术要求;然后掌握精密水准仪和水准尺的要求和检验方法,能在实际工作中对仪器进行选择与检查;最后以二等水准测量为例,掌握精密几何水准测量的施测过程和成果数据的重测与取舍原则。

相关知识

一、水准测量进行沉降监测的基本规定

水准测量是量测点之间高差、点的高程的主要方法,下面就以国家水准测量规范和建筑变形测量规范来说明沉降监测的基本规定。

1. 国家水准测量规范要求

(1) 测量精度:每千米水准测量的偶然中误差 M_Δ 和每千米水准测量的全中误差 M_w 不应超过表 2-1 规定的数值。

表 2-1 一、二等水准测量精度要求规定

测量等级	一等	二等
M_Δ	0.45	1.0
M_w	1.0	2.0

（2）测站视线长度（仪器至标尺距离）、前后视距差、视线高度、数字水准仪重复测量次数按表 2-2 规定执行。

表 2-2 一、二等水准测量测站视线要求规定

等级	仪器类别	视线长度/m		前后视距差/m		任一测站前后视距累积差/m		视线高度/m		数字水准仪重复测量次数
		光学	数字	光学	数字	光学	数字	光学	数字	
一等	DSZ05、DS05	≤30	≥4 且 ≤30	≤0.5	≤1.0	≤1.5	≤3.0	≥0.5	≤2.80 且 ≥0.65	≥3 次
二等	DSZ1、DS1	≤50	≥3 且 ≤50	≤1.0	≤1.5	≤3.0	≤6.0	≥0.3	≤2.80 且 ≥0.55	≥2 次

注：下丝为近地面的视距丝。几何法数字水准仪视线高度的高端限差一、二等允许到 2.85 m，相位法数字水准仪重复测量次数可以为上表中数值减少一次。所有数字水准仪，在地面震动较大时，应随时增加重复测量次数。

（3）测站观测限差要求按表 2-3 规定执行。

表 2-3 一、二等水准测量测站限差要求规定

等级	上下丝读数平均值与中丝读数的差/mm		基辅分划读数差/mm	基辅分划所测高差之差/mm	检测间歇点高差之差/mm
	0.5 cm 刻划标尺	1 cm 刻划标尺			
一等	1.5	3.0	0.3	0.4	0.7
二等	1.5	3.0	0.4	0.6	1.0

注：1. 使用双摆位自动安平水准仪观测时，不计算基辅分划读数差。

2. 对于数字水准仪，同一标尺两次读数差不设限差，两次读数所测高差的差执行基辅分划所测高差之差的限差。

3. 测站观测误差超限，在本站发现后可立即重测，若迁站后才检查发现，则应从水准点或间歇点（应经检测符合限差）起始，重新观测。

（4）往返测高差不符值、环闭合差和检测高差之差的限差应不超过表 2-4 的规定。

表 2-4 一、二等水准测量路线不符值限差要求规定

等级	测段、区段、路线往返测高差不符值/mm	附合路线闭合差/mm	环闭合差/mm	检测已测测段高差之差/mm
一等	$1.8\sqrt{K}$	—	$2\sqrt{F}$	$3\sqrt{R}$
二等	$4\sqrt{K}$	$4\sqrt{L}$	$4\sqrt{F}$	$6\sqrt{R}$

注：K——测段、区段或路线长度（km）；当测段长度小于 0.1 km 时，按 0.1 km 计算。

L——附合路线长度，单位为千米（km）。

F——环线长度，单位为千米（km）。

R——检测测段长度，单位为千米（km）。

（5）外业计算取位按表 2-5 规定执行。

表 2-5　　　　　　　　一、二等水准测量外业计算取位要求规定

等级	往（返）测距离总和/km	测段距离中数/km	各测站高差/mm	往（返）测高差总和/mm	测段高差中数/mm	水准点高程/mm
一等	0.01	0.1	0.01	0.01	0.1	1
二等	0.01	0.1	0.01	0.01	0.1	1

2. 建筑变形测量规范要求

《建筑变形测量规范》（JGJ 8—2016）中,将建筑变形测量等级分为特等、一等、二等、三等、四等;新增加的四等精度为在三等精度的基础上放宽 1 倍。其中,对沉降监测的要求应符合以下规定:

（1）各等级建筑沉降测量的精度指标及其适用范围应该符合表 2-6 的规定。

表 2-6　　　　　　　　各等级精度指标及其适用范围要求规定

等级	监测点测站高差中误差/mm	主要适用范围
特等	0.05	特高精度要求的沉降测量
一等	0.15	地基基础设计为甲级、古建筑、重要城市基础设施的沉降测量
二等	0.5	地基基础设计为甲、乙级及重要场地边坡、重要基坑、重要管线、地下工程施工、重要城市基础设施沉降测量
三等	1.5	地基基础设计为乙、丙级及一般的场地边坡、基坑、管线、地表道路、城市基础设施沉降测量
四等	3.0	精度要求较低的沉降测量

（2）各等级沉降观测精度指标计算应该符合表 2-7 的规定。

表 2-7　　　　　　　　各等级沉降观测精度指标计算要求规定

等级	M_Δ/mm	S/m	换算的 m_0 值/mm	取用值/mm
一等	0.45	30	0.16	0.15
二等	1.0	50	0.45	0.5
三等	3.0	75	1.64	1.5
四等	5.0	100	3.16	3.0

注:M_Δ——每千米水准测量的偶然中误差。

（3）各等级水准测量使用的仪器型号和标尺类型应该符合表 2-8 的规定。

表 2-8 水准仪型号和标尺类型要求规定

等级	水准仪型号	标尺类型
特等	DS05	钢瓦条码标尺
一等	DS05	钢瓦条码标尺
二等	DS05	钢瓦条码标尺、玻璃钢条码标尺
	DS1	钢瓦条码标尺
三等	DS05、DS1	钢瓦条码标尺、玻璃钢条码标尺
	DS3	玻璃钢条码标尺
四等	DS1	钢瓦条码标尺
	DS3	玻璃钢条码标尺

（4）水准测量的作业方式应符合表 2-9 的规定。

表 2-9 水准测量作业方式要求规定

等级	基准点测量、工作基点联测及首期沉降观测			其他各期沉降观测			观测顺序
	DS05 型	DS1 型	DS3 型	DS05 型	DS1 型	DS3 型	
一等	往返测	—		往返测或单程双测站	—	—	奇数站:后-前-前-后
							偶数站:前-后-后-前
二等	往返测	往返测或单程双测站	—	单程观测	单程双测站	—	奇数站:后-前-前-后
							偶数站:前-后-后-前
三等	单程双测站	单程双测站	往返测或单程双测站	单程观测	单程观测	单程双测站	后-前-前-后
四等	—	单程双测站	往返测或单程双测站	—	单程观测	单程双测站	后-后-前-前

（5）观测视线长度、前后视距差、视线高度及重复测量次数应符合表 2-10 的规定。

表 2-10 观测视线长度、前后视距差、视线高度及重复测量次数要求规定

等级	视线长度/m	前后视距差/m	前后视距差累积差/m	视线高度/m	重复测量次数
一等	$\geqslant 4$ 且 $\leqslant 30$	$\leqslant 1.0$	$\leqslant 3.0$	$\geqslant 0.65$	$\geqslant 3$
二等	$\geqslant 3$ 且 $\leqslant 50$	$\leqslant 1.5$	$\leqslant 5.0$	$\geqslant 0.55$	$\geqslant 2$
三等	$\geqslant 3$ 且 $\leqslant 75$	$\leqslant 2.0$	$\leqslant 6.0$	$\geqslant 0.45$	$\geqslant 2$
四等	$\geqslant 3$ 且 $\leqslant 100$	$\leqslant 3.0$	$\leqslant 10.0$	$\geqslant 0.35$	$\geqslant 2$

注:1. 在室内作业时,视线高度不受本表的限制。

2. 当采用光学水准仪时,观测要求应满足表中各项要求。

（6）观测限差应符合表 2-11 的规定。

表 2-11   数字水准仪观测限差

等级	两次读数所测高差之差限差/mm	往返较差及附合或环线闭合差限差/mm	单程双测站所测高差较差限差/mm	检测已测测段高差之差限差/mm	仪器 i 角/(″)
一等	0.5	$0.3\sqrt{n}$	$0.2\sqrt{n}$	$0.45\sqrt{n}$	$\leqslant 15$
二等	0.7	$1.0\sqrt{n}$	$0.7\sqrt{n}$	$1.5\sqrt{n}$	$\leqslant 15$
三等	3.0	$3.0\sqrt{n}$	$2.0\sqrt{n}$	$4.5\sqrt{n}$	$\leqslant 20$
四等	5.6	$6.0\sqrt{n}$	$4.0\sqrt{n}$	$8.5\sqrt{n}$	$\leqslant 20$

注:1. 表中 n 为测站数。

2. 当采用光学水准仪时,基、辅分划或黑、红面读数较差应满足表中两次读数所测高差之差限差。

二、精密水准仪和水准尺的要求

使用的精密水准仪、水准尺在使用前和使用后都应进行检验,在项目进行中也要定期检验,减少因仪器产生的误差。当对仪器进行检验和校正时,要按照《国家一、二等水准测量规范》(GB/T 12897—2006)的相关规定执行。

(1) 特级水准观测的仪器,i 角不得超过 $10″$;一、二级水准观测的仪器,i 角不得超过 $15″$;三级水准观测的仪器,i 角不得超过 $20″$。补偿式自动安平水准仪的补偿误差绝对值不得大于 $0.2″$。

(2) 水准尺分划线的分米分划误差和米分划间隔理论长与实际长之差,铟瓦尺不得超过 0.1 mm,木质标尺不得超过 0.5 mm。

三、精密水准仪和水准尺的检验

1. 精密水准仪的检验项目

(1) 水准仪的检视;

(2) 水准仪上概图水准器的检校;

(3) 光学测微器隙动差和分划值测定;

(4) i 角检校;

(5) 双摆位自动安平水准仪摆差 $2C$ 角的测定;

(6) 测站高差观测中误差和竖轴误差的测定。

2. 水准尺的检验项目

(1) 水准尺的检视;

(2) 水准尺上的圆水准器的检校;

(3) 水准尺分划面弯曲差的测定;

(4) 水准尺名义米长及分划偶然中误差的测定;

(5) 水准尺温度膨胀系数的测定;

(6) 一对水准标尺零点不等差的测定(条码标尺)及基辅分划读数差的测定。

四、i 角误差的检验与校正

精密水准仪测定 i 角误差的通用方法及步骤如下:

(1) 如图 2-9 所示,在平坦的场地上,用钢尺丈量长(m)为 x、y 的直线,在两分点 A、B 处各打一木桩,桩面钉一圆帽钉。

(2) 观测时,先将水准仪置于 I 处,整平仪器后,在 A、B 两点的水准尺上各照准读数 4

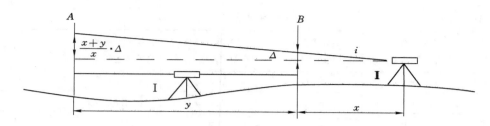

图 2-9　水准仪 i 角检验

次,每次读数时均应使水准气泡精确符合。设 4 次读数的中数分别为 a_1、b_1,则 A、B 间的高差 h 为 (a_1-b_1)。

（3）然后将水准仪安置到 Ⅱ 处,观测方法同上。设此时照准 A、B 水准尺上 4 次读数的中数分别为 a_2、b_2,则在 Ⅱ 处测得的 A、B 间高差 h' 为 (a_2-b_2)。

（4）若不顾及观测误差,设在 Ⅱ 处除去 i 角影响后,A、B 水准尺上的正确读数为 a'_2、b'_2,则 A、B 间高差为:

$$h = a'_2 - b'_2 = a_2 - b_2 - \left(\frac{x+y}{x} \cdot \Delta - \Delta\right) = h' - \frac{y}{x} \cdot \Delta \tag{2-5}$$

则

$$\frac{y}{x} \cdot \Delta = h' - h = (a_2 - b_2) - (a_1 - b_1) = \Delta h \tag{2-6}$$

因为

$$\Delta = \frac{i}{\rho} \cdot x \tag{2-7}$$

所以

$$\frac{y}{x} \cdot \frac{i}{\rho} \cdot x = \Delta h \tag{2-8}$$

$$i = \frac{\rho}{y} \cdot \Delta h = \frac{206\ 265}{1\ 000y} \cdot \Delta h \tag{2-9}$$

式中,y 以米（m）为单位;Δh 以毫米（mm）为单位;i 以秒（s）为单位。

（5）i 角超限时需进行校正。校正可在 Ⅱ 处进行,先用微倾螺旋使望远镜照准 A 尺上的正确读数,然后调整水准管上、下的校正螺丝,使气泡影像符合。校正后再将望远镜照准 B 水准尺,读取的读数应与计算值 $b'_2 = b_2 - \Delta$ 相一致,以作检核。这种检校需反复进行,直至 i 角不超限为止。

五、水准测量的外业要求

（1）应在标尺分划线成像清晰和稳定的条件下进行观测,不得在日出后或日落前约半小时、太阳中天前后、风力大于四级、气温突变时以及标尺分划线的成像跳动而难以照准时进行观测,阴天可全天观测。

（2）观测前半小时,应将数字水准仪置于露天阴影下,使仪器与外界气温趋于一致。观测前,应进行不少于 20 次单次测量的预热。晴天观测时,应使用测伞遮蔽阳光。

（3）应避免望远镜直接对着太阳,并应避免观测视线被遮挡。仪器应在其生产厂家规定的温度范围内工作。当遇临时振动影响时,应暂停作业。当长时间受振动影响时,应增加重复测量次数。

（4）各期观测过程中,当发现相邻监测点高差变动异常或附近地面、建筑基础和墙体出现裂缝时,应进行记录。

六、二等精密水准测量的施测过程

二等水准测量方法在沉降监测中较为广泛使用,其观测流程为:往测奇数站观测流程为"后-前-前-后",偶数站为"前-后-后-前";返测奇数站观测流程为"前-后-后-前",偶数站为"后-前-前-后"。下面就以"后-前-前-后"的观测流程为例来说明光学精密水准仪进行二等水准观测的施测过程。

(1)整平仪器,要求目镜转到任意位置,水准气泡两端影像分离不超过 1 cm;对于自动安平水准仪,要求圆水准气泡始终处于中央位置。

(2)转动仪器望远镜,照准后视水准尺,旋转微倾螺旋,使水准气泡居中,读取上、下视距丝读数,读至毫米位。再使符合水准器两端影像精密符合,转动测微器,使楔形平分丝精确夹准基本分划线,并读取基本分划和测微器读数。

(3)照准前视水准尺,并使符合水准器泡两端的影像严格符合,用楔形平分丝精确夹准基本分划线,并读取基本分划和测微器读数。再用上、下视距丝照准基本分划读取视距读数。

(4)转动水平微动螺旋,切准前视尺辅助分划,使符合水准气泡精密符合,读取辅助分划和测微器的读数。

(5)转动仪器望远镜,照准后视尺辅助分划,使符合水准气泡精密符合,读取辅助分划和测微器的读数。

七、观测成果的重测和取舍规定

(1)凡超出规定限差的成果,均应在分析原因的基础上进行重测。当测站观测限差超限时,对在本站观测时发现的,应立即重测;当迁站后发现超限时,应从稳固可靠的点开始重测。

(2)当测段往返测高差较差超限时,应先对可靠性小的往测或返测测段进行重测,并应符合下列规定:

① 当重测的高差与同方向原测高差的不符值大于往返测高差不符值的限差,但与另一单程的高差不符值未超出限差时,可取用重测结果。

② 当同方向两高差的不符值未超出限差,且其算术平均值与另一单程原测高差的不符值亦不超出限差时,可取同方向两高差算术平均值作为该单程的高差。

③ 当重测高差或同方向两高差算术平均值与另一单程高差的不符值超出限差时,应重测另一单程。

④ 当出现同向不超限但异向超限时,若同方向高差不符值小于限差的1/2,可取原测的往返高差算术平均值作为往测结果,取重测的往返高差算术平均值作为返测结果。

(3)单程双测站所测高差较差超限时,可只重测一个单线,并应与原测结果中符合限差的一个单线取算术平均值采用;若重测结果与原测结果均符合限差时,可取三个单线的算术平均值;当重测结果与原测两个单线结果均超限时,应再重测一个单线。

(4)当线路往返测高差较差、附合路线或环线闭合差超限时,应对路线上可靠性小的测段进行重测。

任务四　液体静力水准测量法

【知识要点】 液体静力水准测量法基本原理和使用方法。

【技能目标】 能对液体静力水准测量有初步的了解。

任务导入

静力水准测量可用于自动化沉降观测。应根据观测精度要求和预估沉降量,选取相应精度和量程的静力水准传感器。静力水准测量具有结构简单、精度高、稳定性好、无须通视等特点,易于实现自动化沉降测量。在实施静力水准观测的过程中要符合规范要求。

任务分析

为了掌握静力水准测量方法,首先需要了解静力水准测量的适用条件,然后掌握液体静力水准测量的基本规定和使用方法,能按照规定进行操作;最后需掌握静力水准测量的技术要求。

相关知识

一、液体静力水准测量的适用条件

静力水准测量可用于自动化沉降观测。应根据观测精度要求和预估沉降量,选取相应精度和量程的静力水准传感器。对一等、二等沉降观测,宜采用连通管式静力水准;对二等及以下等级沉降观测,可采用压力式静力水准。采用静力水准测量进行沉降观测,宜将传感器稳固安装在待测结构上。

1. 液体静力水准仪的分类和系统组成

静力水准测量目前有连通管式静力水准和压力式静力水准两种装置,其原理图如图2-10 所示。

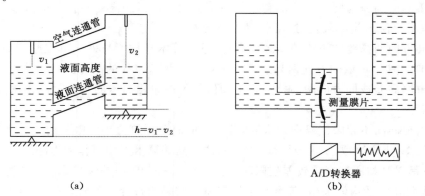

图 2-10　连通管式与压力式静力水准系统原理图

目前在用的静力水准测量系统多为连通管式静力水准,其利用相连容器中静止液面在重力作用下保持同一水平这一特征来测量各监测点间的高差。各监测点间的液体通过管路连通,俗称连通管法,其特点是各个容器中的液体是连通的,存在液体流动和交换。压力式静力水准系统是近年才出现的,其容器间的液体被金属膜片分断,不存在液体间的相互交换,通过压力传感器测量金属膜片压力差的变化可计算监测点间的高差。

一组静力水准测量系统可由一个参考点和多个监测点组成。当采用多组串联方式构成观测路线时,在相邻组的交接处,应在同一建筑结构的上、下位置设置转接点。当观测范围小于 300 m,且转接点数不大于 2 个时,可将一端的参考点设置在相对稳定的区域作为工作基点;否则,宜在观测路线的两端分别布设工作基点。工作基点应采用水准测量方法定期与基准点联测。

2. 液体静力水准仪的指标

量程和精度是静力水准的两个重要指标。对于同一型号的传感器,一般情况下,量程越大,精度就越低。目前常用的连通管式液体静力水准仪有 20~200 mm 多种量程,安装时要求同组的传感器大致位于同一水准面高度。压力式传感器的量程较大,一般大于 500 mm,现场安装要求可适当放宽。静力水准的标称精度一般与量程相关,不同型号的传感器标称精度通常为满量程的 0.1%~0.7%。一等及以上精度的观测宜采用连通管式静力水准系统。

3. 液体静力水准测量的优点

静力水准测量具有结构简单、精度高、稳定性好、无须通视等特点,易于实现自动化沉降测量。自动化测量应有配套的数据采集系统、通信系统以及数据处理与发布软件系统。静力水准测量系统一般采用在监测点上固定安装的方式,在轨道交通、大坝、大型建筑底板等建筑结构的差异沉降观测中有较广泛的应用。在大型设备安装的沉降观测中也可使用。

二、液体静力水准测量的基本规定

1. 静力水准测量装置的安装

(1) 管路内液体应具有流动性。

(2) 观测前向连通管内充水时,可采用自然压力排气充水法或人工排气充水法,不得将空气带入,管路应平顺,管路不应出现 Ω 形,管路转角不应形成滞气死角。

(3) 安装在室外的静力水准系统,应采取措施保证全部连通管管路温度均匀,避免阳光直射。

(4) 对连通管式静力水准,同组中的传感器应安装在同一高度,安装标高差异不得消耗其量程的 20%;管路中任何一段的高度均应低于蓄水罐底部,但不宜低于 0.2 m。

2. 静力水准测量系统的数据采集与计算

(1) 观测时间应选在气温最稳定的时段,观测读数应在液体完全呈静态下进行。

(2) 每次观测应读数 3 次,读数较差应小于相应等级的仪器标称精度,取读数的算术平均值作为观测值。

(3) 多组串联组成静力水准观测路线时,应先按测段进行闭合差分配后计算各组参考点的高程,再根据参考点计算各监测点的高程。

3. 静力水准测量系统的维护

静力水准测量系统在长期运营期间,难免发生液体蒸发引起的液面下降、个别传感器损坏、局部管路渗漏等情况,应定期对其进行维护。

三、液体静力水准测量的使用方法

1. 液体静力水准仪的安装方法和注意事项

(1) 连通管式静力水准系统要求所有测点的液面都位于一个水准面上,初始安装时要求各传感器安装在同一高度,安装高度的偏差直接影响沉降测量的量程。压力式静力水准系统的高差限制较宽,但也有相应要求。

对于有纵坡的线路结构,常常需分段分组安装测线,相邻测线交接处应在同一结构的上、下设置两个传感器作为转接点(图 2-11)。变形测量作业现场,静力水准的参考点很难布设到稳定区域,点位稳定性很难满足基准点的要求,应定期进行水准联测。

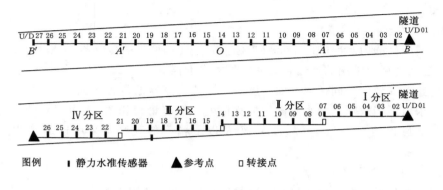

图 2-11   静力水准线路分组安装示意图

(2) 静力水准浮子上、下的活动范围有限,传感器的安装高度应统一,较大的差异直接影响其量程。应保证管路内液体的流动性,环境温度可能达到冰点的安装现场,填充液应采用防冻液。

静力水准测量误差源主要有液面高度(受外界环境影响)、液压读取元件等两方面。液面高度受外界环境影响又分为:

① 非均匀温度场下管路内液体不均匀膨胀,导致液面高度变化。

② 不同气压、风力导致局部液面压力异常,导致液面高度变化。

③ 液面受外界强迫振动影响,如地铁隧道中安装的静力水准系统受列车运行的振动影响。

2. 液体静力水准仪的计算方法

对连通管式静力水准系统,同一测段内静力水准测量的沉降观测值按下式计算:

$$\Delta H_{kg}^{ij} = (h_k^i - h_g^i) - (h_k^j - h_g^j)$$ (2-10)

式中,ΔH_{kg}^{ij} 为 k 测点第 i 次测量相对于测点 g 第 j 次测量的沉降值,mm;h_k^i 为 k 测点第 i 测次相对于蓄液罐内液面安装高度的距离,mm;h_g^i 为 g 测点第 i 测次相对于蓄液罐内液面安装高度的距离,mm;h_k^j 为 k 测点第 j 测次相对于蓄液罐内液面安装高度的距离,mm;h_g^j 为 g 测点第 j 测次相对于蓄液罐内液面安装高度的距离,mm。

经验表明,液面受外界强迫振动影响显著。静力水准观测时间应选在气温最稳定的时段,观测读数应在液体完全呈静态下进行。静力水准测量系统在长期运营期间,难免发生液体蒸发引起的液面下降、个别传感器损坏、局部管路渗漏等情况,应定期对其进行维护。发生意外情况时为保证数据能顺延,静力水准测量系统应与水准测量进行互校。

四、液体静力水准测量的技术要求

静力水准观测的技术要求应符合《建筑变形测量规范》(JGJ 8—2016)规定,表 2-12 即为各等级的技术要求。

表 2-12　　　　　　　　　　　　　　静力水准观测技术要求

等级	一等	二等	三等	四等
传感器标称精度	$\leqslant 0.1$	$\leqslant 0.3$	$\leqslant 1.0$	$\leqslant 2.0$
两次观测高差较差限差/mm	0.3	1.0	3.0	6.0
环线或附合路线闭合差限差/mm	$0.3\sqrt{n}$	$1.0\sqrt{n}$	$3.0\sqrt{n}$	$6.0\sqrt{n}$

注：n 为高差个数。

任务五　精密三角高程测量法

【知识要点】　精密三角高程应用到沉降监测的三种方法。

【技能目标】　能够掌握精密三角高程测量三种方式的计算；能了解三角高程测量的技术要求。

　任务导入

精密三角高程测量是利用高精度全站仪配合专门的觇牌、棱镜组进行的高程量测工作，该方法可以在建筑沉降监测工作中使用常规水准方法较为困难时使用。该方法目前主要采用中间观测法，即在两个监测点上分别架设棱镜，在其中间适当位置架设全站仪。掌握该方法后要对三角高程测量的技术要求有所了解。

　任务分析

为了掌握精密三角高程测量法的观测方式和规范要求，首先需要了解本方法的适用范围，对全站仪三角高程测量有初步了解；然后掌握常用的中间观测方式的观测方法和计算过程；最后需了解三角高程测量的基本技术要求。

　相关知识

一、精密三角高程测量法的适用范围

已有大量实践表明，利用高精度全站仪配合专门的觇牌、棱镜组及配件进行三角高程测量在一定条件下可以代替三等、四等甚至二等水准测量。就建筑沉降监测测量而言，当采用常规水准测量作业较困难、效率较低时，可利用高精度全站仪进行三角高程测量作业。考虑到建筑变形测量的特点，该作业可用于沉降基准点网的观测、基准点与工作基点的联测以及某些监测点（如斜坡、建筑场地、市政工程等）的观测。

二、中间法观测的过程与计算

中间设站观测方式类似于常规的水准测量作业方式，即在两个监测点上分别架设棱镜，在其中间适当位置架设全站仪。这种方式作业中，棱镜高可固定，一般也无须测定仪器高，从而可以提高测量成果精度和作业效率。

目前，利用全站仪进行精密三角高程测量时，高低棱镜组使用较多。规定中间设站方式下的前后视线长度差是为了有效地消减地球曲率与大气垂直折光影响。全站仪三角高程可

通过编制程序进行自动化测量。第一种方式是编写程序并上传至全站仪,在全站仪操作界面设置测量参数完成测量作业;第二种方式是编写程序安装在掌上电脑、笔记本电脑等设备上,通过外置设备控制全站仪进行三角高程自动化测量。

采用高低棱镜组观测时,观测一个棱镜时另一个棱镜应进行遮盖,避免由于当距离较近倾角较大时,上、下镜同时反射,对测量距离产生影响。作业时,应避免在折光系数急剧变化的时间段内观测,并尽量缩短观测时间。

设全站仪架设于已知高程测点 1 和测点 2 之间某一合适位置,视距分别为 D_1 和 D_2,垂直角分别为 a_1 和 a_2,目标高分别为 v_1 和 v_2,现计算两点之间的高差 h_{12}。因本方法的观测距离较短,因此不予考虑垂线偏差,计算公式为:

$$h_{12} = (D_2 \tan \alpha_2 - D_1 \tan \alpha_1) + \left(\frac{D_2^2 - D_1^2}{2R}\right) - \left(\frac{D_2^2}{2R}K_2 - \frac{D_1^2}{2R}K_1\right) - (v_2 - v_1) \quad (2\text{-}11)$$

式中,h_{12} 为后视点与前视点之间的高差,m;D_1、D_2 为后视、前视水平距离,m;α_1、α_2 为后视、前视垂直角;R 为地球平均曲率半径,m;K_1、K_2 为后视、前视大气垂直折光系数;v_1、v_2 为后视、前视棱镜高,m。

若设 $D_1 \approx D_2 = D$,$\Delta k = K_1 - K_2$,$m_{a_1} = m_{a_2} = m_a$,$m_{D_1} \approx m_{D_2} = m_D$,$m_{v_1} \approx m_{v_2} = m_v$,则有:

$$h_{12} = D(\tan \alpha_1 - \tan \alpha_2) + \frac{D_2^2}{2R}\Delta k + (v_2 - v_1) \quad (2\text{-}12)$$

$$m_h^2 = (\tan \alpha_1 - \tan \alpha_2)^2 m_D^2 + D^2 (\sec^4 \alpha_2 + \sec^4 \alpha_1) \frac{m_a^2}{\rho^2} + 4\frac{D^2}{2R^2}m_{\Delta k}^2 + 2m_v^2 \quad (2\text{-}13)$$

在式(2-11)中,未考虑垂线偏差。垂线偏差与测站的位置以及观测边长等有关,在山区作业时,可通过缩短边长的方法来减小其影响。大气垂直折光系数与时间、天气、视线高度、下伏地形及植被等诸多因素有关,难以准确确定。为使前后视方向的大气垂直折光差能够得以基本抵消,要求前后视方向的视线离地高度大致相同,地形基本对称,观测时间尽量缩短。

三、三角高程测量的技术要求

《建筑变形测量规范》(JGJ 8—2016)对三角高程测量有如下规定:

(1) 应在后视点、前视点上设置棱镜,在其中间设置全站仪。观测视线长度不宜大于300 m,最长不宜超过 500 m,视线垂直角不应超过 20°。每站的前后视线长度之差,对三等观测不宜超过 30 m,四等观测不宜超过 50 m。

(2) 视线高度及离开障碍物的间距宜大于 1.3 m。

(3) 当采用单棱镜观测时,每站应变动 1 次,仪器高进行两次独立测量。当两次独立测量所计算高差的较差符合表 2-13 的规定时,取其算术平均值作为最终高差值。

表 2-13　　　　　　　　　　　　　　　　两次测量高差较差限差

等级	两次测量高差较差限差/mm
三等	$10\sqrt{D}$
四等	$20\sqrt{D}$

注:D 为两点间距离,以 km 为单位。

（4）当采用高、低棱镜组观测时，每站应分别以高、低棱镜中心为照准目标各进行 1 次距离和垂直角观测；观测宜采用全站仪自动照准和跟踪测量功能按自动化测量模式进行；当分别以高、低棱镜中心所测成果计算高差的较差符合规定时，取其算术平均值作为最终高差值。

（5）三角高程测量中的距离和垂直角观测，应符合下列规定：

每次距离观测时，前后视应各测两个测回。每测回应照准目标 1 次、读数 4 次。距离观测应符合表 2-14 的规定。

表 2-14　　　　　　　　　　　　　距离观测要求

全站仪测距标称精度	一测回读数间较差限差/mm	测回间较差限差/mm	气象数据测定最小读数	
			温度/℃	气压/mmHg
$1\,\text{mm}+1\times10^{-6}D$	3	4.0	0.2	0.5
$2\,\text{mm}+2\times10^{-6}D$	5	7.0	0.2	0.5

每次垂直角观测时，应采用中丝双照准法观测，观测测回数及限差应符合表 2-15 的规定。

表 2-15　　　　　　　　　　　　　垂直角观测要求

全站仪测角标称精度	测回数		两次照准目标读数差限差/(″)	垂直角测回差限差/(″)	指标差较差限差/(″)
	三等	四等			
0.5″	2	1	1.5	3	3
1″	4	2	4	5	5
2″	—	4	6	7	7

（6）观测宜在日出后 2 h 至日落前 2 h 的期间内目标成像清晰稳定时进行，阴天和多云天气可全天观测。

任务六　观测成果数据处理

【知识要点】　沉降监测成果提交的基本要求和数据处理的基本量。

【技能目标】　能够计算沉降监测的基本量，能了解沉降监测数据处理的部分方法。

任务导入

沉降监测数据是变形观测成果的重要组成部分，为了能够完整地提交成果资料，需要对监测原始数据进行计算、处理与分析。能够计算平均沉降量、基础倾斜量和基础相对弯曲量这三个基本量，能够利用普通的方法处理数据并分析其原因，最后按照规定提交资料。

任务分析

为了掌握沉降监测成果的处理过程，首先需要了解沉降监测成果整理的规定；然后了解沉降监测的三个基本计算量；再通过对沉降监测数据处理分析方法进行学习，能够了解掌握这些基本的分析方法;最后能够完整地提交沉降监测成果资料,达到监测结果整理和分析的目的。

相关知识

一、沉降监测成果整理的规定

每次沉降监测结束后,应及时进行成果整理。项目完成后,应对成果资料进行整理并分类装订。成果整理应符合下列规定:

(1)监测记录内容应真实完整,采用电子方式记录的数据,应完整存储在可靠的介质上。

(2)数据处理、成果图表及检验分析资料应完整、清晰。

(3)图式符号应规格统一、注记清楚。

(4)沉降监测成果表宜符合规范规定。

(5)监测记录、计算资料和技术成果均应有相关责任人签字,技术成果应加盖技术成果章。

(6)监测记录、计算资料和技术成果应进行归档。

二、沉降监测数据计算的基本量

1. 平均沉降量

平均沉降量即为测区内所有沉降点的沉降量的平均值。

$$S_{平} = \frac{\sum\limits_{i=1}^{n} S_i}{n} \tag{2-14}$$

式中,n 为测区内沉降监测点的个数。

2. 基础倾斜量

设在同一轴线上有两个沉降监测点,分别为 i、j,间距为 L,在某期的监测中,沉降量分别为 S_i 和 S_j,则这两点间的倾斜量 τ_{ij} 为:

$$\tau_{ij} = \frac{S_j - S_i}{L} \tag{2-15}$$

3. 基础相对弯曲量(相对挠度)

设在同一轴线上有三个沉降监测点,分别为 i、k、j,k 到 i 和 j 的间距为 l_{ik} 和 l_{kj},则 i 到 j 的间距 $l_{ij} = l_{ik} + l_{kj}$。在某期的监测中,沉降量分别为 S_i、S_k、S_j,则相对弯曲量 f 为:

$$f = \frac{\Delta S}{l_{ij}} \tag{2-16}$$

其中

$$\Delta S = S_k - \frac{S_i \cdot l_{kj} + S_j \cdot l_{ik}}{l_{ij}} = \frac{(S_k - S_i) \cdot l_{kj} + (S_k - S_j) \cdot l_{ik}}{l_{ij}} \tag{2-17}$$

则

$$f = \frac{(S_k - S_i) \cdot l_{kj} + (S_k - S_j) \cdot l_{ik}}{l_{ij}^2} \tag{2-18}$$

当 $l_{ik} = l_{kj} = 0.5 l_{ij}$ 时,则上式可简化为:

$$f = \frac{2S_k - S_i - S_j}{2l_{ij}} \tag{2-19}$$

三、沉降监测数据处理分析

沉降监测数据的平差计算和分析处理是沉降监测作业的一个重要环节,应该高度重视。

1. 沉降监测数据平差计算

沉降监测平差计算应利用稳定的基准点作为起算点。某期平差计算和分析中,如果发现有基准点变动,不得使用该点作为起算点。通过各期的沉降监测数据,计算出各阶段的三个基本量,即平均沉降量、基础倾斜量和基础相对弯曲量。

沉降监测数据平差计算和处理的方法很多,目前已有许多成熟的平差计算软件系统。这些软件一般都具有粗差探测、系统误差补偿和精度评定等功能。平差计算中,需要特别注意的是要确保输入的原始观测数据和起算数据正确无误。

2. 沉降监测数据分析原则

(1) 对二等和三等及部分一等变形测量,相邻两期监测点的变形分析可通过比较监测点相邻两期的变形量与测量极限误差来进行。当变形量小于测量极限误差时,可认为该监测点在这两期之间没有变形或变形不显著。

(2) 对特等及有特殊要求的一等变形测量,当监测点两期间的变形量符合式(2-20)时,可认为该监测点在这两期之间没有变形或变形不显著:

$$\Delta < 2\mu\sqrt{Q} \tag{2-20}$$

式中,Δ 为两期间的变形量;μ 为单位权中误差,可取两期平差单位权中误差的算术平均值;Q 为监测点变形量的协因数。

(3) 对多期变形观测成果,应综合分析多期的累积变形特征。当监测点相邻两期间变形量小,但多期间变形量呈现出明显变化趋势时,应认为其有变形。

3. 建筑体沉降稳定判断标准

稳定标准应由沉降量与时间关系曲线判定,对重点监测工程或最后三次监测中每次沉降量均不大于 $2\sqrt{2}$ 倍测量中误差,则认为已进入稳定阶段。二、三级多层建筑以 0.04 mm/d,高层和一级建筑以 0.01 mm/d 为稳定标准。若施工过程中沉降大于 2.0 mm/d,则应采取有效措施。

4. 沉降监测数据统计分析方法

建筑沉降分析与预报的目的是,对多期沉降监测成果,通过分析沉降量与沉降因子之间的相关性,建立二者之间的数学模型,并根据需要对沉降的发展趋势进行预报。

(1) 曲线图分析法

制作 P-T-S(荷载-时间-沉降量)曲线图,通过某一沉降点和其他点的沉降曲线比较,得出其离散程度并分析原因。制作 V-T-S(沉降速度-时间-沉降量)曲线图,通过某一沉降点和其他点的沉降速率比较得出其沉降快慢情况并分析原因。

(2) 回归分析法

该方法是建立沉降量与变形因子关系数学模型最常用的方法。回归模型应尽可能简单,包含的变形因子数不宜过多,对于建筑沉降而言,一般没有必要超过 2 个。常用的回归模型是线性回归模型、指数回归模型和多项式回归模型。当有多个变形因子时,有必要采用逐步回归分析方法,确定影响最显著的几个关键因子。

（3）灰色建模法

该方法是沉降监测建模的一种较常用的方法。根据该方法要求,有 4 期以上的监测数据即可建模,建模过程也比较简单。通过关联分析提取建模所需变量,对离散数据建立微分方程的动态模型。灰色模型有多种,最常用的为 GM(1,1)模型,只包括时间变量。应用灰色建模方法的前提是:沉降量的取得应呈等时间间隔,即应为时间序列数据。实际中,当不完全满足这一要求时,可通过插值的方式进行插补。

四、沉降监测成果资料

（1）沉降观测成果表;

（2）沉降观测点位布置图及基准点图;

（3）P-T-S(荷载-时间-沉降量)曲线图;

（4）V-T-S(沉降速度-时间-沉降量)曲线图;

（5）建筑体沉降曲线图;

（6）沉降监测分析报告。

思考与练习

1. 在工程建设中,沉降监测工作起到了什么作用?

2. 沉降观测有"五定"原则,请具体详述并解释。

3. 在工程建设中,沉降监测布设的监测点有哪些类型?

4. 在工程建设中,沉降监测网在布设时需要遵循哪些原则?

5. 国家对一、二等水准测量提出了哪些规范要求?

6. 在建筑工程的沉降观测项目中,水准测量的外业要求有哪些?

7. 在建筑工程的沉降观测中,如何进行二等水准的监测?

8. 沉降观测中,该如何使用液体静力水准测量方法?

9. 沉降观测中,不同等级的液体静力水准测量有哪些主要的技术要求?

10. 在工程建设中,精密三角高程测量是沉降监测的主要方法,请简述单向观测的主要过程和观测量,并列出计算高差的公式和精度评定。

11. 在沉降监测中,所使用的三角高程测量的主要技术要求有哪些?

12. 在工程建设中,沉降监测数据计算的基本量有哪几个?请分别阐述。

13. 沉降监测数据分析是一项很重要的工作,在数据分析时要遵循哪些原则?

项目三　水平位移监测技术

任务一　概　　述

【知识要点】　水平位移的概念；水平位移监测的基本原理；水平位移的监测方法。

【技能目标】　掌握水平位移的概念及监测原理；了解水平位移的监测方法。

 **任务导入**

水平位移监测是变形监测的重要内容之一，理解水平位移监测的原理，了解水平位移监测的方法，是学习水平位移监测的第一步。

 **任务分析**

本任务主要介绍水平位移监测的原理，简单介绍几种目前常用的水平位移监测方法。

 **相关知识**

一、水平位移的概念

大型工程建筑物由于本身的自重、混凝土的收缩、基础的沉陷、地基的不稳定及温度的变化等因素，其基础将受到水平方向应力的影响，从而使建筑物本身产生平面位置的相对移动。适时监测建筑物的水平位移量，能有效监控建筑物的安全运行状况，并可根据实际情况采取适当的加固措施，防止事故发生。

水平位移是指建筑物及其地基在水平应力作用下产生的水平移动。水平位移监测是指监测变形体的平面位置随时间而产生的位移大小及方向的变化，并提供变形预报而进行的测量工作。

二、水平位移的基本原理

假设建筑物上某观测点在第 i 次水平位移监测中测得的坐标为 X_i、Y_i，此点的原始坐标为 X_0、Y_0，则该点的水平位移为：

$$\begin{cases} \delta_x = X_i - X_0 \\ \delta_y = Y_i - Y_0 \end{cases} \tag{3-1}$$

在时间 t 内，水平位移值的变化用平均变形速度来表示，则在第 i 和第 j 次观测相隔的观测周期内，水平位移监测点的平均变形速度为：

$$v_{均} = \frac{\delta_i - \delta_j}{t} \tag{3-2}$$

若时间段 t 以年或月为单位时，则 $v_{均}$ 为年平均变形速度或月平均变形速度。

三、水平位移监测常用方法

水平位移监测常用的方法有以下几类：

1. 传统大地测量法

传统大地测量法是水平位移监测的传统方法，主要通过交会法、精密导线法、三角网测量法实施。大地测量法的基本原理是利用交会法、三角测量法等方法重复观测监测点，利用监测点的坐标变化量计算水平位移量，从而判断建筑物的水平位移情况。这种方法通常需要人工观测，工作强度大，效率较低。交会法受到观测条件限制，图形强度差，不易达到很高的精度。

2. 基准线法

基准线法用来测定变形点到基准线的几何垂直距离，通过距离变化量判断建筑物的水平位移情况。这种方法特别适用于直线型建筑物的水平位移监测，如大坝水平位移监测等。其主要类型包括视准线法、引张线法、激光准直法和垂线法等。

3. GNSS 测量法

GNSS 以其全天候观测、自动化程度高、观测精度高等优点，逐步成为水平位移监测的主要方法。利用 GPS 有助于实现全自动的水平位移监测，这项技术已在我国的部分水利工程监测中得到应用。这种方法要求监测点要布置在卫星信号良好的地方。

4. 应变测量法

应变测量法是利用专门的仪器和方法测量两点之间的水平位移，根据其工作原理的不同，可以分为两类，即通过测量两点间的距离变化来计算应变和直接用传感器测量应变。

5. 测量机器人法

测量机器人就是一种能代替人进行自动搜索、辨识、跟踪和精确照准目标，并自动获取角度、距离、坐标以及影像等信息的智能型电子全站仪，在实际变形监测中，包括固定式全自动持续监测方式和移动式半自动监测方式两种。

任务二 水平位移监测点的布设方法

【知识要点】 位移监测点；监测精度；监测点的布设；点的埋设规格。

【技能目标】 掌握监测网的构成；了解监测网的精度要求；掌握监测点的布设方法；了解点位埋设规格。

任务导入

水平位移监测控制网的布设是开展水平位移监测的第一步，点位精度及点位的布设都需要遵循相关规定要求。布设点位、埋设点标志，是构建水平位移监测控制网的重要步骤。

任务分析

本节主要介绍水平位移监测控制网的构成，水平位移监测的精度要求及点位布设规定。

相关知识

一、水平位移监测网

布设在建筑场地、地基、基础、上部结构或周边环境的敏感位置上且能反映其平面位置变形特征的测量点,称为平面位移监测点。为了测定水平位移监测点的绝对水平位移,需要设置稳固的点作为参考,为进行平面变形测量而布设的稳定的、长期保存的测量点,称为水平位移基准点(简称位移基准点)。基准点通常布设在变形影响范围以外,所以离监测点较远。有时为了观测方便,在离观测点较近的地方设置相对比较稳固的测量点,称为工作基点。在工作基点上对监测点进行周期性监测。

水平位移监测基准点通常布设三个以上,由基准点组成的网称为基准网。为了确保基准点数据的可靠性,基准网也需要定期重复观测。条件允许时,所有监测点也可以组成网,称为变形网。当变形网不与基准点联测时,称为相对网;当其与基准点联测时,称为绝对网。相对网是监测变形体的变形,绝对网是获取变形体的整体变形。

基准点、工作基点、监测点共同组成水平位移监测网。当建筑物较小、水平位移监测观测精度较低时,可以直接布设基准点和监测点两级,而不再布设工作基点。

二、精度等级

建筑变形测量应以中误差作为衡量精度的指标,并以 2 倍中误差作为极限误差。对通常的建筑变形测量项目,可根据建筑类型、变形测量类型以及项目勘察、设计、施工、使用或委托方的要求,从表 3-1 中选择适宜的观测精度等级。

表 3-1　　　　　建筑变形测量的等级、精度指标及其适用范围

等级	位移监测点坐标中误差/mm	主要适用范围
特等	0.3	特高精度要求的变形测量
一等	1.0	地基基础设计为甲级的建筑的变形测量;重要的古建筑、历史建筑的变形测量;重要的城市基础设施的变形测量等
二等	3.0	地基基础设计为甲、乙级的建筑的变形测量;重要场地的边坡监视;重要的基坑监测;重要管线的变形测量;地下工程施工及运营中的变形测量;重要的城市基础设施的变形测量等
三等	10.0	地基基础设计为乙、丙级的建筑的变形测量;一般场地的边坡监视;一般的基坑监测;地表、道路及一般管线的变形测量;一般的城市基础设施的变形测量;日照变形测量;风振变形测量等
四等	20.0	精度要求低的变形测量

注:位移监测点坐标中误差指的是监测点相对于基准点或工作基点的坐标中误差、监测点相对于基准线的偏差中误差、建筑上某点相对于其底部对应点的水平位移分量中误差等。坐标中误差为其点位中误差的 $1/\sqrt{2}$ 倍。

三、位移监测网(点)的布设要求

《建筑变形测量规范》(JGJ 8—2016)对水平位移监测网(点)的布设做出如下规定:

1．一般规定

（1）建筑变形测量的基准点应设置在变形影响范围以外且位置稳定、易于长期保存的地方，宜避开高压线。

（2）基准点应埋设标石或标志，且应在埋设达到稳定后方可开始进行变形测量。稳定期应根据观测要求与地质条件确定，不宜少于 7 d。

（3）基准点应每期检测、定期复测，并应符合下列规定：

① 基准点复测周期应视其所在位置的稳定情况确定，在建筑施工过程中宜 1～2 月复测 1 次，施工结束后宜每季度或每半年复测 1 次。

② 当某期检测发现基准点有可能变动时，应立即进行复测。

③ 当某期变形测量中多数监测点观测成果出现异常，或当测区受到地震、洪水、爆破等外界因素影响时，应立即进行复测。

④ 复测后，应按规定对基准点的稳定性进行分析。

（4）基准点可分为沉降基准点和位移基准点。当需同时测定建筑的沉降和位移或三维变形时，宜设置同时满足沉降基准点和位移基准点布设要求的基准点。

（5）当基准点与所测建筑距离较远致使变形测量作业不方便时，宜设置工作基点，并应符合下列规定：

① 工作基点应设在相对稳定且便于进行作业的地方，并应设置相应的标志。

② 每期变形测量作业开始时，应先将工作基点与基准点进行联测，再利用工作基点对监测点进行观测。

（6）基准点测量及基准点与工作基点之间联测的精度等级，对四等变形测量，应采用三等位移观测精度；对其他等级变形测量，不应低于所选位移观测精度等级。

2．位移基准点布设与测量

（1）对水平位移观测、基坑监测或边坡监测，应设置位移基准点。基准点数对特等和一等不应少于 4 个，对其他等级不应少于 3 个。当采用视准线法和小角度法时，若不便设置基准点，可选择稳定的方向标志作为方向基准。

（2）根据位移观测现场作业的需要，可设置若干位移工作基点。位移工作基点应与位移基准点进行组网和联测。

（3）位移基准点、工作基点的位置除应满足一般规定外，尚应符合下列规定：

① 应便于埋设标石或建造观测墩。

② 应便于安置仪器设备。

③ 应便于观测人员作业。

④ 若采用卫星导航定位测量方法观测，应符合下列规定。

a. 视场内障碍物的高度角不宜超过 15°。

b. 离电视台、电台、微波站等大功率无线电发射源的距离不应小于 200 m，离高压输电线和微波无线电信号传输通道的距离不应小于 50 m，附近不应有强烈反射卫星信号的大面积水域、大型建筑以及热源等。

c. 通视条件好，应便于采用全站仪等手段进行后续测量作业。

（4）位移基准点的测量可采用全站仪边角测量或卫星导航定位测量等方法。当需测定三维坐标时，可采用卫星导航定位测量方法，或采用全站仪边角测量、水准测量或三角高程测量组合方法。位移工作基点的测量可采用全站仪边角测量、边角后方交会以及卫星导航定位测量等方法。

四、水平位移监测网(点)标志的规格及埋设要求

在水平位移监测的观测标志上,不仅要安放供瞄准用的目标,而且还要安放全站仪、反光棱镜以及精密测距用的专用标志,所以其观测标志除加工简单、便于埋设、方便使用等一般要求外,还要求有较高的复位精度。所谓较高的复位精度,是指在每次观测重复安置仪器或者仪器互换时,对中的精度要求非常高,所以要求使用强制对中装置。

水平位移基准点、工作基点标志的形式及埋设应符合下列规定:

(1)对特等和一等位移观测的基准点及工作基点,应建造具有强制对中装置的观测墩(图 3-1)或埋设专门观测标石。强制对中装置的对中误差不应超过 0.1 mm。

图 3-1 强制对中观测墩

(2)照准标志应具有明显的几何中心或轴线,并应符合图像反差大、图案对称、相位差小和本身不变形等要求。应根据点位不同情况,选择重力平衡球式标、旋入式杆状标、觇牌(图 3-2)、屋顶标和墙上标等形式的标志。

图 3-2 觇牌实物图

(3)对用作位移基准点的深埋式标志、兼作沉降基准点的标石和标志以及特殊土地区或有特殊要求的标石、标志及其埋设,需另行设计。

任务三　全站仪测量法

【知识要点】　全站仪水平位移监测技术;全站仪监测方法。

【技能目标】　了解全站仪监测技术要求;熟悉全站仪监测方法。

任务导入

水平位移监测中,全站仪精度选择及要达到的技术标准都有一定的要求;使用不同的测量方法,原理不尽相同。

任务分析

本节主要介绍水平位移监测时,全站仪对应精度选择及观测时角度、边长等要求,并介绍了位移监测中常用的交会法、精密导线法及测小角法。

相关知识

全站仪在变形测量中的用途非常广泛。在位移类变形测量中,常用的方法有全站仪边角测量法、小角法、极坐标法、交会法和自由设站法等。其中,边角测量法主要用于位移基准点的施测,其他几种方法可用于测定监测点的位移。全站仪自动监测系统可用于日照、风振变形测量,以及监测点数量多、作业环境差、人员出入不便的建筑变形测量项目。

一、全站仪监测技术要求

随着全站仪的普及,传统的单纯测角网、测边网已被边角同测网取代。尽管现在卫星导航定位测量技术非常成熟,但全站仪边角测量在建筑变形观测中仍有一定的应用价值。水平位移观测所用全站仪的标称精度应符合表 3-2 的规定。

表 3-2 全站仪标称精度要求

位移观测等级	一测回水平方向标准差/(″)	测距中误差/mm
一等	≤0.5	≤$(1\text{ mm}+1\times10^{-6}D)$
二等	≤1.0	≤$(1\text{ mm}+2\times10^{-6}D)$
三等	≤2.0	≤$(2\text{ mm}+2\times10^{-6}D)$
四等	≤2.0	≤$(2\text{ mm}+2\times10^{-6}D)$

当采用全站仪边角测量法进行位移基准点观测及基准点与工作基点间联测时,基准点及工作基点应组成多边形网,网的边长宜符合表 3-3 的规定,并应在各基准点、工作基点上设站观测,观测应边角同测,同时保证视线高度及离开障碍物的间距宜大于 1.3 m。

表 3-3 基准点及工作基点网边长要求

位移观测等级	边长/m
一等	≤300
二等	≤500
三等	≤800
四等	≤1 000

全站仪水平角观测应采用方向观测法,测回数应符合表 3-4 的规定要求。

表 3-4 水平角观测测回数

全站仪测角标称精度	位移观测等级			
	一等	二等	三等	四等
0.5″	4	2	1	1
1″	—	4	2	1
2″	—	—	4	2

二、全站仪监测主要方法

1. 交会法

交会法是指利用两个或三个已知基准点,通过量测基准点到监测点的距离及角度来计算监测点的坐标,通过坐标变化量来确定其变形情况的方法。这种方法简单易行,成本较低,不需要特殊仪器,比较适合一些监测目标特殊、人员不易到达的地方。但其缺点是精度较低,高精度监测通常不用此方法。

交会法主要包括前方交会、距离交会和测角后方交会三种。交会法观测前应先在变形影响区外布置固定可靠的工作基点和基准点,工作基点应定期与基准点联测,以校核其是否移动。工作基点宜采用强制对中观测墩,以减少对中误差。

当采用全站仪前方交会法进行位移观测时,应选择合适的测站位置,使各监测点与其之间形成的交会角在 60°~120° 之间;测站点与监测点之间的距离、水平角、距离观测测回数应符合规范规定;当采用边角交会法时,应在 2 个测站上测定各监测点的水平角和水平距离;当仅采用测角或测边交会时,应至少在 3 个测站点上测定各监测点的水平角或水平距离。

2. 精密导线法

精密导线法是监测曲线形建筑物(如拱坝或曲线形桥梁等)水平位移的重要方法。与一般的导线测量相比,变形监测网导线在布设、观测以及计算方面有其自身的特点。一般具有工作测点数量大、点位密度大、边长较短等特点。

按照其观测原理的不同,又可分为精密边角导线法和精密弦矢导线法。弦矢导线法是根据导线边长变化和矢距变化的观测值来求得监测点的实际变形量;边角导线法则是根据导线边长变化和导线的转折角观测值来计算监测点的变形量。由于导线的两个端点之间不通视,无法进行方位角联测,故一般需设计倒垂线控制和校核端点的位移。

3. 小角法

如图 3-3 所示,当采用全站仪小角法测定某个方向上的水平位移时,应垂直于所测位移方向布设视准线,并应以工作基点作为测站点,同时使测站点与监测点之间的距离宜符合表 3-5 的规定。监测点偏离视准线的角度不应超过 30′。每期观测时,利用全站仪观测各监测点的小角值,观测不应少于 1 测回。

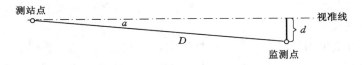

图 3-3　小角法示意图

表 3-5　　　　　　　　　　　　全站仪小角法观测距离要求　　　　　　　　　　　　单位:m

全站仪测角标称精度	位移监测等级			
	一级	二级	三级	四级
0.5″	≤300	≤500	≤800	≤1 200
1″	—	≤500	≤500	≤800
2″	—	—	≤300	≤500

监测点偏离视准线的垂直距离 d 应按下式计算:

$$d = \alpha/\rho \times D \qquad\qquad (3\text{-}3)$$

式中,α 为偏角,(″);D 为监测点至测站点之间的距离,mm;ρ 为常数,其值为 206 265″。

观测应在通视良好、成像清晰稳定时进行。晴天的日出、日落前后和太阳中天前后不宜观测。作业中仪器不得受阳光直接照射,当气泡偏离超过一格时,应在测回间重新整置仪器。当视线靠近吸热或放热强烈的地形地物时,应选择阴天或有风但不影响仪器稳定的时间进行观测。

任务四　GNSS 测量法

【知识要点】　GNSS 测量仪器选择及数据采集注意事项;GNSS 监测过程。

【技能目标】　了解 GNSS 仪器选择原则及数据采集过程;掌握 GNSS 监测原理。

任务导入

GNSS 定位技术具有观测精度高、自动化程度高、全天候观测、实时性强等优点,在变形监测领域应用广泛,特别是在水平位移监测技术当中。在较短基线上可以获得亚毫米级的定位精度。

任务分析

本任务主要介绍在水平位移监测中,GNSS 设备选用参考、静动态模式下野外 GNSS 数据采集相关规定及内业处理流程。

相关知识

GNSS 定位技术具有观测精度高、自动化程度高、全天候观测、实时性强等优点,在变形监测领域应用广泛,特别是在水平位移监测技术当中。该技术已经在我国的水利、桥梁、高铁、边坡等工程中得到了广泛应用。在数百米到 1~2 km 的短基线上,GNSS 测量可以获得亚毫米级的定位精度。

GNSS 测量方法可用于二等、三等和四等位移观测。对二等观测,应采用静态测量模式;对三等、四等观测,可采用静态测量模式或动态测量模式。所用卫星导航定位测量设备的选用可参考表 3-6。

表 3-6   卫星导航定位测量设备选用

位移观测等级		二等	三、四等
静态测量	接收机类型	双频	双频或单频
	标称静态精度	$\leqslant(3\ mm+1\times10^{-6}D)$	$\leqslant(5\ mm+1\times10^{-6}D)$
动态测量	接收机类型	—	双频
	标称静态精度	—	$\leqslant(5\ mm+1\times10^{-6}D)$
	基准站接收机天线	—	扼流圈天线
	标称动态精度	—	$\leqslant(10\ mm+1\times10^{-6}D)$

一、GNSS 控制网布设方法

通常在变形区以外布设三个以上的基准点,变形监测点直接布设在变形区,为了提高对中精度,基准点和监测点通常都设置强制观测墩。点位的选择要注意视野开阔、信号良好、便于安置仪器,尽量避免各类信号塔以及大面积水域、玻璃幕墙等反射源。GNSS 网的连接形式尽可能选用边连式和混连式,尽量少用点连式。网中各三角形内角不宜过大或过小,从而提高控制网的图形强度。同时点位选择应符合下列要求:

(1)视场内障碍物的高度角不宜超过 15°。

(2)离电视台、电台、微波站等大功率无线电发射源的距离不应小于 200 m,离高压输电线和微波无线电信号传输通道的距离不应小于 50 m,附近不应有强烈反射卫星信号的大面积水域、大型建筑以及热源等。

(3)通视条件好,应便于采用全站仪等手段进行后续测量作业。

二、GNSS 静态测量相关规定

静态测量作业的基本技术要求应符合表 3-7 的规定。

表 3-7   静态测量基本技术要求

位移观测等级	二等	三等	四等
有效观测卫星数	$\geqslant6$	$\geqslant4$	$\geqslant4$
卫星截止高度角/(″)	$\geqslant15$	$\geqslant15$	$\geqslant15$
观测时段长度/min	20~60	15~45	15~45
数据采样间隔/s	10~30	10~30	10~30
位置精度因子(PDOP)	$\leqslant5$	$\leqslant6$	$\leqslant6$

(1)对二等位移测量,应采用零相位天线,削弱多路径误差,并采用强制对中器安置接收机天线,对中误差不应大于 0.5 mm,天线应统一指向正北。

(2)作业中应按规定的时间计划进行观测。

(3)经检查接收机电源电缆和天线等各项连接无误后,方可开机。

(4)开机后经检验有关指示灯与仪表显示正常后,方可进行自测试及输入测站名、时段等控制信息。

(5)接收机启动前与作业过程中,应填写测量手簿中的记录项目。

(6)观测开始、结束时,应分别量测 1 次天线高,两次较差不应大于 3 mm,并应取其算术平均值作为天线高。

（7）观测期间，应防止接收设备振动，并应防止人员和其他物体碰动天线或阻挡信号。

（8）观测期间，不得在天线附近使用电台、对讲机和手机等无线电通信设备。

（9）作业时，接收机应避免阳光直接照晒。雷雨天气时，应关机停测，并应卸下天线以防雷击。

三、GNSS 动态测量相关规定

（1）动态变形测量应建立由参考点站、监测点站、通信网络和数据处理分析系统组成的卫星导航定位测量动态变形监测系统。

（2）动态变形监测系统应至少设置 1 个参考点站，必要时可增加 1 个参考点站。

（3）参考点站应选在变形区域影响范围之外，距变形监测点的距离不应超过 3 km。

（4）参考点站宜直接设置在位移基准点上。当位移基准点不能作为参考点站时，应设置位移工作基点，并将其作为动态变形监测系统的参考点站。

（5）对高频次或变化敏感的监测点，应一个天线配置一台接收机，接收机宜具备 1 Hz 以上的数据输出能力；对变化缓慢的变形监测点，可多个天线配置一台接收机。

（6）参考点站和监测点站应与数据处理分析系统通过通信网络进行连通，并应保证数据实时传输。

四、GNSS 内业数据处理

对二等位移测量，宜采用高精度解算软件和精密星历进行数据处理；对三等或四等位移测量，可采用商用软件和预报星历进行数据处理。观测数据的处理和质量检查应符合现行行业标准《卫星定位城市测量技术规范》(CJJ/T 73—2010)的规定。同一时段观测值的数据采用率宜大于 85%。GNSS 内业数据处理通常都使用与接收机配套的专用软件。

GNSS 数据处理过程分为以下几步：观测数据预处理→基线向量解算→观测成果外业检核（包括同步观测环检核、异步观测环检核、重复边检核）→网平差计算→网精度评定。

五、监测点坐标差值计算

将相邻两期观测值平差得到的各个观测点的坐标进行比较，求出坐标增量，就可以求出各点的位移值，根据坐标增量符号判断监测点平面位移方向。

任务五　激光准直法

【知识要点】　激光准直法原理；激光准直测量监测方法。

【技能目标】　掌握真空激光准直系统原理；了解激光准直测量方法测定水平位移要求。

任务导入

激光准直法监测系统以其观测精度高，长期稳定性好，使用和维护简便高效而成为水库、大坝变形监测系统中最常选用的方法。了解激光准直法原理对于进一步学习水利工程变形监测具有重要意义。

任务分析

本任务主要介绍真空激光准直原理及采用激光准直测量方法测定水平位移时要达到的

技术要求。

相关知识

　　激光准直法是指利用激光发射系统发出的激光束作为基准线,在需要监测的点上安置激光束接收装置,从而确定监测点偏离基准线的方法。激光准直变形监测系统的激光具有方向性强、单色性好、亮度高、相干性好等普通光无法比拟的特点。

　　激光准直变形监测系统分为大气激光准直和真空激光准直两种。大气激光准直系统直接工作在自然环境中,不需要真空管道,因而价格便宜,但激光束在大气中传输时会发生漂移、抖动和偏折,影响观测精度,因而常用于坝长不超过 300 m 的中小型大坝的变形监测;而真空激光准直系统是在一个人为创造的真空环境中自动完成测量任务,由于激光在真空中传播受大气折光的影响小,因此精度更高。

一、真空激光准直系统的工作原理

　　如图 3-4 所示,真空激光准直系统也称波带板激光准直法,是采用激光束作为测量的基准线,发射端①发出一束激光,穿过与大坝待测部位固定在一起的多个波带板,在接收端上形成一个衍射光斑④,当位于测点位置的波带板②随着坝顶测点发生水平或垂直位移至③时,通过探测仪(CCD 坐标仪)测出光斑在成像屏上光斑位置⑤的变化,按照三点准直方法,就可以确定测点③的位移值。计算公式如下

$$X_{相} = X_{测} \times L_n / L \tag{3-4}$$

式中,$X_{相}$ 相为测点位移值;$X_{测}$ 为接收端观测值;L_n 为发射端至波带板距离;L 为发射端至接收端距离。

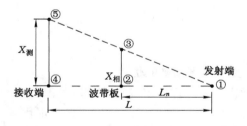

图 3-4　波带板激光准直原理

二、激光准直测量监测技术要求

当采用激光准直测量方法测定建筑水平位移时,应符合下列规定:

　　(1) 对一等或二等位移观测,可采用 1″级经纬仪配置高稳定性氦氖激光器或半导体激光器构成激光经纬仪,并采用高精度光电探测器获取读数;对三等或四等位移观测,可采用 2″级经纬仪配置氦氖激光器或半导体激光器构成激光经纬仪,并采用光电探测器或有机玻璃格网板获取读数。

　　(2) 激光经纬仪在使用前必须进行检校。

　　(3) 应在视准线一端安置激光经纬仪,瞄准安置在另一端的固定觇牌进行定向,待监测点上的探测器或格网板移至视准线上时读数。每个监测点应按表 3-8 规定的测回数进行往测与返测。

（4）监测点与设站点之间的距离不应超过激光器的有效测程。监测点偏离激光视准线的距离不应超过探测器或格网板的可读数范围。

表 3-8　　　　　　　　　　　　　　激光经纬仪观测测回数

经纬仪标准精度	位移观测等级			
	一等	二等	三等	四等
1″	4	2	1	1
2″	—	—	2	1

任务六　测量机器人法

【知识要点】　测量机器人系统构成与工作方式。
【技能目标】　掌握测量机器人系统构成与工作方式。

任务导入

在工程建筑物的变形自动化监测方面,测量机器人正渐渐成为首选。了解测量机器人系统对于学习工程变形自动化监测具有重要意义。

任务分析

本节主要介绍测量机器人系统构成与工作方式。

相关知识

一、测量机器人用于变形监测领域的优势

测量机器人是一种能代替人进行自动搜索、跟踪、辨识和精确照准目标并获取角度、距离、三维坐标以及影像等信息的智能型电子全站仪。它是现代多项高新技术集成应用于测量仪器制造领域的最杰出的代表,测量机器人通过 CCD 影像传感器和其他传感器对现实测量世界中的"目标"进行识别,迅速做出分析、判断与推理,实现自我控制,并自动完成照准、读数等操作,以完全代替人的手工操作。测量机器人再与能够制订测量计划、控制测量过程、进行测量数据处理与分析的软件系统相结合,完全可以代替人完成许多测量任务。

测量机器人可以在大范围内实施高效的遥控测量,被广泛应用于变形体所处环境复杂、监测精度要求较高、监测点数量较多的变形监测领域中,如水库大坝、高速铁路等工程的变形监测。如徕卡 TCA2003 型测量机器人(图 3-5)静态测角精度为 $\pm 0.5''$,测距精度为 $1\ mm +1\times10^{-6}D$,自动目标识别的有效距离可达 $1\ 000\ m$,望远镜照准精度 $2\ mm/500\ m$。

二、固定式全自动持续监测系统

该方式是基于一台测量机器人的有合作目标(照准棱镜)的变形监测系统,可实现全天候的无人值守监测,其实质为自动极坐标测量系统,其结构与组成方式如图 3-6 所示。

（1）基站:为极坐标系统的原点,用来架设测量机器人,要求有良好的通视条件且牢固

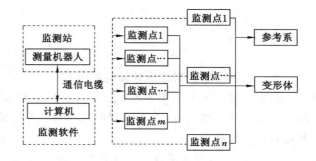

图 3-5 徕卡 TCA2003 型测量机器人 　　　图 3-6 测量机器人变形监测系统组成

稳定。参考点(三维坐标已知)应位于变形区域之外的稳固不动处,点上采用强制对中装置放置棱镜,一般应有 3~4 个,要求覆盖整个变形区域。参考系除提供方位外,还为数据处理提供距离及高差差分基准。

(2)目标点:均匀地布设于变形体上,能体现区域变形的部位。

(3)控制中心:由计算机和监测软件构成,通过通信电缆控制测量机器人做全自动变形监测,可直接放置在基站上。若要进行长期的无人值守监测,应建专用机房。

(4)软件功能模块及软件实现:主要包括工程管理、系统初始化、学习测量、自动测量、数据处理、数据查询、成果输出、工具、帮助等功能模块。

三、移动式半自动变形监测系统

移动式半自动变形监测系统是一种半自动变形监测系统,工程数据管理轻便灵活,测量精度高,周期测量后系统即可拆除,适合半人工作业、变形缓慢需定期测量的工程项目。

移动式半自动变形监测系统的作业与传统的观测方法一样,在各观测墩上安置整平仪器,输入测站点号,进行必要的测站设置,设置后测量机器人会按照预置在机内的观测点顺序、测回数全自动地寻找目标,精确照准目标,记录观测数据,计算各种限差,做超限重测或等待人工干预等。完成一个测点的工作之后,人工将仪器搬到下一个施测的点上,重复上述的工作,直至所有外业工作完成。这种移动式网观测模式可大大减轻观测者的劳动强度,所获得的成果精度更好。

任务七 观测成果数据处理

【知识要点】 水平位移监测数据计算基本原理;水平位移观测成果。

【技能目标】 理解水平位移监测数据计算原理;掌握水平位移观测成果内容及分析方法。

**任务导入**

获取水平位移监测数据后,如何进行数据处理与分析,是水平位移监测的关键。

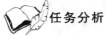**任务分析**

本节主要介绍水平位移监测数据计算的基本原理,水平位移观测数据处理与分析过程。

相关知识

一、水平位移监测数据计算基本原理

水平位移监测的基本原理就是周期性地测定水平位移监测点基准线的偏离值或者直接测定监测点的平面坐标,将不同周期同一观测点的偏离值或平面坐标进行比较,即可得到观测点的水平位移值。

1. 利用不同周期偏离值计算水平位移

如图 3-7 所示,某工程建筑物上有一个水平位移监测点 P_1,相对于基准线 AB,其初始周期的偏离值 $L_1^{[1]}$,第 $i-1$ 周期的偏离值为 $L_1^{[i-1]}$,第 i 周期的偏离值为 $L_1^{[i]}$,则可求得监测点 P_1 第 i 周期相对于第 $i-1$ 周期的本期水平位移为:

$$\Delta L_1^{[i-1]} = L_1^{[i]} - L_1^{[i-1]} \tag{3-5}$$

目标点 P_1 第 i 周期相对于初始周期的累积水平位移为:

$$\Delta L_1^{[i-1]} = L_1^{[i]} - L_1^{[1]} \tag{3-6}$$

2. 利用不同周期坐标值计算水平位移

如图 3-8 所示,某工程建筑物上有一个水平位移监测点 P_1,其初始坐标为 $(x_1^{[1]}, y_1^{[1]})$,第 i 周期后目标的坐标为 $(x_1^{[i]}, y_1^{[i]})$,则可求得监测点 P_1 第 i 周期相对于初始周期的水平位移为:

$$\Delta x_1^{[i]} = x_1^{[i]} - x_1^{[1]}$$
$$\Delta y_1^{[i]} = y_1^{[i]} - y_1^{[1]} \tag{3-7}$$

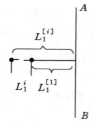
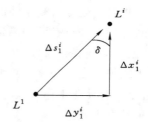

图 3-7 利用偏离值计算水平位移   图 3-8 利用坐标值计算水平位移

其合位移 Δs_1^i 及其位移方向可以用下式计算:

$$\Delta s_1^i = \sqrt{(\Delta x_1^i)^2 + (\Delta y_1^i)^2}$$
$$\tan \alpha = \frac{\Delta y_1^i}{\Delta x_1^i} \tag{3-8}$$

相对于第 $i-1$ 周期的本次水平位移计算公式和原理与上述相同,不再赘述。

二、水平位移观测成果

1. 水平位移监测应提交的成果

(1) 水平位移监测点位布置图;

(2) 各监测点水平位移值统计表;

(3) 各监测点水平位移速率统计表;

（4）荷载-时间-位移量（P-T-S）曲线图；

（5）位移速率-时间-位移量（V-T-S）曲线图；

（6）水平位移监测报告。

2．水平位移监测数据统计分析

（1）截至最后一期观测，最大累计水平位移量为××mm（××观测点），最小累计水平位移量为××mm（××观测点），平均累计水平位移量为××mm。

（2）截至最后一期观测，最大水平位移速率为××mm/d（××观测点，第×期至第×期），平均水平位移速率为××mm/d。

（3）从荷载-时间-位移量（P-T-S）关系曲线图分布情况看，××观测点水平位移曲线与其余观测点水平位移曲线相比存在一定离散现象，分析其原因。

（4）从位移速率-时间-位移量（V-T-S）关系曲线图分布情况看，××观测点水平位移速率明显快（慢）于其他观测点，分析其原因。

（5）从水平位移曲线变形趋势来看，各观测点水平位移曲线在××年××月以后开始逐渐趋缓，并小于规定值，表明变形体在××年××月以后开始逐步进入稳定阶段。

思考与练习

1．水平位移监测的基本原理是什么？

2．水平位移监测主要有哪些基本方法？

3．变形监测控制网由哪些点构成？它们各自的作用是什么？

4．位移监测点布设有哪些注意事项？

5．全站仪水平位移监测的方法有哪些？

6．全站仪水平位移测角、测距有何要求？

7．小角法水平位移监测原理是什么？

8．GNSS用于变形监测有何优势？

9．GNSS外业采集数据需要注意哪些事项？

10．GNSS数据内业处理有哪些过程？

11．激光准直法监测具有哪些优点？

12．利用激光准直法监测时有何要求？

13．测量机器人用于变形监测有什么优势？

14．测量机器人工作体系主要由哪些部分构成？

15．水平位移监测应上交的成果包括哪些？

项目四　基坑变形监测

任务一　基坑变形监测认识

【知识要点】　基坑监测的目的；基坑监测的内容；基坑监测的方法；基坑监测方案的基本要求。

【技能目标】　了解基坑监测的目的、内容及方法；熟悉基坑监测方案编制的要点。

　任务导入

深基坑施工中的变形监测工作是指导施工、避免事故发生的必要措施。深基坑的理论研究和工程实际告诉我们，理论、经验和监测相结合是指导深基坑工程的设计与施工的正确途径。

　任务分析

为了熟悉基坑监测方案的编制，首先需要了解基坑监测的目的，然后了解基坑监测的内容、方法，最后需掌握基坑监测方案编制的要点。

　相关知识

一、基坑监测的目的

基坑工程变形监测技术是指根据基坑工程及设计者提出的监测要求，预先制订出详细的基坑监测方案，并在深基坑施工过程中，对基坑支护结构、基坑周围的土体和相邻的构筑物进行全面、系统的一系列监测活动，以期对基坑工程的安全和对周围环境的影响程度做全面的分析研究，最终确保工程的顺利进行，在出现异常情况时及时反馈，为设计人员制订必要的工程应急措施、调整施工工艺或修改设计参数提供依据。

1. 基坑工程现场监测的意义

土体的应力条件会随着基坑的开挖和降水而发生变化，进而会诱使发生基坑周边地面沉降变形以及使周边土体产生相应的位移。与此同时，受侧向水土压力作用的影响，基坑围护体系也会发生变形。因此，为了保障基坑施工过程及周边环境的安全，必须对桩顶水平位移和垂直位移、基坑内外的地下水位、深层土体水平位移、周边环境（道路、地下设施、地下管线、建筑物等）沉降、土体中的土压力、孔隙水压力等项目进行变形监测。通过对监测数据的深入分析，发现可能潜在的险情并及时制定应对措施，以确保基坑施工的安全。

深基坑工程的安全不仅取决于合理的设计、施工,而且取决于贯穿在工程设计、施工全过程的变形监测。基坑监测是确保基坑开挖安全可靠且又经济合理的重要手段。

2. 基坑工程现场监测的目的

(1)检验设计所采取的各种假设和参数的正确性,指导基坑开挖和支护结构的施工。目前,基坑工程的基坑支护结构设计尚处于半理论半经验的状态。

(2)确保基坑支护结构和相邻建筑物的安全(应包含地下管线)。在实际工程中,基坑在破坏前,往往会在基坑侧向的不同部位上出现较大的变形,或变形速率明显增大。

(3)累积工程经验,为提高基坑工程上的设计和施工的整体水平提供可借鉴依据。

二、基坑监测方案编制

1. 监测方案编制依据

(1)《建筑基坑工程监测技术规范》(GB 50497—2009);

(2)《建筑变形测量规范》(JGJ 8—2016);

(3)《建筑基坑支护技术规程》(JGJ 120—2012);

(4)《工程测量规范》(GB 50026—2007);

(5)《建筑地基基础设计规范》(GB 50007—2011);

(6)《建筑边坡工程技术规范》(GB 50330—2013);

(7)《建筑物沉降观测方法》(DGJ32/J 18—2006);

(8)《岩土工程监测规范》(YS 5229—1996);

(9)《国家一、二等水准测量规范》(GB/T 12897—2006)。

2. 监测方案设计原则

监测方案的设计原则主要包括:可靠性、经济合理性、与施工相结合、关键部位优先和兼顾全面、系统性原则。

(1)可靠性:指在对深基坑进行变形监测的时候所采用的技术方法应该是成熟可靠的,在监测工作中所使用的各种仪器和元件都应该经过检定。

(2)经济合理性:指在具体的变形监测中,所采用的监测技术方法并不是越复杂越高端越好,要能够满足安全可靠的要求,这些技术方法的选择应以有效、简单、直观为好,所布设的变形监测点要能够满足监测要求,数量也应该尽可能少,这样可以减少投入的成本,对工作效率的提高也有所帮助。

(3)与施工相结合:指在布设变形监测点之前,要仔细对施工场地环境进行勘察,点位选择和保护要适应施工场地。同时,所选取的监测元件的种类及测试方法也要与具体的施工实际相结合。

(4)关键部位优先和兼顾全面:指对一些特殊的监测部位要进行重点监测,如有较大地质变化的区域、对变形相当敏感的位置等。当然,在重点顾及这些关键部位的时候,更要从整体上对监测点分布的均匀性进行把握。

(5)系统性:是指所设计的所有的变形监测的项目都不应该视为独立的个体,而是应该把他们结合起来进行看待和分析,各个监测项目所获取的实测数据应该要相互验证。同时,要尽量保证能够及时准确、连续地获取项目的监测数据。

3. 基坑监测方案设计的主要步骤

基坑监测方案设计必须建立在对工程场地地质条件、基坑围护设计和施工方案以及基坑工程相邻环境详尽的调查基础之上,同时还要与工程建设四方以及管线、道路主管单位协调。监测方案的制订一般要经过以下主要步骤:

(1) 收集并识读工程地质勘查报告、围护结构和建筑工程主体结构的设计图纸(±0.000以下部分)及其施工组织设计、较详细的综合平面位置图、综合管线图等,以掌握工程场地的工程地质条件、围护和主体结构、周围环境的有关材料。

(2) 进行现场踏勘,重点掌握地下管线走向、相邻构筑物状况,以及它们与围护结构的相互关系。

(3) 拟定监测方案初稿,并提交委托单位(或工程监理单位)审阅,同意后由建设单位主持召开有市政道路监察部门、邻近建筑物业主以及有关地下管线(煤气、电力、电信、上水、下水等)单位参加的协调会议,对监测方案初稿进行讨论,并形成正式监测方案。

(4) 根据会议纪要精神,对监测方案初稿进行修改,形成正式监测方案。

4. 基坑工程施工监测方案设计的主要内容

(1) 监测内容的确定;

(2) 监测方法和仪器的确定,监测元件量程、监测精度的确定;

(3) 施测部位和测点布置的确定;

(4) 监测周期、预警值等实施计划的制订。

5. 基坑监测基本要求

(1) 监测工作必须是有计划的,应根据设计提出的监测要求和业主下达的监测任务书预先制订详细的基坑监测方案。

(2) 监测数据必须是真实可靠的,数据的可靠性由测试元件安装或埋设的可靠性、监测仪器的精度和可靠性、监测人员的素质来保证。

(3) 监测数据必须是及时的,监测数据需在现场及时计算处理,计算有问题可及时复测,尽量做到当天报表当天出。

(4) 埋设于结构中的监测元件应尽量减少对结构正常受力的影响,埋设水土压力监测元件、测斜管和分层沉降管时的回填土应注意与岩土介质的匹配。

(5) 采纳多种方法、实行多项内容的监测方案应相互印证。

(6) 对重要的监测项目,应按照工程具体情况预先设定预警值和报警制度,预警值应包括变形或内力量值及其变化速度。

(7) 基坑监测应整理完整的监测记录表、数据报表、形象的图表和曲线,监测结束后整理出监测报告。

任务二　基坑变形监测的内容与方法

【知识要点】　基坑监测的内容;基坑监测的方法;基坑监测的实施。

【技能目标】　了解基坑监测的内容;熟悉基坑监测的方法。

任务导入

基坑变形监测的实施是基坑监测的基础工作,只有通过基坑监测方案的实施,得到正确的监测数据,才能对基坑变形监测结果进行合理的分析和应用。

任务分析

为了熟悉基坑变形监测的内容和方法,首先需要了解基坑监测的内容,然后了解基坑监测的仪器,最后需掌握基坑监测的方法。

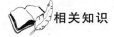相关知识

一、基坑监测的内容

在目前的基坑监测项目中,主要的监测内容有桩顶水平位移和垂直位移、基坑底部回弹监测、基坑内外的地下水位监测、深层土体水平位移、周边环境(道路、地下设施、地下管线、建筑物等)沉降、围护桩的应力、基坑外的地下土层的分层沉降、土体中的土压力和孔隙水压力。基坑工程施工现场监测的内容分为两大部分,即围护结构本身和相邻环境。围护结构包括围护桩墙、支撑、围檩和圈梁、立柱、坑内土层等五部分。相邻环境包括相邻地层、地下管线、相邻房屋等三部分,具体见表 4-1。

表 4-1 　　　　　　　　　　基坑工程施工现场监测的内容

序号	监测对象	监测项目	监测元件与仪器
围护结构	1 围护桩墙	(1) 桩墙顶水平位移与沉降; (2) 桩墙深层挠曲; (3) 桩墙内力; (4) 桩墙水土压力	经纬仪、水准仪 测斜仪 钢筋应力传感器、频率仪 压力盒、孔隙水压力探头、频率仪
	2 水平支撑	轴力	钢筋应力传感器、位移计、频率仪
	3 围檩和圈梁	(1) 内力; (2) 水平位移	钢筋应力传感器、频率仪 经纬仪
	4 立柱	垂直沉降	水准仪
	5 坑内土层	垂直隆起	水准仪
	6 坑内地下水	水位	监测井、孔隙水压力探头、频率仪
相邻环境	7 相邻地层	(1) 分层沉降; (2) 水平位移	分层沉降仪、频率仪 经纬仪
	8 地下管线	(1) 垂直沉降; (2) 水平位移	水准仪 经纬仪
	9 相邻房屋	(1) 垂直沉降; (2) 倾斜; (3) 裂缝	水准仪 经纬仪 裂缝监测仪
	10 坑外地下水	(1) 水位; (2) 分层水压	监测井、孔隙水压力探头、频率仪 孔隙水压力探头、频率仪

二、基坑监测的方法

基坑施工期监测采用现场巡视和仪器(全站仪、精密水准仪、测斜仪和频率读数仪)观测

相结合的方法。

1. 现场巡视

现场巡视观测法以目测为主,可辅以锤、钎、量尺等工具,对围护结构成型质量、冠梁有无裂缝、止水帷幕有无开裂、墙土体有无裂缝及滑移、周边地表有无裂缝沉陷和周边建筑物有无新增裂缝等为主要观测对象。这种方法不仅适用于基坑多项内容的监测,而且监测内容丰富,获取的前兆信息直观且可靠度高。结合仪器监测资料进行综合分析,可初步判断基坑施工期的安全及中短期变形趋势,作为基坑事故的宏观预报判据。即使已采用观测仪器,该方法也是不可缺少的。具体的基坑工程巡视检查内容见表4-2。

表4-2 基坑工程巡视检查一览表

巡视检查	序号	巡视检查具体内容
支护结构	1	支护结构成型质量
	2	冠梁有无裂缝出现
	3	止水帷幕有无开裂、渗漏
	4	坡后土体有无裂缝、沉陷及滑移
	5	基坑有无涌土、流砂、管涌
施工工矿	1	开挖后暴露的土质情况与岩土勘查报告有无差异
	2	基坑开挖分段长度、分层厚度及支锚设置是否与设计要求一致
	3	场地地表水、地下水排放状况是否正常,基坑降水、回灌设施是否运转正常
	4	基坑周边地面有无超载
周边环境	1	周边管道有无破损、泄漏情况
	2	周边建筑有无新增裂缝出现
	3	周边道路(地面)有无裂缝、沉陷
监测设施	1	基准点、监测点完好状况
	2	监测元件的完好及保护情况
	3	有无影响观测工作的障碍物

2. 仪器观测法

仪器观测法是在基坑现场调查的基础上,在基坑围护桩顶、桩内、护坡土体、周边道路及建筑物上设置变形观测点,同时在变形区影响范围以外的稳定地区设置固定观测站,即基准站。利用全站仪、水准仪和仪器仪表定期监测变形区内点的位移变化。设站观测是一种行之有效的监测方法。根据监测内容,除采用常规大地测量方法(精密导线测量、精密水准测量、边角交会测量和极坐标测量方法等),个别测站监测还用到测小角法。仪器仪表观测主要是对深层水平位移、围护桩体和锚杆内力监测,该法是将电子元件制作的传感器(探头)埋设于合适部位,利用电子仪表接收传感器的电信号来进行观测。

三、基坑工程监测的实施方法及仪器仪表

(一)围护墙顶水平位移和沉降监测

围护墙顶沉降监测方法主要采用精密水准测量。在一个测区内,应设3个以上基准点,基准点应设在开挖深度5倍距离以外的地方。围护墙顶部的水平位移和竖向位移监测点应沿围护墙的周边布置,围护墙周边中部、阳角处应布置监测点。监测点间距不宜大于 20 m,每边监测点数目不应少于 3 个,监测点宜设置在冠梁上。

围护墙顶水平位移监测,在有条件的场地用视准线法比较方便。采用视准线法测量时,需沿欲测量的基坑边线设置一条视准线(图 4-1),在该线的两端设置工作基点 A、B。在基线上沿基坑边线按照需要设置若干测点,基坑有支撑时,测点宜设置在两根支撑的跨中,也可用小角度法用经纬仪测出各测点的侧向水平位移。各测点最好设置在基坑圈梁、压顶等较宜固定的地方,这样设置方便,不易破坏,而且能真实反映基坑侧向变形。测量基点 A、B 需设置在距基坑一定距离的稳定地段,对于有支撑的地下连续墙或大孔径灌注桩这类的围护结构,基坑角点的水平位移一般较小,这时可将基坑角点设置为临时基点 C、D,在每个工况内可以用临时基点监测,变换工况时用基点 A、B 测量临时基点 C、D 的侧向水平位移,再用此结果对各测点的侧向水平位移值做校正。

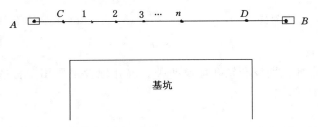

图 4-1 围护墙顶水平位移监测基线布设

由于深基坑工程的场地一般比较小,施工障碍物较多,而且基坑边线也并非都是直线,因此视准线的建立一般比较困难,在这种情况下可用前方交会法。前方交会法是在距基坑一定距离的稳定地段设置一条交会基线,或者设置两个或多个工作基点,以此为基准,用交会法测出各点的位移量。

(二)深层水平位移监测

1. 测量原理

深层水平位移就是测量围护桩墙和土体在不同深度上的点的水平位移,通常用测斜仪测量。将围护桩墙在不同深度上的点的水平位移按一定比例绘制出水平位移随深度变化的曲线,称为围护桩墙深层挠度曲线。

测斜仪(图 4-2)的原理是通过摆锤受重力作用来测量测斜探头轴线和铅垂线之间的倾角,进而计算垂直位置各点的水平位移的,如图 4-3 所示。测斜仪由测斜管、测斜探头、数字式测读仪三部分组成,测斜管在基坑开挖前埋设于围护桩墙和土体内,测斜管有 4 个十字形对称分布的凹形导槽,作为测斜仪滑轮上、下滑动的导轨。测量时,使测斜探头的导向滚轮卡在测斜管内壁的导槽中,沿槽滚动,将测斜探头放入测斜管,并由引出的导线将测斜管的倾斜角或其正弦值显示在测读仪上。

测斜管可以测单向位移,也可以测双向位移。测双向位移时,由两个方向的测量值求出其矢量和,得出位移的最大值和方向。

实际测量时,将测斜仪探头沿管内导槽插入测斜管内,缓慢下滑,按取定的间距 L 逐段测定各量测段处的测斜管和铅直线的倾角,就能得到整个桩墙轴线的水平挠曲或土体不同深度的水平位移。

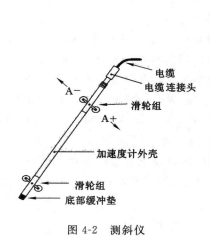

图 4-2　测斜仪

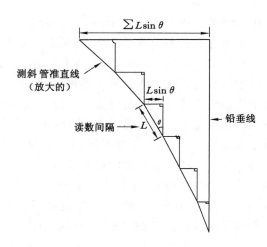

图 4-3　测斜仪测量原理

2. 测斜管的埋设

测斜管的埋设有绑扎埋设和钻孔埋设两种。绑扎埋设主要用于桩墙体深层挠曲测试,钻孔埋设用于土体中埋设。

(1) 绑扎埋设

绑扎埋设主要用于桩墙体深层挠曲测试,埋设时将测斜管在现场组装后绑扎固定在桩墙钢筋笼上,随钢筋笼一起下到孔槽内,并将其浇筑在混凝土中。浇筑前应封好管底底盖,并在测斜管内注满清水,防止测斜管在浇筑混凝土时浮起,并防止泥浆渗入管内。

(2) 钻孔埋设

钻孔埋设时,首先在土层中预钻孔,孔径略大于所选择的测斜管的外径,然后将测斜管封好底盖逐节组装并逐节放入钻孔中,并同时在测斜管内注满清水,直到放到预定的标高为止。随后在测斜管与钻孔之间的孔隙内回填细砂,或用水泥和黏土混合的材料固定测斜管,配合比取决于土层的物理力学性质。

埋设过程中,应避免管子的纵向旋转。在管节连接时必须将上、下管节的滑槽严格对准,以免导槽不通畅。埋设就位时必须注意测斜管的一对凹槽与欲测量的位移方向一致(通常为与基坑边缘相垂直的方向)。测斜管固定完毕或混凝土浇筑完毕后,用清水将测斜管内冲洗干净。由于测斜管的探头是贵重金属,在未确认导槽畅通时,先将探头模型放入测斜管内,沿导槽上、下滑行一遍,待检查导槽是正常可用时,方可用实际探头进行测试。埋设好测斜管后,需测量测斜管导槽的方位、管口坐标及高程,要及时做好保护工作,如测斜管外局部设置金属套管保护,测斜管管口处砌筑窨井并加盖。

3. 测量

将测斜仪的测头插入测斜管,使滚轮卡在导槽上,缓慢下至孔底,测量工作从孔底开始,自下而上沿导槽全长每隔一定距离测读一次。测量完毕后,将测头旋转 180° 插入另一导槽,按上述方法重复测量。两次测量的各测点应在同一位置上,此时各测点的两个读数值应接近、符号相反,如果对测量数据有疑问,应及时复测。基坑工程中通常只需监测垂直于基坑边线的水平位移。但对于基坑阳角的部位,就有必要测量两个方向的深层水平位移,此时,可用同样的方法测另一对导槽的水平位移。有些测读仪可以同时读出两个相互垂直的深层水平位移。深层水平位移的初始值应是基坑开挖之前连续 3 次测量无明显差异读数的平均值,或取开挖前最后一次的测量值作为初始值。测斜管孔口需布设地表水平位移测点,以便必要时根据孔口水平位移量对深层水平位移量进行校正。

（三）土体分层沉降监测

土体分层沉降指距离地面不同深度处土层内的点的沉降或隆起。通常用磁性分层沉降仪量测,如图 4-4 所示。磁性分层沉降仪由对磁性材料敏感的探头、埋设于土层中的分层沉降管和钢环、带刻度标尺的导线以及电感探测装置组成,测量精度可达 1 mm。

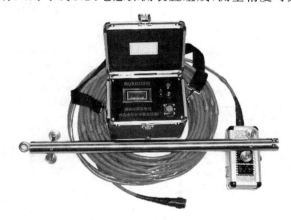

图 4-4　磁性分层沉降仪

如图 4-5 所示,用钻机在预定的位置钻孔,取出的土层分别堆放,钻到孔底标高略低于欲测量土层的标高。提起套管 300～400 mm,将引导管放入,引导管可逐节连接直至略深于预定的最底部的监测点的深度位置,然后在引导管与孔壁间用膨胀黏土球填充及捣实到最低的沉降环位置,再用一只铅质开口送筒装上沉降环,套在引导管上,沿引导管送至预埋位置,再用 450 mm 的硬质塑料管把沉降环推出并压入土中,弹开沉降环卡子,使沉降环的弹性卡子牢固地嵌入土中,提起套管至待埋沉降环以上 300～400 mm,待钻孔内回填该土层做的土球至要埋的一个沉降环标高处,再用如上步骤推入上一标高的沉降环,直至埋完全部沉降环。固定孔口,做好孔口的保护装置,并测量孔口标高和各磁性沉降环的初始标高。

（四）基坑回弹监测

地基土大面积开挖后,由于地基土自重应力的卸除,地基土回弹隆起,便引起地基土结构产生破坏,以致对主体建筑物以及邻近建筑物造成一定影响。

1. 基坑回弹监测原理

基坑回弹监测通常采用几何水准测量法。基坑回弹监测的基本过程是:在待开挖的基坑中预先埋设回弹监测标志,在基坑开挖前、后分别进行水准测量,测出布设在基坑底面各测标的高差变化,从而得出回弹标志的变形量。观测次数不应少于 3 次,即第一次在基坑开挖之前,第二次在基坑挖好之后,第三次在浇注基础混凝土之前。在基坑开挖前的回弹监测,由于测点深埋地下,实施监测就比较复杂,且对最终成果精度影响较大,亦是整个回弹监测的关键。

基坑开挖前的回弹监测方法通常有辅助杆法(适用于较浅基坑)和钢尺法。钢尺法又可

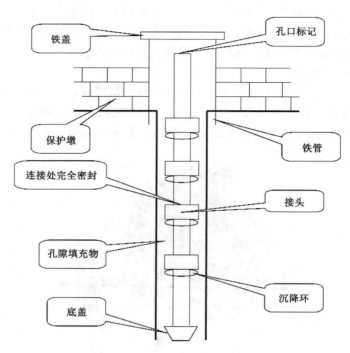

图 4-5 分层沉降仪沉降环埋设

分为钢尺悬吊挂钩法（简称挂钩法），一般适用于中等深度基坑；钢尺配挂电磁锤法或电磁探头法，适用于较深基坑。挂钩法比较实用有效，为常用的方法。

2. 回弹监测点的埋设

基坑开挖前的回弹监测一般是逐点进行的。因此，在观测前，首先应在标有建筑物位置的场地平面图上布设好测点位置，在现场进行定位放样，并测出每个测点的相对坐标和地面标高，以便于计算各回弹标志的埋设深度和开挖后便于寻找测点位置。

回弹标志必须在基坑开挖前埋设完毕，并同时测定出各标志点顶的标高。埋设方法可采用 SH-30 型或 DPP-100 型工程钻机按标定点位成孔，成孔时要求孔位准确（应控制在 10 cm 以内），孔径要小于 ϕ127 mm，钻孔必须垂直，孔底与孔口中心的偏差不超过 5 cm。采用跟管钻进（套管直径与孔径相应），孔深控制在基坑底设计标高下 20 cm 左右。钻孔达到深度后，用钻具清理孔底，使其无残土，然后卸去钻头，安上回弹标志下至孔底，采用重锤击入法把测标打入土中，并使回弹标志顶部低于基坑底面标高 20 cm 左右，以防止基坑开挖时标志被破坏。要使标志圆盘与孔底土充分接触后卸下钻杆并提出，然后即可进行该测点的第一次回弹标志点的标高引测。

（五）土压力监测

土压力是基坑支护结构周围的土体传递给挡土墙构筑物的压力，也称支护结构与土体接触压力，或由自身及基坑开挖后土体中应力重分布引起的土体内部的应力。通常采用在量测位置上埋设压力传感器来监测。土压力传感器工程上称之为土压力盒，常用的土压力盒有钢弦式和电阻式等。

1. 土压力传感器

国内目前常用的压力传感器根据其工作原理分为钢弦式、差动电阻式、电阻应变片式和电感调频式等。其中,钢弦式压力传感器长期稳定性高,对绝缘性要求低,适用于土压力和孔隙水压力的长期观测。土压力盒又有单膜和双膜两类。单膜一般用于测量界面土压力,并配有沥青压力囊。双膜一般用于测量自由土体土压力。

2. 土压力计(盒)安装

(1) 钻孔法

钻孔法是通过钻孔和特制的安装架将土压力计压入土体内。具体步骤如下:① 先将土压力盒固定在安装架内;② 钻孔到设计深度以上 0.5～1.0 m;放入带土压力盒的安装架,逐段连接安装架压杆,土压力盒导线通过压杆引到地面,然后通过压杆将土压力盒压到设计标高;③ 回填封孔。

(2) 挂布法

挂布法用于量测土体与围护结构间接触压力。具体步骤如下:① 先用帆布制作一幅挂布,在挂布上缝有安放土压力盒的布袋,布袋位置按设计深度确定;② 将包住整幅钢笼的挂布绑在钢筋笼外侧,并将带有压力囊的土压力盒放入布袋内,压力囊朝外,导线固定在挂布上通到布顶;③ 挂布随钢筋笼一起吊入槽(孔)内;④ 混凝土浇筑时,挂布将受到侧向压力而与土体紧密接触。

(六) 孔隙水压力监测

由于饱和土受荷载后首先产生的是孔隙水压力的变化,随后才是颗粒的固结变形,因此孔隙水压力的变化是土体运动的前兆。静态孔隙水压力监测相当于水位监测。潜水层的静态孔隙水压力测出的是孔隙水压力计上方的水头压力,可以通过换算计算出水位高度。在微承压水和承压水层,孔隙水压力计可以直接测出水的压力。结合土压力监测,可以进行土体有效应力分析,作为土体稳定计算的依据。不同深度孔隙水压力监测可以为围护墙后水、土压力分算提供设计依据。孔隙水压力监测为重力式围护体系一、二级监测等级及板式围护体系一级监测等级选测项目。

1. 孔隙水压力计

目前孔隙水压力计有钢弦式、气压式等几种形式,基坑工程中常用的是钢弦式孔隙水压力计,属钢弦式传感器中的一种。孔隙水压力计由两部分组成:① 滤头,由透水石、开孔钢管组成,主要起隔断土压的作用;② 传感部分,其基本要素同钢筋计。

2. 孔隙水压力计安装

(1) 安装前的准备

将孔隙水压力计前端的透水石和开孔钢管卸下,放入盛水容器中热泡,以快速排除透水石中的气泡,然后浸泡透水石至饱和,安装前透水石应始终浸泡在水中,严禁与空气接触。

(2) 钻孔埋设

孔隙水压力计钻孔埋设有两种方法。一种方法为一孔埋设多个孔隙水压力计,孔隙水压力计间距大于 1.0 m,以免水压力贯通。此种方法的优点是钻孔数量少,比较适合于提供监测场地不大的工程,缺点是孔隙水压力计之间封孔难度很大,封孔质量直接影响孔隙水压力计埋设质量,成为孔隙水压力计埋设好坏的关键工序,封孔材料一般采用膨润土泥球。埋设顺序为:① 钻孔到设计深度;② 放入第一个孔隙水压力计,可采用压入法至要求深度;

③ 回填膨润土泥球至第二个孔隙水压力计位置以上 0.5 m;④ 放入第二个孔隙水压力计,并压入至要求深度;⑤ 回填膨润土泥球,如此反复,直到最后一个。第二种方法为采用单孔法,即一个钻孔埋设一个孔隙水压力计。该方法的优点是埋设质量容易控制,缺点是钻孔数量多,比较适合于能提供监测场地或对监测点平面要求不高的工程。具体步骤为:① 钻孔到设计深度以上 0.5～1.0 m;② 放入孔隙水压力计,采用压入法至要求深度;③ 回填 1 m 以上膨润土泥球封孔。

（七）地下水位监测

地下水位监测可采用钢尺或钢尺水位计。钢尺水位计的工作原理是在已经埋设好的水管中放入水位计测头,当测头接触到水位时,启动讯响器,此时,读取量测钢尺与管顶的距离,根据管顶高程即可计算地下水位高程。对于地下水位比较高的水位观测井,也可用干的钢尺直接插入水位观测井,记录湿迹与管顶的距离,根据管顶高程即可计算地下水位的高程,钢尺长度必须大于地下水位与孔口的距离。

地下水位观测井的埋设方法为:用钻机钻孔到要求的深度后,在孔内埋入滤水塑料套管,管径约 90 mm。套管与孔壁间用干净的细砂填实,然后用清水冲洗孔底,以防泥浆堵塞测孔,保证水路畅通。测管高出地面约 200 mm,上面加盖,不让雨水进入,并做好观测井的保护装置。

（八）相邻环境监测

相邻环境监测的范围宜从基坑边线起到开挖深度约 2～3 倍的距离,监测周期从基坑开挖开始,至地下室施工结束为止。

1. 邻近建筑物变形监测

建筑物的变形监测可分为沉降监测、倾斜监测、水平位移监测和裂缝监测等内容。沉降监测的基准点必须在基坑开挖影响范围之外(至少大于 5 倍基坑开挖深度)。

2. 相邻地下管线监测

相邻地下管线监测内容包括垂直沉降和水平位移两部分。

监测方法主要有间接测点和直接测点两种方式。直接测点常用的埋设方案有抱箍法和套筒式两种。

（九）其他项目监测

其他监测项目有支挡结构内力监测、土层锚杆试验和监测等。

任务三　基坑监测数据整理与分析

【知识要点】　基坑监测报表的内容;基坑监测曲线的内容;基坑监测报告的编写。

【技能目标】　了解基坑监测报表的内容;了解基坑监测曲线的绘制;了解基坑监测报告的编写。

任务导入

基坑监测数据的整理和分析成果,通常通过基坑报表和基坑监测曲线表示。基坑监测报表作为基坑监测的原始观测数据,是监测工程量结算、施工调整和安排的依据,是基坑监测的重要部分。同时为了使基坑变形趋势能直观反映,除了基坑监测报表还应该提供形象

化的图形或曲线,如测点位置图或桩墙体深层水平位移曲线图等。本任务将学习如何对基坑监测数据进行整理、分析及基坑监测报告的编写。

任务分析

为了掌握基坑监测数据的整理与分析方法,首先需要了解基坑监测报告的内容,然后了解基坑监测曲线的内容,最后熟悉基坑监测报告的编写。

相关知识

一、基坑工程监测报表及监测曲线

1. 监测报表

在基坑监测前要设计好各种记录表格和报表。记录表格和报表应根据监测点的数量、合理分布设计,记录表格的设计应以记录和数据处理方便为原则,并留有一定的空间,以便对监测中观测到的和出现的异常情况做出及时的记录。监测报表通常有监测资料的当日报表、周报表、阶段报表,其中当日报表最为重要,通常作为施工调整和安排的依据。周报表通常作为参加工程例会的书面文件,对一周的监测成果做简要汇总。阶段报表作为某个基坑施工阶段监测数据的小结。报表中呈现的必须是原始数据,不得任意修改、删除,对于有疑问或认为由偶然因素引起的异常点应该在备注中说明。

监测日报表应及时提交给工程建设、监理、施工、设计、管线和道路监察等有关单位,并另备一份经工程建设或现场监理工程师签字后返回存档,作为报表收到及监测工程量结算的依据。报表应尽可能配备形象化的图形或曲线,如测点位置图或桩墙体深层水平位移曲线图等,使施工管理人员能够一目了然。

2. 监测曲线

在监测过程中除要及时制作出各类型的报表、绘制测点布置位置的平面和剖面图外,还要及时整理各监测项目的汇总表并绘制以下一些曲线和图形:

(1)各监测项目时程曲线;

(2)各监测项目的速率时程曲线;

(3)各监测项目在各个不同工况和特殊日期变化发展的形象图,如围护墙顶、建筑物和管线的水平位移及沉降用平面图,深层侧向位移、深层沉降、围护墙内力、不同深度的孔隙水压力和土压力可用剖面图。

在绘制监测项目时程曲线、速率时程曲线,以及在各种不同工况和特殊日期变化发展的形象图时,应将工况点、特殊日期及引起变化的显著因素标在各种曲线和图上,以便较直观地看到各监测项目物理量变化的原因。上述这些曲线不是在撰写监测报告时才绘制,而是应该用 Excel 等办公软件或在监测办公室的墙上用坐标纸每天加入新的监测数据,逐渐延伸,并将预警值也画在图上,这样每天都可以看到数据的变化趋势及变化速度,以及接近预警值的程度。

二、监测报告

在工程结束时应提交完整的监测报告,监测报告是监测工作的回顾与总结,监测报告主要包括如下内容:

（1）工程概况；

（2）监测项目和各测点的平面及立面布置图；

（3）所采用的仪器设备和监测方法；

（4）监测数据方法、监测结果汇总表和有关汇总及分析曲线；

（5）对监测结果的评价。

前三部分的格式和内容与监测方案基本相似，可以以监测方案为基础，按照监测工作实施的具体情况，如实叙述监测项目、测点布置、测点埋设、监测频率、监测周期等方面的情况，要着重论述与监测方案相比，在监测项目、测点布设的位置和数量上的变化及变化原因等，并附上监测工作实施的测点平面位置布置图和必要的监测项目（土压力盒、孔隙水压计、深层沉降和侧向水平位移）剖面图。

第四部分是监测报告的核心，该部分在整理各监测项目的汇总表、时程曲线、速率时程曲线以及各监测项目在各种不同工况和特殊日期变化发展的形象图的基础上，对基坑及周边环境各监测项目的全过程变化规律与变化趋势进行分析，提出关键构件或位置的变化和内力的最大值，与原设计预估值和监测预警值进行比较，并简要阐述其产生的原因。在论述时应结合监测日记记录的施工进度、挖土部位、出土量多少、施工工况、天气和降雨等具体情况对数据进行分析。

第五部分是监测工作的总结和结论，通过基坑围护结构受力和变形，以及对相邻环境的影响程度，对基坑设计的安全性、合理性和经济性进行总体评价，总结设计施工中的经验教训，尤其要总结根据监测结果通过及时的信息反馈对施工工艺和施工方案的调整和改进所起的作用。

报告撰写最好由亲自参与每天监测和数据整理工作的人员结合每天的监测日记写出初稿，再由既有监测工作和基坑设计实际经验，又有较好的岩土力学和地下结构理论功底的专家进行分析、总结和提高。

任务四　基坑工程监测实例

【知识要点】　基坑监测的组织实施。

【技能目标】　通过基坑监测实例，了解基坑监测的组织实施过程。

任务导入

在学习了基坑监测的基本知识后，通过工程实例了解基坑监测的具体实施方法及最终监测成果。

任务分析

为了熟悉基坑变形监测的内容、方法及监测成果，本教学任务首先介绍了某基坑监测工程的基本情况、基本的监测内容及监测方法，最后对监测数据进行分析整理，得出相应的结论。

相关知识

一、工程概况

某建筑工程,地上 27 层,地下 3 层,场地平整后的现状标高为 57～62.5 m,基坑开挖底面标高为 51.9 m,基坑支护高度为 5～10.5 m。本次基坑支护为临时性支护,基坑侧壁安全等级为一级,结构重要性系数为 1.1。根据场地地质情况及边坡周边环境,本次基坑工程具有如下特点:

(1)基坑规模大,形状不规则,基坑侧壁高度较大,施工工期较长。根据工程总平面图以及整体规划,基坑工程侧壁高度超过 10 m。本次基坑侧壁安全等级为一级,结构重要性系数 $\gamma = 1.1$。

(2)本次基坑支护工程为临时性支护,基坑范围大。

(3)地层条件复杂。根据勘察报告,基坑侧壁支护段所涉及的土层主要有填土、粉质黏土、圆砾、残积粉质黏土、强风化泥质粉砂岩、中风化泥质粉砂岩,地层较为复杂。

(4)地下水水量较大。场地内地下水类型主要为第四系土层内的孔隙水。本次基坑工程应注意基坑坑顶及坑底的排水、截水工作,防止降雨期间雨水入渗软化土层,降低土层物理力学参数,地下水应采取止水措施。

(5)基坑周边环境较复杂。周边存在市政道路,局部地段(西南侧)坡顶周边含高层建筑物。因此,对基坑的变形控制要求较高。

二、监测内容和方法

1. 监测内容

本次基坑监测采用工程测试、工程测量及目测三种手段相结合的方法进行,并对相关数据进行综合分析,排除外界因素和监测系统的偶然性误差,从而提供可靠的、科学的监测数据。本次护坡顶累计水平位移报警值为 25 mm,连续三天变化速率达 5 mm/d 时应报警。根据《建筑基坑支护技术规程》(JGJ 120—2012)的规定,按照基坑及边坡支护监测要求,监测内容应包括:

(1)坡顶水平位移和垂直位移监测;

(2)地下管网、地表裂缝监测;

(3)坡顶建(构)筑物变形监测;

(4)锚杆拉力及预应力损失值监测;

(5)土体及支护结构深层水平位移监测(测斜);

(6)地下动态水位监测。

2. 监测点布置

如图 4-6 所示,基坑 AB 段长约 193 m,由于紧邻另一房地产开发项目,地下室也是三层,与本基坑工程同时出土,故此段土体可挖除至设计坑底标高,不进行支护,不进行监测。BC 段开挖深度一般 4～6 m,采用复合土钉墙支护方案进行支护,因开挖较浅,不进行监测。CDE 段采用"旋挖桩＋锚杆"支护方式支护,需监测。EF、FGH 以及 HA 段采用"旋挖桩＋锚杆＋桩间止水(帷幕)"支护方式支护,也需监测。

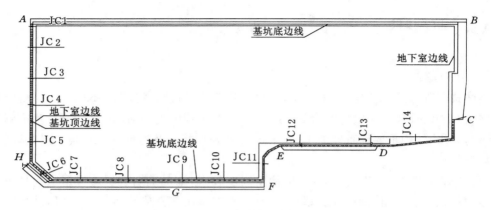

图 4-6　基坑监测点的布设

3．监测方法

（1）水平位移和垂直位移监测

由于基坑开挖，支护系统的位移将是引起周围地层、管线、道路及建筑物变形的主要原因，掌握其位移变化量与开挖深度的关系尤为重要。

① 坡顶水平和竖向位移监测：常用的水平位移监测方法有视准线法、前方交会法、极坐标法。本工程监测采用极坐标法。极坐标法是根据一个角和一段距离从一个控制点上标定其他点位的方法，本工程采用高精度全站仪作业，监测点布置在冠梁上。浇冠梁混凝土时预埋 15 cm 长的 ϕ 20 钢筋，钢筋头露出地面 10 mm，钢筋头磨成半球状并刻"十"字，刷上红漆，作为水平和竖直位移的观测点。

② 深层水平位移监测：采用测斜装置对坡体的深层水平位移进行监测，测斜装置由测斜管、测斜仪、数字式测读仪三部分组成。测斜管采用 90 mm PVC 测斜管，测斜仪采用测试仪器灵敏度高（系统总精度：±4 mm/15 m）、稳定性强的 CX-03E 型钻孔测斜仪。可沿墙顶 1.0 m 处每隔 20 m 布置一个监测点。

③ 桩墙深层位移监测：维护桩深层水平挠曲可采用测斜装置进行监测，测斜装置与深层水平位移监测所用的测斜装置一样。用测斜管埋设固定在桩墙内，可固定在桩体钢筋笼内侧，随钢筋笼一起放入桩孔内。

④ 道路沉降监测：监测点可布置在靠近基坑的边上，监测点悬在道路的两侧不影响交通又便于保存的位置，观测点间距约 25 m。为更多获得道路沉降量的信息，将道路观测点与道路两侧的管线沉降监测点错开布设。

（2）地下管网监测

地下管网的监测包含垂直沉降和水平位移两部分。地下水管、污水管、燃气管等刚性管线，总的原则是：沿管网每隔 20 m 布置一个监测点，刚性接头处需增加监测点；电力、电信管网、塑料管网等柔性管线，沿管网每隔 20 m 布置一个监测点；周边管网监测方法可采用套筒式或抱箍式监测方案，采用硬塑料管或金属管打设或埋设于所测管线顶面和地表之间，量测时将测杆放入埋管，再将标尺搁置在测杆顶端。

（3）周边建筑物沉降监测

沿建筑物外围间距 10～20 m 设置一个测点，建筑物水平位移和倾斜观测宜设置在建筑物的四角部位。

（4）地下水位观测

依据本工程的特点，在基坑的外侧布设 2～3 个水位观测孔，对地下水位进行观测，可采用电测水位计或万用表系列，也可采用测绳系列进行水位观测。水位观测的施工主要包括测量定位、成孔、井管加工、井管下放、井管外回填砂料、安放电测水位计等工序。

（5）锚杆内力及预应力损失值监测

锚杆内力量测采用专用的锚杆测力计，钢筋锚杆可采用钢筋应力计或应变计，当使用钢筋束时应分别监测每根钢筋的受力。锚杆轴力计、钢筋应力计和应变计的量程宜为设计最大拉力值的 1.2 倍，量测精度不宜低于 0.5%F.S，分辨率不宜低于 0.2%F.S。应力计或应变计应在锚杆锁定前获得稳定初始值。监测点主要布置在外锚头和锚杆主筋，锚杆监测总数不少于锚杆总数的 5%，且不少于 3 根。锚杆测力计可选取 GMS 型振弦式锚杆测力计。在锚杆受力前安装锚杆测力计，锚杆测力计安装在孔口的锚杆头部，锚杆测力计的电缆用保护装置引出。根据监测结果可以判断出锚杆内预应力的损失情况，若预应力损失超过20%，需再进行一次重复张拉，补足预应力，可有效改善锚杆的长期工作性能。

三、监测精度要求及监测频率

1. 监测精度要求

沉降观测采用二等水准测量方法，线路高差闭合差应小于 ±0.6 mm。水平位移采用极坐标法观测，误差小于 2.0 mm。

观测基准点为 3 个，设在开挖影响范围外（暂定 200 m），位移观测点沿基坑周围至少每隔 20 m 左右设置一个。观测精度要求：位移观测中误差＜0.5 mm，沉降观测中误差＜0.5 mm，水准测量闭合差＜0.8 mm。

2. 监测预警值

对基坑使用状态进行判断首先要确定一个预警方案（即确定一系列的预警值），对监测数据进行综合分析，根据监测数据综合分析结果和预警值对比，从而判断基坑的状态是否安全。

本工程依据国家标准《建筑基坑工程监测技术规范》（GB 50497—2009）和本基坑支护设计方案，各监测项目的报警值见表 4-3。

表 4-3 基坑监测报警值

监测类型	监测项目	监测报警值	
		累计绝对值/mm	变化速率/(mm/d)
位移监测	支护桩顶水平位移	20	5
	周边建筑物沉降监测	15	—
	周边道路沉降监测	15	—
	支护结构深层水平位移监测（倾斜）	45	3
内力监测	锚杆拉力及预应力损失监测	$60\%f$ f——设计极限值	—

注：当监测项目的变化速率连续 3 天超报警值的 50% 时，应报警。

3. 监测频率

本次基坑以及边坡的监测频率采取定时与跟踪相结合的方法。具体监测频率见表4-4。

表 4-4　　　　　　　　　　　　　　基坑监测频率

序号	监测项目	监测频率
1	基点联测	水准基点每月一次
2	沉降、水平位移监测	土方开挖期间及土方开挖后4天内:每天一次,平均每周一次
		开挖至最后一层时:建筑物的沉降与支护结构的水平位移每天观测一次,连续4天
		地下室结构浇筑期间:每2~3天观测一次
		基坑竣工后回填前:平均每周观测一次
		遇到大雨或意外险情:每天观测一次,特殊情况适应当加密

四、监测数据分析

下面主要对周边建筑沉降、维护结构沉降、基坑支护结构顶部水平位移监测数据进行分析。

1. 周边建筑沉降分析

周边建筑沉降如图4-7及图4-8所示。由图可知,基坑周边建筑沉降总体趋于平稳,最大沉降量为2.4 mm,小于周边建筑沉降报警值15 mm。受到各种因素的影响,如测量时的误差,降雨引起地基土浸水膨胀以及施工的进度和方法等,监测数据存在波动。特别是在基坑开挖初期,即2013年7月1日到2013年7月29日,周边建筑受基坑开挖影响,沉降波动较大。随着开挖的逐步进行,周边建筑沉降逐渐减小,到2013年10月下旬,沉降逐渐趋于稳定。

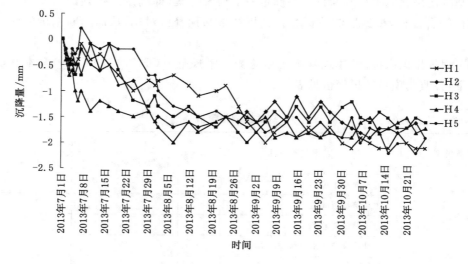

图 4-7　H1~H5周边建筑物沉降图

2. 维护结构沉降分析

维护结构沉降如图4-9、图4-10和图4-11所示。从图中可知,由于受到各种因素的影

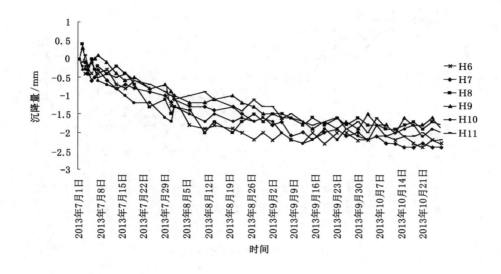

图 4-8 H6～H11 周边建筑物沉降图

响,比如测量时的误差,降雨引起地基土浸水膨胀以及施工的进度和方法等,监测数据存在波动。维护结构最大沉降值在 JC12 测点位置,最大值为 2013 年 10 月 11 日监测到的 14 mm。基坑开挖初期 2013 年 7 月 1 日至 2013 年 7 月 27 日,沉降很小,基本稳定。2013 年 7 月 27 日至 2013 年 10 月 14 日,维护结构沉降量持续稳定地增加,到后期沉降稍微有点波动,但保持平稳。维护结构的沉降与基坑形状和支护形式有关,总体来说沉降随时间变化平缓,沉降基本稳定。

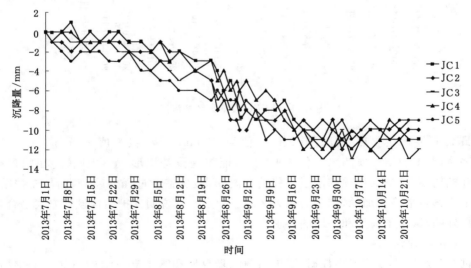

图 4-9 AH 段维护结构沉降

3. 基坑支护结构顶部水平位移分析

基坑支护结构顶部水平位移如图 4-12、图 4-13 和图 4-14 所示。基坑支护结构顶部水

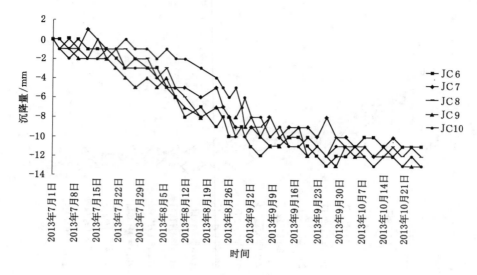

图 4-10   *HGF* 段维护结构沉降

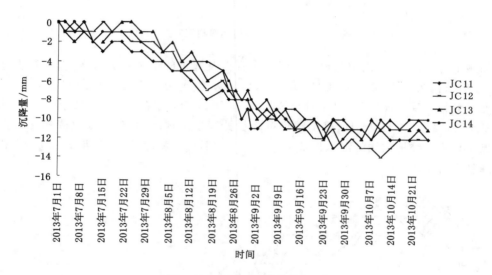

图 4-11   *FEDC* 段维护结构沉降

平位移最大值位置在测点 JC12,最大位移值为 13 mm,小于报警值 20 mm。JC9、JC11、JC12 三个测点支护结构顶部水平位移偏大,可能与这段基坑形状不规则、存在阳角有关。虽然在开挖初期,支护结构顶部水平位移稍有波动,但从整个过程的趋势来看,支护结构顶部的水平位移是平稳增加的,到最后也大多趋于稳定。这说明支护结构设计方案是合理的,效果是良好的,满足了设计和环境的要求。

五、结论与建议

通过对基坑周边建筑沉降数据、围护结构沉降数据和基坑支护结构顶部水平位移数据分析,发现周边建筑沉降值较小,虽然初期波动较大,但后来趋于稳定,最大值为 2.4 mm,不超过报警值 15 mm;维护结构沉降值较大,最大值达到了 14 mm。总体来说,维护结构沉降随时间变化平缓,最后趋于稳定。支护结构顶部水平位移最大值达到了 13 mm,也是总

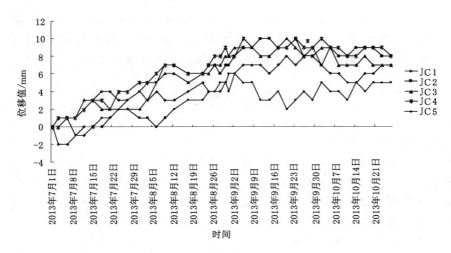

图 4-12　*AH* 段基坑支护结构顶部水平位移

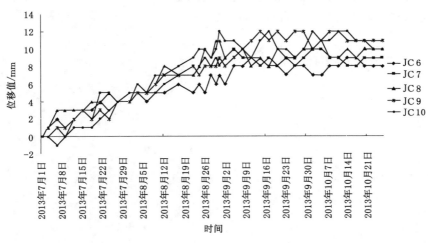

图 4-13　*HGF* 段基坑支护结构顶部水平位移

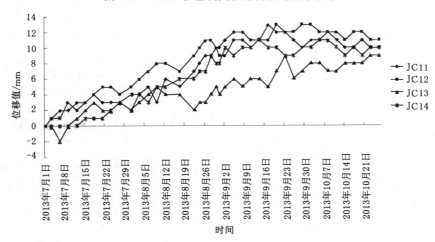

图 4-14　*FEDC* 段基坑支护结构顶部水平位移

体趋于稳定,但在基坑形状不规则的地方和存在阳角的地方,顶部水平位移值相对其他地方较大。综合周边建筑沉降、维护结构沉降和支护结构顶部水平位移值监测数据来看,支护结构设计和监测方案是合理的,效果是良好的,满足了设计和环境的要求。

思考与练习

1. 基坑工程现场监测的目的是什么?
2. 基坑工程施工监测方案设计时有哪些基本原则?
3. 基坑工程施工监测的主要内容有哪些?
4. 基坑工程现场监测的基本方法有哪些?
5. 基坑工程变形监测报表有哪些基本要求?
6. 监测曲线的主要内容有哪些?
7. 基坑工程监测中,监测频率和精度是如何确定的?
8. 基坑工程监测报告应该包含哪些内容?

项目五　工业与民用建筑物变形监测

任务一　工业与民用建筑物变形监测认识

【知识要点】　建筑物变形监测的目的；建筑物变形监测的分类；建筑物变形监测的内容。

【技能目标】　了解建筑物变形监测的目的；熟悉建筑物变形监测的分类及监测内容。

任务导入

随着各种大型建筑物，如水坝、高层建筑、大型桥梁、隧道及各种大型设备的出现，对建筑物变形监测的要求越来越高。通过本任务的学习，了解建筑物变形监测的重要作用，熟悉建筑物变形监测的基本内容。

任务分析

为了系统掌握建筑物的变形监测，首先需要了解建筑物变形监测的目的，然后了解建筑物变形监测的内容。

相关知识

建筑物的变形监测目前在我国已受到高度重视。随着社会主义建设的蓬勃发展，各种大型建筑物，如水坝、高层建筑、大型桥梁、隧道及各种大型设备的出现，因变形而造成的损失也越来越多。这种变形总是由量变到质变而造成事故的。故而及时地对建筑物进行变形监测，随时监视变形的发展变化，在未造成损失以前及时采取补救措施，这就是变形监测的主要目的。它的另一个目的是检验设计的合理性，为提高设计质量提供科学的依据。

建筑物产生变形的原因很多，如地质条件、地震、荷载及外力作用的变化等是其主要原因。在建筑物的设计及施工中，都应全面地考虑这些因素。如果设计不合理，材料选择不当，施工方法不当或施工质量低劣，就会使变形超出允许值而造成损失。

工程建筑物变形，按变形类型可分为静态变形和动态变形。

(1) 静态变形是时间的函数，观测结果只表示在某一期间内的变形，如定期沉降观测值等。

(2) 动态变形是指在外力作用下产生的变形，它是以外力为函数表示的，对于时间的变化，其观测结果表示在某一时刻的瞬时变形，如风振动引起的变形等。

由于变形是随时间发展变化的,所以对静态变形要周期性地进行重复观测,以求取两相邻周期间的变化量;而对动态变形,则需用自动记录仪器记录其瞬时位置。本教学项目主要说明静态变形的观测方法。

建筑物变形的表现形式主要有水平位移、垂直位移和倾斜,有的建筑物也可能产生挠曲及扭转。当建筑物的整体性受到破坏时,则可产生裂缝。建筑物变形测量包括建筑物本身(基础和上部)、建筑物地基及其场地的变形。对于建筑物上部结构从变形测量角度讲,主要包括:

(1) 垂直位移监测;

(2) 水平位移监测;

(3) 倾斜监测;

(4) 裂缝监测;

(5) 挠度监测;

(6) 日照和风振监测。

在进行变形监测时,必须以稳定点为依据,这些稳定点称为基准点或控制点,因而变形监测也要遵循从控制到碎部的原则。

根据监测结果,应对变形进行分析,得出变形的规律及大小,以判定建筑物是逐步趋于稳定,还是变形继续扩大。如果变形继续扩大,且变形速率加快,则说明它有破坏的危险,应及时发出警报,以便采取措施。即使没有破坏,但变形超出允许值时,也会妨碍建筑物的正常使用。如果变形逐渐缩小,说明建筑物趋于稳定,达到一定程度,即可终止监测。

任务二　建筑物变形监测的内容与方法

【知识要点】　建筑物变形监测的要求;建筑物变形监测的方法。

【技能目标】　掌握建筑物变形监测的基本要求;熟悉建筑物变形监测的实施方法。

 任务导入

在任务一了解了建筑物变形监测的重要作用及主要内容后,通过本教学任务的学习,将熟悉建筑物变形监测的基本要求,掌握建筑物变形监测的具体实施方法。

 任务分析

首先熟悉建筑物变形监测过程中,基本的精度要求和观测频率;然后针对建筑物变形监测的基本内容,详细介绍建筑物变形监测的具体实施方法,以及在实施过程中的基本要求。

 相关知识

一、建筑物变形监测的精度及频率

1. 建筑物变形监测的精度

建筑物变形监测的精度,视变形监测的目的及变形值的大小而异。原则上,如果监测的

目的是为了监视建筑物的安全,精度要求稍低,只要满足预警需要即可,在 1971 年的国际测量工作者联合会(FIG)上,建议观测的中误差应小于允许变形值的 1/10～1/20。如果目的是为了研究变形的规律,则精度应尽可能高些,因为精度的高低会影响监测成果的可靠性。当然,在确定精度时,还要考虑设备的条件,在设备条件具备且增加工作量不大的情况下,以尽可能高些为宜。一般在项目实施过程中,应参照相关的国家规范,确定监测的具体要求,以建筑物的沉降监测为例,其监测精度按规范应满足表 5-1 和表 5-2 所列的要求。

表 5-1　　　　　　　　　　　垂直位移监测网的主要技术要求

等级	相邻基准点高差中误差/mm	每站高差中误差/mm	往返较差、附合或环线闭合差/mm	检测已测高差较差/mm	使用仪器、观测方法及要求
一等	±0.3	±0.07	$0.15\sqrt{n}$	$0.2\sqrt{n}$	$DS_{0.5}$ 型仪器,视线长度≤15 m,前后视距差≤0.3 m,视距累计差≤1.5 m,宜按国家一等水准测量的技术要求施测
二等	±0.5	±0.13	$0.30\sqrt{n}$	$0.5\sqrt{n}$	$DS_{0.5}$ 型仪器,宜按国家一等水准测量的技术要求施测
三等	±1.0	±0.30	$0.60\sqrt{n}$	$0.8\sqrt{n}$	$DS_{0.5}$ 或 DS_1 型仪器,宜按国家二等水准测量的技术要求施测
四等	±2.0	±0.70	$1.40\sqrt{n}$	$2.0\sqrt{n}$	$DS_{0.5}$ 或 DS_1 型仪器,宜按国家三等水准测量的技术要求施测

注:n 为测段的测站数。

表 5-2　　　　　　　　　变形点垂直位移观测的精度要求和观测方法

等级	高程中误差/mm	相邻点高差中误差/mm	观测方法	往返较差、附合或环线闭合差/mm
一等	±0.3	±0.15	除按国家一等水准测量的技术要求施测外,尚需设双转点,视线≤15 m,前后视距差≤0.3 m,视距累计差≤1.5 m	$\leqslant 0.15\sqrt{n}$
二等	±0.5	±030	按国家一等水准测量的技术要求施测	$\leqslant 0.30\sqrt{n}$
三等	±1.0	±0.50	按国家二等水准测量的技术要求施测	$\leqslant 0.60\sqrt{n}$
四等	±2.0	±1.00	按国家三等水准测量的技术要求施测	$\leqslant 1.40\sqrt{n}$

注:n 为测段的测站数。

2. 建筑物变形监测的频率

监测频率的确定,随载荷的变化及变形速率而异。例如,高层建筑在施工过程中的变形监测,通常楼层加高 1～2 层即应观测一次。对于已经建成的建筑物,在建成初期,因为变形值大,监测的频率宜高。如果变形逐步趋于稳定,则周期逐渐加长,直至完全稳定后,即可停止监测。对于濒临破坏的建筑物,或者是即将产生滑坡、崩塌的地面,其变形速率会逐渐加快,监测周期也要相应逐渐缩短。监测的精度和频率两者是相关的,只有在一个周期内的变形值远大于监测误差,其所得结果才是可靠的。

沉降监测的周期和监测时间应符合下列规定：

（1）建筑施工阶段的监测宜在基础完工后或地下室砌完后开始监测，监测次数与间隔时间应视地基与荷载增加情况确定。

（2）民用高层建筑宜每加高 2～3 层监测一次，工业建筑宜按回填基坑、安装柱子和屋架、砌筑墙体、设备安装等不同施工阶段分别进行监测。若建筑施工均匀增高，应至少在增加荷载的 25％、50％、75％和 100％时各测一次。

（3）施工过程中若暂时停工，在停工时及重新开工时应各观测一次，停工期间可每隔 2～3 月观测一次。

（4）建筑运营阶段的监测次数，应视地基土类型和沉降速率大小确定。除有特殊要求外，可在第一年监测 3～4 次，第二年监测 2～3 次，第三年后每年监测一次，至沉降达到稳定状态或满足监测要求为止。

监测过程中，若发现大规模沉降、严重不均匀沉降或严重裂缝等，或出现基础附近地面荷载突然增大、基础四周大量积水、长时间连续降雨等情况，应提高监测频率，并应实施安全预案。

二、基准点与变形点的构造与布设

1. 变形监测基准点

基准点是进行建筑变形测量工作的基础和参照。对基准点的最基本要求就是在建筑变形测量全过程中应保持稳定可靠。因此，应特别重视基准点的位置选择，使之稳定、受环境影响小，并且可以长期保存。

建筑变形测量的类型可分为沉降和位移两大类，前者需要设置沉降基准点（也称高程基准点），后者需要设置位移基准点（也称平面基准点）。

无论是水平位移的观测还是垂直位移的观测，都要以稳固的点作为基准点，以求得变形点相对于基准点的位置变化。对于用作水平位移观测的基准点，要构成三角网、导线网或方向线等平面控制网，对于用作垂直位移观测的基准点，则需构成水准网。对于一些特大工程，如大型水坝等，基准点距变形点较远，无法根据这些点直接对变形点进行观测，所以还要在变形点附近相对稳定的地方设立一些可以利用来直接对变形点进行观测的点作为过渡点，这些点称为工作基点。工作基点由于离变形体较近，可能也有变形，因而也要周期性地进行观测。

作为变形观测用的平面控制网，与地形测量或施工测量的控制网相比较，精度要求高，一般边长也较短。为了减少仪器对中误差对观测结果的影响，通常都埋设高 1.3 m 左右的观测墩，在墩顶安设强制对中器，以保证每次对中于同一位置上。强制观测墩如图 5-1 所示。

高程基准点的数目不应少于 3 个，因为少于 3 个时，如果有一点发生变化，就难以判定哪一点发生了变化。根据地质条件的不同，高程基准点（包括工作基点）可采用深埋式或浅埋式水准点。深埋式是通过钻孔埋设在基岩上，浅埋式的基础与一般水准点相同。点的顶部均设有半球状的不锈钢或铜质标志。

2. 变形观测变形点

在变形观测时，不可能对建筑物的每一点都进行观测，而是只观测一些有代表性的点，这些点称为变形点或观测点。变形点要与建筑物固连在一起，以保证它与建筑物一起变化。

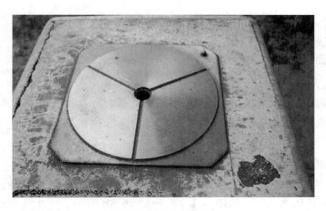

图 5-1　强制观测墩

为保证每次所观测的点位相同,也要设置观测标志。变形点的数量和位置,要能够全面反映建筑物变形的情况,并要方便观测。例如,对工业与民用建筑进行垂直位移观测时,其位置宜布设在建筑物的四角及荷载变化、楼层数变化以及地质条件变化处。对于大的建筑物,要求沿周边每隔 10~20 m 布设一点。如果垂直位移是用水准测量的方法观测,在施工时,就在墙体底部离地面 0.8 m 左右处,按上述要求埋设凸出墙面的金属观测标志,以便于观测。这些标志要与墙体内的钢筋焊在一起,以保证它们的整体性。

水平位移变形点的布设,则视建筑物的结构、观测方法及变形方向而异。产生水平位移的原因很多,主要有地震、岩体滑动、侧向的土压力和水压力、水流的冲击等。其中有些对位移方向的影响是已知的,如水坝受侧向水压而产生的位移、桥墩受水流冲击而产生的位移等。但有些对方向的影响是未知的,如受地震影响而使建筑物产生的位移。对于不同的情况,宜采用不同的观测方法,相应地对变形点的布设要求也不一样。但不管以什么方式布设,变形点的位置必须具有变形的代表性,必须与建筑物固连,而且要与基准点或工作基点通视。在变形点上,如果可以安置觇标或仪器,则应设置强制对中器以强制对中,减小对中误差;如果不能安置觇标,则应设置清晰而易于照准的目标,其颜色和图案的选择应有利于提高照准的精度。

三、沉降观测

1. 建筑物的沉降观测

建筑物受地下水位升降、荷载的作用及地震等的影响,会使其产生位移。一般说来,在没有其他外力作用时,多数呈下沉现象,对它的观测称沉降观测。

2. 建筑物沉降观测方法

垂直位移观测的高程依据的是水准基点,即在水准基点高程不变的前提下,定期地测出变形点相对于水准基点的高差,并求出其高程,将不同周期的高程加以比较,即可得出变形点高程变化的大小及规律。沉降观测的方法可用水准测量,如果由于结构或其他原因,无法采用水准测量时,也可采用三角高程的方法。

3. 建筑物沉降观测成果资料

沉降观测应提交下列成果资料:

(1) 监测点布置图;

(2) 观测成果表;

（3）时间-荷载-沉降量曲线；

（4）等沉降曲线。

四、水平位移观测

1. 建筑物的水平位移

建筑物水平位移按坐标系统可分为横向水平位移、纵向水平位移及特定方向的水平位移。横向水平位移和纵向水平位移可通过监测点的坐标测量获得。特定方向的水平位移可直接测定。

2. 建筑物水平位移观测方法

水平位移观测的平面位置是依据水平位移监测网，或称平面控制网。根据建筑物的结构形式、已有设备和具体条件，可采用三角网、导线网、边角网、三边网和视准线等形式。在采用视准线时，为能发现端点是否产生位移，还应在两端分别建立检核点。变形点的水平位移观测有多种方法，最常用的有测角前方交会法、后方交会法、极坐标法、导线法、视准线法、引张线法等，宜根据条件，选用适当的方法。

（1）测角前方交会法

在变形点上不便于架设仪器时，多采用这种方法。如图 5-2 所示，A、B 为平面基准点，p 为变形点，由于 A、B 的坐标为已知，在观测了水平角 α、β 后，即可依下式求算 p 点的坐标：

$$\begin{cases} x_p = \dfrac{x_A \cot\beta + x_B \cot\alpha - y_A + y_B}{\cot\alpha + \cot\beta} \\ y_p = \dfrac{y_A \cot\beta + y_B \cot\alpha - x_A + x_B}{\cot\alpha + \cot\beta} \end{cases} \tag{5-1}$$

点位中误差 m_p 的估算公式为：

$$m_p = \dfrac{m''_\beta D \sqrt{\sin^2\alpha + \sin^2\beta}}{\rho'' \sin^2(\alpha+\beta)} \tag{5-2}$$

式中，m''_β 为测角中误差；D 为两已知点间的距离；ρ'' 为 206 265″。

采用这种方法时，交会角宜在 60°～120° 之间，以保证交会精度。

（2）后方交会法

如果变形点上可以架设仪器，且与三个平面基准点通视时，可采用这种方法。如图 5-3 所示，A、B、C 为平面基准点，p 为变形点，当观测了水平角 α、β 后，即可依式（5-3）计算 p 点坐标。

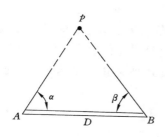

图 5-2　测角前方交会法示意图

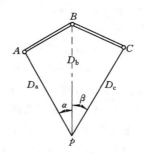

图 5-3　后方交会法示意图

$$\begin{cases} x_p = x_B + \Delta x_{Bp} = x_B + \dfrac{a - kb}{1 + k^2} \\ y_p = y_B + \Delta y_{Bp} = y_B + k \cdot \Delta x_{Bp} \end{cases} \tag{5-3}$$

其中

$$a = (x_A - x_B) + (y_A - y_B)\cot\alpha$$

$$b = -(y_A - y_B) + (x_A - x_B)\cot\alpha$$

$$c = -(x_C - x_B) + (y_C - y_B)\cot\beta$$

$$d = (y_C - y_B) + (x_C - x_B)\cot\beta$$

$$k = \frac{a + c}{b + d}$$

点位中误差的估算公式为：

$$m_p = \frac{m''_\beta}{\rho''}\sqrt{\frac{D_{AB}^2 D_c^2 + D_{BC}^2 D_a^2}{[D_c\sin\alpha + D_a\sin\beta + D_b\sin(\alpha+\beta)]^2}} \tag{5-4}$$

式中，m_β 为测角中误差。

采用这种方法时，需注意 p 点不能与 A、B、C 在同一圆周上，否则无定解。

（3）极坐标法

在光电测距仪出现以后，这种方法用得比较广泛，只要在变形点上安置反光镜，且与基准点通视即可。如图 5-4 所示，A、B 为基准点，其坐标已知，p 为变形点，当测出 α 及 D 以后，即可据以求出 p 点的坐标，由于计算方法简单，不再进行说明。

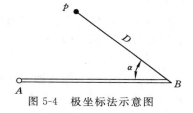

图 5-4　极坐标法示意图

点位中误差的估算公式为：

$$m_p = \pm\sqrt{m_D^2 + \left(\frac{m_\alpha}{\rho}D\right)^2} \tag{5-5}$$

（4）导线法

当相邻的变形点间可以通视，且在变形点上可以安置仪器进行测角、测距时，可采用这种方法。通过各次观测所得的坐标值进行比较，便可得出点位位移的大小和方向。这种方法多用于非直线型建筑物的水平位移观测，如对弧形拱坝和曲线桥的水平位移观测。

（5）视准线法

这种方法适用于变形方向为已知的线形建（构）筑物，是观测水坝、桥梁等常用的方法。如图 5-5 所示，视准线的两个端点 A、B 为基准点，变形点 $1,2,3\cdots$ 布设在 A、B 的连线上，其偏差不宜超过 $2\;cm$。变形点相对于视准线偏移量的变化，即是建（构）筑物在垂直于视准点方向上的位移。量测偏移量的设备为活动觇牌，其构造如图 5-6 所示。觇牌图案可以左右移动，移动量可在刻线上读出。当图案中心与竖轴中心重合时，其读数应为零，这一位置称为零位。

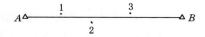

图 5-5　视准线法示意图

观测时在视准线的一端架设经纬仪，照准另一端的观测标志，这时的视线称为视准线。

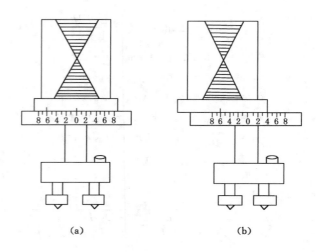

图 5-6　活动觇牌

将活动觇牌安置在变形点上,左右移动觇牌的图案,直至图案中心位于视准线上,这时的读数即为变形点相对视准线的偏移量。不同周期所得偏移量的变化即为其变形值。与此法类似的还有激光准直法,就是用激光光束代替经纬仪的视准线。

（6）引张线法

引张线法的工作原理与视准线法类似,但要求在无风及没有干扰的条件下工作,所以在大坝廊道里进行水平位移观测采用较多。所不同的是,在两个端点间引张一根直径为 $0.8 \sim 1 \text{ mm}$ 的钢丝,以代替视准线。采用这种方法的两个端点应基本等高,上面要安置控制引张线位置的 V 形槽及施加拉力的设备。中间各变形点与端点基本等高,在上面与引张线垂直的方向上水平安置刻划尺,以读出引张线在刻划尺上的读数。不同周期观测时,尺上读数的变化即为变形点与引张线垂直方向上的位移值。

3. 建筑物水平位移成果资料

水平位移观测应提交下列成果资料:

（1）监测点布置图;

（2）观测成果表;

（3）水平位移图。

五、倾斜观测

1. 建筑物倾斜观测的原理

一些高耸建(构)筑物,如电视塔、烟囱、高桥墩、高层楼房等,往往会发生倾斜。倾斜度用顶部的水平位移值 K 与高度 h 之比表示,即:

$$i = \frac{K}{h} \tag{5-6}$$

一般倾斜度用测定的 K 及 h 求算,如果确信建筑物是刚性的,也可以通过测定基础不同部位的高程变化来间接求算。高度 h 可用悬吊钢尺测出,也可用三角高程法测出。顶部点的水平位移值,可用前方交会及建立垂准线的方法测出。

2. 建筑物倾斜测量的方法

当从建筑外部进行倾斜观测时,宜采用全站仪投点法、水平角观测法或前方交会法进行观测。当采用投点法时,测站点宜选在与倾斜方向成正交的方向线上距照准目标 1.5～2.0 倍目标高度的固定位置,测站点的数量不宜少于 2 个;当采用水平角观测法时,应设置好定向点。当观测精度为二等及以上时,测站点和定向点应采用带有强制对中装置的观测墩。当利用建筑或构件的顶部与底部之间的竖向通视条件进行倾斜观测时,可采用激光垂准测量或正、倒垂线等方法。当利用相对沉降量间接确定建筑倾斜时,可采用水准测量或静力水准测量等方法,通过测定差异沉降来计算倾斜值及倾斜方向。当需要测定建筑垂直度时,可采用与倾斜观测相同的方法进行。

(1) 前方交会法

采用前方交会法时,如对高层楼房的墙角观测,则高处观测点与其理论位置的坐标差 Δx、Δy 即为在 x、y 方向上的位移值,其最大位移方向上的位移值为:

$$K = \sqrt{\Delta x^2 + \Delta y^2} \tag{5-7}$$

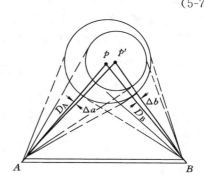

图 5-7　圆锥形构筑物前方交会示意图

如烟囱等圆锥形中空构筑物,应测定其几何中心的水平位移,这种情况可采用图 5-7 所示的方法进行。A、B 为两观测站,离烟囱的距离应不小于烟囱高度的 2 倍,并使 Ap、Bp 方向大致垂直。经纬仪先在 A 点观测烟囱底部和顶部相切两方向的值,取平均值得 a、a',即为通过烟囱底部和顶部中心的方向值。同样再在 B 点观测,得 b、b'。若 $a \neq a'$、$b \neq b'$,则表示烟囱的上、下中心不在同一铅垂线上,即烟囱有倾斜。计算出 $\Delta a = a' - a$,$\Delta b = b' - b$,并从 A、B 分别沿 Ap、Bp 方向量出到烟囱外皮的距离 DA、DB,则可按下式计算出垂直于 Ap、Bp 方向的偏移量 e_A、e_B:

$$\begin{cases} e_A = \dfrac{\Delta a}{\rho}(D_A + R) \\[2mm] e_B = \dfrac{\Delta b}{\rho}(D_B + R) \end{cases} \tag{5-8}$$

式中,R 为烟囱底部的半径,可量出底部的周长后求得。

烟囱总的偏移量 e 为:

$$e = \sqrt{e_A^2 + e_B^2} \tag{5-9}$$

根据 Δa、Δb 的正负号,还可以按下式计算出偏移的方向:

$$\alpha = \arctan \frac{e_A}{e_B} \tag{5-10}$$

式中,α 为以 Ap 为 0°按顺时针方向计量的方位角。

(2) 垂准线法

垂准线的建立,可以利用悬吊垂球,也可以利用铅垂仪(或称垂准仪)。利用垂球时,是在高处的某点,如墙角、建筑物的几何中心处悬挂垂球,垂球线的长度应使垂球尖端刚刚不与底部接触,用尺子量出垂球尖至高处该点在底部的理论投影位置的距离,即为高处该点的水平位移值。

铅垂仪的构造如图 5-8 所示,当仪器整平后,即形成一条铅垂视线。如果在目镜处加装一个激光器,则形成一条铅垂的可见光束,称为激光铅垂线。观测时,在底部安置仪器,而在顶部量取相应点的偏移距离。

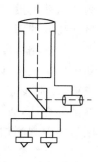

3. 建筑物倾斜测量成果资料

倾斜观测应提交下列成果资料:

(1)监测点布置图;

(2)观测成果表;

(3)倾斜曲线。

六、挠度观测

图 5-8　铅垂仪构造

1. 挠度观测的原理

所谓挠度,是指建(构)筑物或其构件在水平方向或竖直方向上的弯曲值。如桥的梁部在中间会产生向下弯曲,高耸建筑物会产生侧向弯曲。

(1)建筑物的竖向挠度

如图 5-9 所示,竖向的挠度值 f_1 应按下列公式计算:

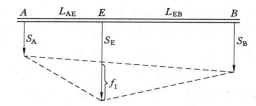

图 5-9　建筑物竖向挠度示意图

$$f_1 = \Delta S_{AE} - \frac{L_{AE}}{L_{AE} + L_{EB}} \Delta S_{AB} \tag{5-11}$$

$$\Delta S_{AE} = S_E - S_A \tag{5-12}$$

$$\Delta S_{AB} = S_B - S_A \tag{5-13}$$

式中,S_A、S_B、S_E 分别为 A、B、E 点的沉降量(mm),其中 E 点位于 A、B 两点之间;L_{AE}、L_{EB} 分别为 A、E 之间及 E、B 之间的距离(m)。

(2)建筑物的横向挠度

如图 5-10 所示,横向挠度值 f_2 可按下列公式计算:

$$f_2 = \Delta d_{AE} - \frac{L_{AE}}{L_{AE} + L_{EB}} \Delta d_{AB} \tag{5-14}$$

$$\Delta d_{AE} = d_E - d_A \tag{5-15}$$

$$\Delta d_{AB} = d_B - d_A \tag{5-16}$$

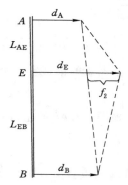

式中,d_A、d_B、d_E 分别为 A、B、E 点的位移分量(mm),其中 E 位于 A、B 两点之间;L_{AE}、L_{EB} 分别为 A、E 之间及 E、B 之间的距离(m)。

图 5-10　建筑物横向挠度

2. 挠度观测的方法

以桥梁为例,桥梁在动荷载(如列车行驶在桥上)作用下会产生弹性挠度,即列车通过后,立即恢复原状,这就要求在挠度最大时测定其变形值。为能测得其瞬时值,可在地面架设测距仪,用三角高程法观测,也可利用近景摄影测量法测定。

对高耸建(构)筑物竖直方向进行挠度观测,测定在不同高度上的几何中心或棱边等特殊点相对于底部几何中心或相应点的水平位移,并将这些点在其扭曲方向的铅垂面上的投影绘成曲线,就是挠度曲线。水平位移的观测方法,可采用测角前方交会法、极坐标法或垂线法。

3. 挠度观测的成果资料

挠度测量需提交以下成果资料:

(1) 监测点布置图;

(2) 观测成果表;

(3) 挠度曲线。

七、建筑物的裂缝观测

裂缝观测主要针对已发生裂缝的建筑。观测时,要对裂缝进行统一编号,绘制位置分布图,并拍摄相应的照片。传统的采用比例尺、小钢尺或游标卡尺观测裂缝的方法简单。随着高层、超高层建筑的增加,传统方法已难以适用,因此可采用测缝计或传感器等进行自动观测。单片摄影就是采用数码相机对裂缝进行摄影,借助水平线、垂直线及某些已知构件长度等相对关系,对影像进行纠正,进而量取裂缝的长度和宽度。

八、日照变形观测与风振观测

1. 日照变形观测

超高层建筑指的是高度大于 100 m 的建筑,高耸结构则指高度较大、横断面相对较小的构筑物。在温度变化作用下,这些建筑、结构容易产生变形,从而影响其安全性。日照变形测量的主要内容是获取建筑或结构变形与时间、温度变化的关系,其主要成果形式为日照变形曲线图。图 5-11 为某高层建筑物日照变形曲线图。

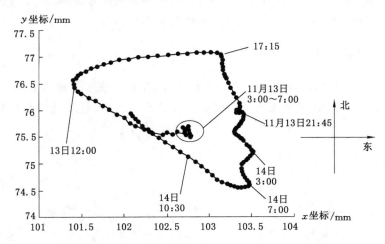

图 5-11　某高层建筑物日照变形曲线图

该图为某超高层建筑第 70 层相对于第 50 层的观测结果。观测时间从 2008 年 11 月 13 日 3:00~11 月 14 日 10:30。观测仪器为数字正垂仪,观测数据经过小波滤波处理。

日照变形观测常用激光垂准仪或正垂仪,采用正垂仪时,垂线可选用直径为 0.6~1.2 mm

的不锈钢丝或因瓦丝,并使用无缝钢管保护。垂线上端可锚固在通道顶部或待测处设置的支点上。用于稳定重锤的油箱中应装有阻尼液。观测时,可利用安置的坐标仪测出水平位移。

2. 风振观测

风振观测的目的是获得超高层建筑或高耸结构顶部在风荷载作用下的位置振动特征。测定水平位移、风速和风向,可以为风振影响分析和计算风振参数等提供基础资料。选在受强风影响的时间段内进行观测,可以获得更有价值的成果。具体测定的时间段长度取决于观测的具体目的和要求,规定不宜少于 1 h 主要是考虑要获得足够长的坐标和风速观测时间序列。

风荷载作用下超高层建筑或高耸结构将发生频率较高的位置振动,卫星导航定位动态测量模式可以实时地测定监测点的坐标时间序列,是目前风振观测最合适的方法。选择监测点位置时,既要考虑监测成果的代表性,也要考虑能安置接收机天线,满足卫星导航定位测量作业要求。观测数据经处理,将获得监测点在两个方向上的平面坐标时间序列。以最初观测时点的平面坐标为起始值,可由平面坐标时间序列方便地计算出水平位移分量时间序列。

任务三　监测数据整理与分析

【知识要点】　建筑物变形的特征;建筑物变形监测成果的整理;建筑物变形的因素。

【技能目标】　了解建筑物变形特征;掌握建筑物变形数据处理的基本要求及成果表达形式;了解建筑物变形的基本因素。

 **任务导入**

在掌握了建筑物变形监测的基本方法后,通过本任务的学习,要求学习者能够对变形监测数据进行基本的处理,并对变形监测的原因进行简单的判断。

 **任务分析**

为了掌握建筑物变形监测数据处理的基本方法,首先需要了解建筑物变形监测数据处理的基本原则,然后掌握建筑物变形监测数据处理的主要内容,最后能够对变形监测结果进行简单分析。

 **相关知识**

一、建筑物变形的特征

建筑物施工及使用过程中,由于自身及外界因素的影响,会发生不同程度的变形,一般认为轻微的变形是正常现象,当这种变形超出一定限度时,则会影响建筑物的正常使用,严重者将会危及建筑物的安全。建筑物变形的特征主要表现为建筑物的沉降、倾斜、位移、裂缝、挠曲等。

常用的表示建筑物变形量的数据的指标有:下沉 W、水平移动 U 等移动指标;倾斜 i、曲率 K、水平变形 ε 等变形指标。

（一）移动指标

建筑物观测点的布置平面图如图 5-12 所示，现以 AB 边为例进行计算，则某点 1 的下沉 W_1 和水平位移 U_1 可按下式计算。

1. 下沉

$$W_1 = H_1 - H_{01} \tag{5-17}$$

式中，H_1 为点 1 计算时刻的高程；H_{01} 为点 1 初始高程。

2. 水平移动

$$U_1 = L_1 - L_{01} \tag{5-18}$$

式中，L_1 为点 1 到控制点 R 的计算时刻的长度；L_{01} 为点 1 到控制点 R 的初始长度。

（二）变形指标

由于建筑物中各点的下沉、水平移动各不相同，便产生点位的相对位移，于是产生了变形，变形指标可按下式计算。

1. 倾斜

倾斜为两点的下沉差与变形前两点的水平距离之比。图 5-12 中沿 AB 边的倾斜 $i_{1\sim2}$ 可用相邻观测点 1 和 2 的下沉差除以两点间的距离 $S_{1\sim2}$ 求得。

$$i_{1\sim2} = \frac{W_2 - W_1}{S_{1\sim2}} \quad \mathrm{mm/m} \tag{5-19}$$

2. 曲率

地表曲率是两相邻线段的倾斜差与两线段变形前平均水平长度的比值，它反映了观测线断面上的弯曲程度。如图 5-12 所示，根据两曲线段的倾斜求得两线段倾斜差，除以两线段变形前平均水平长度 $S_{1\sim2}$、$S_{2\sim3}$，即可求得此段距离内沿 AB 边的平均曲率值 K。

图 5-12 建筑物观测点的布置平面图

$$K_{1\sim2\sim3} = \frac{i_{2\sim3} - i_{1\sim2}}{\frac{1}{2}(S_{2\sim3} + S_{1\sim2})} \quad \mathrm{mm/m^2} \text{ 或 } 10^{-3}/\mathrm{m} \tag{5-20}$$

地表曲率也可以用其倒数，即曲率半径表示：

$$R = 1/K$$

地表曲率有"＋""－"曲率之分，正曲率表示地表上凸弯曲，负曲率表示地表下凹弯曲。

3. 水平变形

地表水平变形是由于相邻两点的水平移动量不等而引起的线段变形，为线段相邻两点水平移动之差与两点变形前水平距离之比值。沿 AB 边的水平变形为：

$$\varepsilon_{1\sim2} = \frac{U_2 - U_1}{S_{1\sim2}} \quad \mathrm{mm/m} \tag{5-21}$$

水平变形实际上是两测点间距内每米长度的伸长或压缩变形。正值表示拉伸变形，负值表示压缩变形。

二、建筑物变形观测成果的整理

(一)整理要求

变形观测的外业工作结束后,应及时对观测手簿进行整理和检查。如有错误或误差超限,必须找出原因,及时进行补测。

变形量的计算以首期观测的成果作为基础,即变形量是相对于首期的结果而言的,所以要特别注意首期观测的质量。

建筑变形测量数据的平差计算和分析处理是变形测量作业的一个重要环节,应该高度重视。由于观测变形点的依据是监测网点,首要的是监测网点必须稳定可靠。为能判定其是否稳定,也要定期进行复测。如果各个点每次结果的平差值的较差在要求的范围内,则认为它是稳定的,如果某点的较差超限,则说明该点产生了变形。变形观测数据平差计算和处理的方法很多,目前已有许多成熟的平差计算软件系统。这些软件一般都具有粗差探测、系统误差补偿和精度评定等功能。平差计算中,需要特别注意的是要确保输入的原始观测数据和起算数据正确无误。

电子方式记录的数据应注意存储介质的可靠性。为了保证变形测量成果的质量和可靠性,有关观测记录、计算资料和技术成果应由责任人签字,技术成果应加盖成果章。建筑变形测量的各项记录、计算资料以及阶段性成果和综合成果应按照档案管理的规定及时进行归档。

(二)变形监测成果的表达形式

变形观测的目的是从多次观测的成果中,发现变形的规律和大小,进而分析变形的性质和原因,以便采取措施。所以成果的表现形式应直观、清晰,通常采用以下各种形式。

1.列表

将各次观测成果依时间先后列表,表 5-3 是一个沉降观测的例子。表中列出了每次观测各点的高程 H、与上一期相比较的沉降量 S、累计的沉降量 $\sum S$、荷载情况、平均沉降量及平均沉降速度等。在做变形分析时,对这些信息可以一目了然。

表 5-3　　　　　　　　　　　　沉降观测成果表

工程名称:××楼　　　　　　　　仪器:No.128544　　　　　　　　观测人:×××

点号	首期成果	第二期成果			第三期成果			...	备注
	H_0/m	H/m	S/mm	$\sum S/mm$	H/m	S/mm	$\sum S/mm$		
1	17.595	17.590	5	5	17.588	2	7		
2	17.555	17.549	6	6	17.546	3	9		第二期观测为暴雨后
3	17.571	17.565	6	6	17.563	2	8		
4	17.604	17.601	3	3	17.600	1	4		
...	...	...			...				
静荷载 P	3.0 t/m²	4.5 t/m²			8.1 t/m²				
平均沉降量		5.0 mm			2.0 mm				
平均沉降速度		0.078 mm/d			0.037 mm/d				

2. 作图

为了更直观地显示所获得的信息,可以将其绘制成图。图 5-13 是一个表示荷载、时间与沉降量的关系的曲线图。

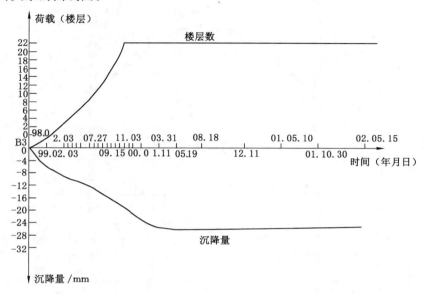

图 5-13　时间-荷载-沉降量曲线

根据同样的方法,也可绘出其他变形与外界因素的关系曲线,如水平位移图(图 5-14)、挠度曲线图(图 5-15)等。

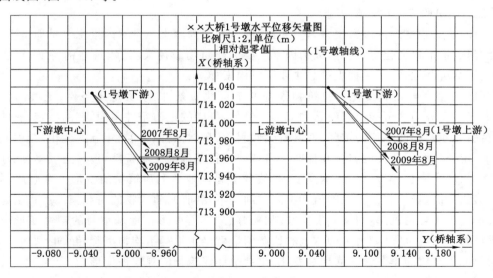

图 5-14　水平位移图

根据上述的各种信息,结合有关的专业知识,即可对变形的原因、趋势等进行几何和物理分析,为工程措施提供依据。

需要指出的是:一般认为稳定的基准点,也不可能完全没有变形,所谓的稳定,只是相对

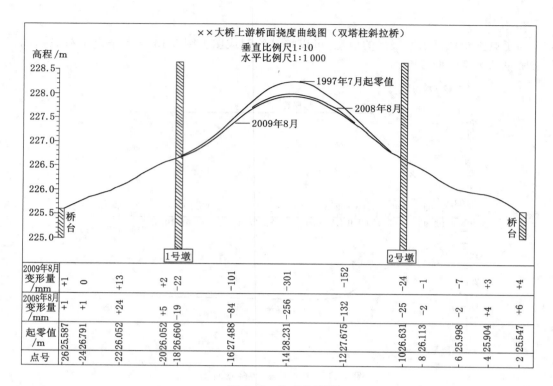

点号	26	24	22	20	18	16	14	12	10	8	6	4	2
起零值 /m	25.587	26.791	26.052	26.052	26.660	27.488	28.231	27.675	26.631	26.113	25.998	25.904	25.547
2008年8月变形量 /mm	+1	+1	+24	+5	-19	-84	-256	-132	-25	-2	-2	+4	+6
2009年8月变形量 /mm	+1	0	+13	+2	-22	-101	-301	-152	-24	-1	-7	+3	+4

图 5-15 挠度曲线图

而言的,即当变形是对变形点的观测没有实际影响时,就视为是稳定的。

三、建筑物变形的影响因素

引起建筑物变形的因素很多,包括自然因素和人为因素。自然因素主要是地基土性质、厚度变化、地下水变化、地震等,人为因素主要为建筑物载荷大小、建筑结构特征、周边地下工程、深基坑开挖、地下水抽汲等。主要影响因素如下:

(1)自然条件及其变化。建筑物地基的工程地质条件、水文地质条件、土壤的物理性质、大气温度等因素可能引起建筑物变形。例如,基础的地质条件不同,有的稳定,有的不稳定,会引起建筑物的不均匀沉降,使其发生倾斜等;自然条件、日温、年温的变化,会引起建筑物以一定频率做周期性的缩胀和挠曲。再如建筑物基础的土壤特性,包括土层厚度、地下水位、断层、沙土液化等造成的地基变形,必然会引起该地基上建筑物的变形。基础属不同类型土壤强度的地段,它们的沉陷值和沉陷时间是不相同的,建筑物的荷载施加后将引起建筑物各个部分不均匀沉降,而使其发生倾斜、位移、裂缝等变形。地基本身的塑性变形也会引起建筑物不均匀沉降,如著名的意大利比萨斜塔就是由地基不均匀沉降导致的倾斜。同时,温度与地下水位的季节性和周期性变化,也会引起建筑物的规律性变形。

(2)建筑物自身的荷载大小、结构类型、高度及其动荷载(如风力大小、振动强弱)等。建筑物的自身重量能使基础沉陷,在地质条件和环境因素的影响下,可能产生不均匀沉陷,而使建筑物倾斜或扭转。除静荷载外,动荷载(机械振动、地震效应等)作用影响更为严重,不均匀沉陷引起高耸建筑物的倾斜,有时可达到惊人的程度。

(3)建筑物设计、施工或者使用期间一些工作做得不合理,或周围环境影响。例如,在高大建筑物周围进行深基坑开挖,就会对其原有建筑物产生影响。

　　除此之外,偶尔撞击,气候突变,建筑材料老化,勘测、设计、施工、营运不合理等也可引起建筑物的变形。

　　由于影响建筑物变形的因素较多,变形的大小、方式、分布也不尽相同,因此建筑物的变形规律也应该具体问题具体分析,根据实测资料,建立合理的分析模型,得出正确的变形规律。

任务四　工 程 实 例

　　【知识要点】　建筑物变形监测的组织实施。
　　【技能目标】　通过建筑物变形监测实例,了解建筑物变形监测的组织实施过程。

　　在学习了建筑物变形监测的基本知识后,通过工程实例了解建筑物变形监测具体实施方法。

　　为了熟悉建筑物变形监测的内容、方法及监测成果,本教学任务介绍了几种典型的建筑物变形监测实例,通过对监测实例的分析,熟悉建筑物变形监测的主要实施内容及基本方法。

一、某重型机器厂一车间变形观测实例

　　图 5-16 为某重型机器厂一车间的沉陷观测点布置图。从图中可见,由于钢柱及钢筋混凝土柱是主要承力结构,是变形最大的地方,因此主要观测点布设在钢柱和钢筋混凝土柱上方。为监测设备的变形,在设备基础上方布设了 6 个观测点,监测设备基础的变形。

　　对于高层建筑物而言,由于层数多、荷载大、重心高、基础深,因此变形观测的作用也特

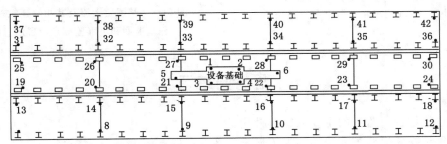

图 5-16　某重型机器厂一车间沉降观测点布设图

别显著。由于高层建筑物的上述特点,在观测过程中,除了进行基础沉陷观测之外,还要进行建筑物上部的倾斜与风振观测。

二、某电视塔沉降观测实例

图 5-17 为高度 533 m 的某电视塔,它由钢筋混凝土塔身 1 和钢架天线 2 组成,塔身包括下部的支柱截头锥体 A、中部截头锥体 B 和上部圆柱体 C,塔重 5.5 万 t。为了测定电视塔在风力和日照作用下的动态变形,在天线和塔身的不同高度(237 m、330 m、385 m、420 m、520 m 等)表面沿着两坐标轴的方向各布置了 5 个观测点,测定其相对于底点(20 m 高度处)的摆动幅度。

三、某国贸大厦及其相邻建筑的沉降观测

图 5-18 为观测某国贸大厦及其相邻建筑的沉降观测点布设图。经实地踏勘,选择原城市二等水准点 BM1、BM2、BM3 构成沉降观测基准网,并按技术要求,定期对 3 个基准点进行监测,对其监测资料进行了稳定性分析,得出了所采用的基准点是稳固可靠的结论。依据建筑物沉降观测点布设的一般原则,并参考原施工资料,在能反映沉降变形的情况下,共布设了 20 个相邻变形观测点和主楼上的 20 个沉降观测点,其点位分布如图 5-18 所示。从图中可以看出,主楼上的监测点分布在楼的周围,附属建筑物观测点主要位于建筑物两端、中点及与主楼相邻的位置,主要目的是观测主楼对这些附属建筑物沉降的影响。

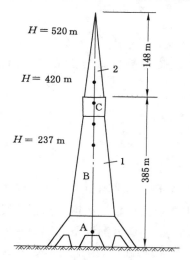

图 5-17　某电视塔沉降观测点布设图

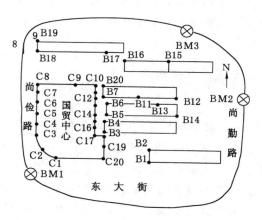

图 5-18　某国贸大厦及其相邻建筑一期
工程基准网和沉降监测点位置示意图

思考与练习

1. 建筑物变形监测的主要内容有哪些?
2. 建筑物变形监测方法的分类依据是什么?
3. 建筑物变形观测的精度是怎么确定的?
4. 建筑物变形监测的频率是如何确定的?
5. 简述建筑物倾斜观测的基本原理。

6. 由哪些数学指标来衡量建筑物的变形？
7. 建筑物变形监测成果的表达方式有哪些？
8. 建筑物变形观测的精度是怎么确定的？
9. 建筑物变形监测的频率是如何确定的？

项目六　边坡工程监测

任务一　概　　述

【知识要点】　边坡的工程分类;边坡变形破坏影响因素;边坡破坏模式。

【技能目标】　能辨别边坡的工程表现形式;能区分边坡破坏模式。

　任务导入

边坡一般是指自然斜坡、河流水库岸坡、台塬塬边、崩滑流堆积体及人工边坡(交通道路、露天采矿和建筑场地与基础工程所形成)等坡体形态的总称。以交通建设为例,在公路工程建设中产生了大量的边坡,破坏了边坡原有的平衡。边坡的稳定因素有:岩体结构的强度与岩土材料、凝聚力和摩擦力,还有其荷载、自重及自身的变化(主要是溶蚀、风化)等影响因素的变化,就为滑坡、崩塌等突发性地质灾害提供了发生的客观条件,如果再加之不科学的乱填乱挖,更容易产生滑坡灾害。

边坡表面变形监测,既可以得到边坡的变形信息,还可以减少因边坡表面变形引起边坡失稳造成的各种损失。此外,研究边坡工程监测技术具有以下四点重要意义:

(1)有利于边坡稳定性分析,为有关崩塌、滑坡防治提供可靠的资料和科学依据。

(2)有利于为正处于滑动及蠕动边坡灾害预测提供技术依据,预测分析边坡的变形发展趋势。

(3)有利于对已发生过滑动破坏的边坡及加固处理过的边坡起到了很好的检验作用。

(4)为验证边坡数值模拟分析及相关位移趋势分析提供依据。

　任务分析

为了进行边坡变形监测,首先要了解边坡的工程分类,然后了解边坡变形破坏影响因素,最后要掌握边坡破坏模式,为边坡监测打下理论基础。

　相关知识

一、边坡工程分类

边坡工程分类是由边坡的定义和内涵,从其物质组成、工程场地、研究领域、行业需求、破坏形态、结构特征或各种综合因素等方面进行划分和界定。

边坡的分类应能体现各种边坡的主要性质,便于在工程实践中通过分类快速把握边坡

的基本特点,采用合理的分析方法进行边坡稳定性评估和防护加固工程设计。根据这一原则,可以将边坡分为土质边坡、岩质边坡和二元结构边坡。

1. 土质边坡

土质边坡顾名思义就是边坡岩土体为土类物质,按照土类物质的不同均匀程度,可以将土质边坡划分为均质土边坡与类土质边坡。

均质土边坡(图 6-1)物质组成比较均匀,岩土体性质相对单一,坡体结构也相对简单。而类土质边坡(图 6-2)因其坡体组成物质不均匀性以及结构状态等的差异与变化,坡体内结构特征相对复杂。

图 6-1　均质土边坡　　　　　　　　　　图 6-2　类土质边坡

2. 岩质边坡

坡体物质构成主要是由第四纪以前形成的变质岩、岩浆岩和沉积岩组成的复杂地质体,如图 6-3 所示。

3. 岩土质混合边坡

岩土质混合边坡一般分为两部分:上部通常为土质边坡,下部为岩质边坡,如图 6-4 所示。边坡上部分的稳定性决定因素主要取决于土体强度、接触面的产状、坡面的组合关系,下部岩层稳定性主要控制因素取决于结构面强度与结构面的组合关系。

图 6-3　岩质边坡　　　　　　　　　　图 6-4　岩土质混合边坡

二、边坡变形破坏影响因素

在影响边坡变形破坏的因素中,不良的工程地质条件及岩体结构条件是主要因素。不良的水文地质条件亦是影响边坡变形破坏的重要因素,绝大多数的边坡变形破坏都是由于降雨或者水的作用而触发的。在非地质因素中,影响边坡的变形破坏主要是长期大量降雨、人为切坡或坡脚开挖、边坡下部地下开挖以及爆破震动等因素。

1. 内因

（1）地层岩性

岩土体的地层及岩性对边坡稳定性的影响较大,软硬岩土层相间,且有泥化、软化、易风化的夹层时,最容易形成边坡失稳破坏。边坡地层岩性不同,其形成的边坡变形破坏的类型就不同,边坡能保持稳定所需要的坡度也不同。

岩性指的是构成边坡岩土体的岩石的基本属性,如岩石的结构、强度、成因、容重、孔隙率、风化特征等,其是决定岩土体强度以及边坡稳定性的重要因素。坚硬致密的岩石抗水性能好、抗风化能力强、整体强度高,因而不易发生滑坡破坏。但是岩性较差的岩石,如页岩、灰岩、泥岩、砂质岩等,则容易产生滑坡现象。

（2）地质构造

地质构造主要指断裂、褶皱、区域新构造运动、地应力等,这些对岩质边坡的稳定起决定作用。

褶皱、断裂比较发育的地区,通常岩层倾角大,有的岩层甚至呈陡立状,其断层及节理纵横切割,构成岩土体中的切割面与滑动面,提供了滑动、崩塌的有利条件,并直接影响边坡破坏规模大小。

（3）地形地貌

地形地貌对边坡稳定性的影响是显著的,深切峡谷地区以及陡峭的边坡也是比较容易发生边坡变形破坏的。通常,坡度越大,坡高越高,边坡的稳定性就越差。滑坡现象多发生在陡坡地形上,而地质结构面与坡面的不当组成也会引起边坡结构面控制失稳。

2. 外部因素

（1）施工因素

人类工程活动对边坡的稳定性影响也越来越显著。人类工程活动导致边坡灾害事故频频发生,使得人们必须高度重视人类工程活动带来的边坡破坏影响。主要对边坡稳定性产生影响的人类工程活动有:坡顶加载、削坡、破坏植被以及地下开挖。

（2）水的作用

水对边坡稳定性的影响很大,许多滑坡都是由水的作用直接导致的,水的影响主要包括地表水与地下水对边坡的影响。透水边坡承受边坡地下水浮托力的作用,不透水边坡承受边坡地下水静水压力的作用。由于充水张开的缝隙将承受缝隙水静水压力的作用,降雨补给了地下水,地下水的渗流将对岩土体产生动水压力作用。此外,水可以使边坡岩土体软化或泥化,导致岩土体的抗剪强度降低。地表水的冲刷以及地下水的溶蚀也对边坡稳定性产生不利影响。

地下水的主要补给源是降雨。不同地区边坡由于其降雨量不同,即便其他工程地质条件相同,边坡的稳定性也不相同。长期降雨或暴雨以及融雪过后,往往会伴随许多边坡失稳现象的发生,因为降水渗入岩土体后,降低了岩土体的强度,因此很多边坡破坏具有"大雨大滑、小雨小滑"的特征。

对于土质边坡,降水的主要影响表现为:降低土体的抗剪强度、增大土体的容重、抬高地下水位、增加空隙水压力等四个方面。

对于岩质边坡而言,降水主要影响了岩体结构面的强度。水的浸入对硬质结构面影响不大,主要影响软弱结构面,软弱结构面遇水后,充填物进一步软化,其抗剪强度降低,抗滑力下降,容易导致边坡失稳破坏。软弱岩层区和强风化带,由降水直接导致滑坡破坏时常发生。

（3）风化作用

风化作用主要指温度变化、生物破坏、雨水冲刷、风吹日晒等对边坡岩土体的破坏作用,它能导致岩土体原生结构面以及构造结构面的规模变大,条件恶化,从而形成风化裂隙等次生结构面。长时间的风化作用,还会降低岩土体的自身强度。

（4）地震

在发生地震频率较高的地区,不能忽略地震对边坡的影响,特别是破坏造成损失很大的边坡。在强烈的地震发生时,由于水平地震力的作用,常常会引起滑坡失稳现象;而边坡岩土体也会因为振动而使岩体结构发生松动,从而给该区域的边坡造成潜在的威胁。

从这些影响因素来看,边坡的几何尺寸和岩体结构属于边坡体自身的特性,不随外界条件而改变,属于边坡的基本参数。而降水则是引起边坡失稳破坏的重要外因。岩体风化作用属于长期作用,对工程边坡的稳定性可以不考虑。施工影响因素在公路运营阶段不会发生作用。

三、边坡破坏模式

1. 岩质边坡破坏模式

（1）平面滑动破坏

平面破坏模式是指一部分岩体沿地质软弱面,如断层面、层面、节理面、裂隙面的滑动。其特点是滑动体沿着平面移动,主要是由于在自重力的作用下滑坡体内剪应力大于岩层间的抗剪力导致不稳定从而产生的顺层滑动。平面滑动通常发生在边坡地质软弱面的产状向坡外倾斜的位置,如图 6-5 所示。

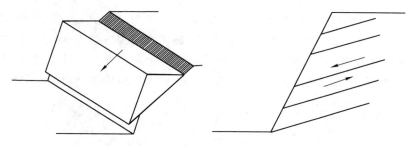

图 6-5　平面滑动破坏

（2）圆弧破坏模式

圆弧破坏的机理是因为边坡岩土体内剪应力超过边坡滑动面的抗剪力,导致滑体沿圆弧形剪切滑动面下滑。当边坡岩土体相对软弱(如在土质边坡中)以及岩质边坡节理异常发育或已经破碎(松散堆积)中,边坡破坏的滑动面将形成一个圆弧形的破坏面,如图 6-6 所示。

（3）楔形破坏模式

楔形破坏是岩质边坡的失稳破坏模型中最常见的一种破坏类型,其在边坡破坏模型中

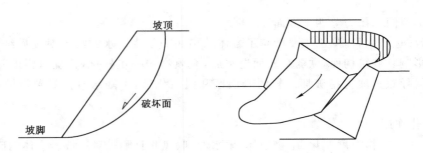

图 6-6　圆弧破坏模式

也是比较常见的。其是由两条以及两条以上的结构面对边坡岩土体切割而产生的,滑坡体同时也沿这些结构面产生滑移。由于边坡滑坡体同时沿两个结构面滑动,因此其力学性质相对复杂。如果边坡坚硬岩层被两组倾斜面对应的斜节理切割,节理面下面的岩层又比较碎时,一旦下部岩土体遭到破坏,上部 V 形节理岩土体将会失去平衡发生崩塌,崩塌后边坡上即出现 V 形槽。如图 6-7 所示。

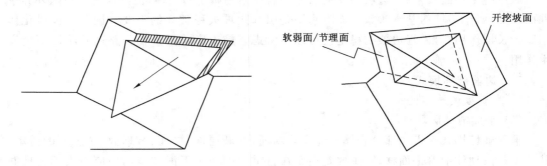

图 6-7　楔形破坏模式

（4）倾倒破坏模式

岩质边坡的另一种主要的破坏类型——倾倒破坏,其常发生在反向层状结构边坡岩土体中。1976 年,Goodman 和 Bray 将弯曲倾倒变形破坏归纳为三种基本类型,即块体弯曲倾倒、弯曲倾倒和块体倾倒。虽然这种变形破坏边坡坡面上危岩耸立,但因在边坡中一般不可能切断边坡岩层形成统一的滑动面,因而一般不会形成大规模的整体滑动。如图 6-8 所示。

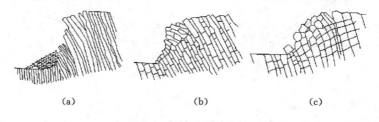

(a)　　　　　　　(b)　　　　　　　(c)

图 6-8　倾倒破坏模式

2. 土质边坡破坏模式

土质边坡的破坏面可能发生在第四纪堆积层中,土质边坡一般破坏规模相对较小,土质边坡的稳定性决定因素主要由坡率、土体强度、坡面与沉积层面产状的组合关系。土质边坡破坏模式一般可分为坡面破坏、崩塌破坏、滑动破坏（圆弧滑动、沿基岩接触面滑动）和滑塌破坏四类。

3. 岩土质混合边坡破坏模式

岩土质混合边坡是比较复杂的边坡类型，其发生变形破坏的模式也比较多，一般存在多个潜在的滑动面。岩土质混合边坡主要有四种类型：上层土体内发生的整体滑动破坏模式、土层沿岩土接触面的滑动模式、边坡基岩内结构面发生的破坏模式和多种变形模式组成的复合破坏模式。

任务二 边坡监测内容与方法

【知识要点】 边坡工程的监测内容；边坡工程的监测方法。

【技能目标】 能了解边坡工程的监测内容；能阐述边坡工程的监测方法及原理。

**任务导入**

边坡发生破坏，一般有一个发生、发展的过程，可采用一定的方法对其发生、发展的过程进行监测，以了解其动态，对其进程进行预测，从而可以采取一定的应急和预防措施，减少滑坡造成的危害。

**任务分析**

为了掌握边坡监测的工作流程，首先需要掌握边坡监测的内容，然后需要掌握监测内容时用的观测方法及仪器仪表。

**相关知识**

一、监测内容

边坡工程监测的对象主要为：地表变形，包括边坡地表的二维或三维位移、危岩陡壁裂缝等；地下变形，包括边坡地下的二维或三维位移、危岩界面裂缝等；物理参数，包括应力、应变和地声变化等；水文变化，包括河流或水库水位、地下水位、孔隙水压力、泉流量、水温等；环境因素，包括降雨量、地温、地震等。各个监测对象包含不同的监测内容，根据不同的监测内容和监测方法需要使用对应的监测仪器和仪表，具体见表6-1。

表6-1　　　　　　　边坡工程监测的内容

序号	监测内容	监测方法	监测仪器和仪表
1	地表位移、裂缝	前方交会法、视准线法、水准法、测距三角高程法等	经纬仪、水准仪、全站仪、自动全站仪
		近景摄影测量法	陆摄经纬仪、三维激光扫描仪等
		测缝法	游标卡尺、测缝仪、伸缩自记仪等
		GNSS法	GNSS接收机等

续表 6-1

序号	监测内容	监测方法	监测仪器和仪表
2	地下位移、裂缝	测斜法	测斜仪、多点倒垂仪、倾斜计等
		沉降法	下沉仪、收敛仪、水准仪等
		重锤法	重锤、坐标仪、水平错位计等
		测缝法	三向测缝仪、位移计、伸长仪等
3	地声	量测法	声发射仪、地震仪等
4	应变	应变计量测法	管式应变计、位移计、滑动测微计等
5	地下水位	水位自记仪法	地下水位自记仪等
	孔隙水压力	压力计量测法	孔隙水压力计等
	河、库水位	量测法	水位标尺等
	泉流量	量测法	三角堰、量杯等
6	降雨量	雨量计法	雨量计、雨量报警器等
	地温	记录仪法	温度记录仪等
	地震	地震仪法	地震仪等

二、边坡变形监测方法

目前,在边坡表面变形监测技术方面,我国正由过去简易的人工皮尺监测工具等过渡到仪器监测,又在向高精度、自动化及全程监测系统发展。

1. 简易监测法

采用简易工具和装置,监测和记录地表的裂缝、鼓胀、沉降、坍塌及水位、地温等变化情况,同时记录监测的时间和监测点的位置、变形形态等信息。可以在边坡体关键裂缝处埋设骑缝式简易监测桩;在房屋、挡土墙、浆砌块石沟等建构筑物的裂缝处设置玻璃条、水泥砂浆片、纸片等;在陡坎、陡壁软层出露处埋设简易监测桩,采用标尺等长度量具进行测量;在岩石、陡壁裂缝处刻槽进行监测。这些方法更适合于有滑坡发生的边坡,便于宏观上把握动态变形的趋势。

2. 大地测量法

边坡监测技术的传统方法就是大地测量法,它主要是利用传统的进行大地测量的仪器设备对边坡表面进行测量,常见的测量方法包括水准测量、三角测量、测距法、交会测量等。大地测量法具有投入快、精度高、费用低等优点,但是其受地形条件及气候条件影响,不能实现自动化监测。

3. 近景摄影法与遥感技术

地面近景摄影测量、卫星遥感技术及航空摄影测量技术是近景摄影法与遥感技术中比较常见的三种技术。与其他监测技术相比,具有监测信息量大,精度相对较低,可以瞬间记录被监测物体的位置相关信息,变形监测的对象可以是任何物体,其形状可以是规则、不规则或不可接触的。主要应用在变形速率比较大的滑坡水平位移监测及较大的危岩陡壁裂缝变化监测。但受气候条件影响较大,且数据的获取一般不能到达实时的效果。

4. TPS测量机器人

测量机器人又称自动全站仪,是一种集自动目标识别、自动照准、自动测角与测距、自动目标跟踪、自动记录于一体的测量平台。测量机器人是具有马达驱动、智能操作系统和可以二次开发的全站仪，是目前用于变形监测技术中，定位精确度最高的仪器，可连续监测多个监测点。

5. GNSS 定位监测技术

GNSS 测量技术利用 GNSS 定位原理测量地面监测点的三维坐标，其在边坡变形监测领域已经有了较成熟的理论，GNSS 测量技术是利用 GPS 定位原理定位地面监测点的三维坐标。如用 GNSS 静态相对定位方法测定边坡监测点的空间位置，通过计算得出其平面位置与高程值，就能够达到对边坡表面变形进行长期监测的目的。在测程大于 10 km 时，其水平位移精度能够达到毫米级，比精密光电测量精度还高。因为 GPS 监测跨度大、精度高，许多国家都建立了常态化的变形监测网，如美国加利福尼亚连续运行监测网。我国何秀凤教授主导的小湾水电站高边坡远程自动化 GPS 监测系统，也取得了很好的变形监测效果。

随着测量方法和手段的不断发展，出现了地层和岩层的地质测量技术，后来出现了由光学和电学仪器构成的大地仪表等一系列比较先进的仪器。近代，由于电测仪表技术和计算机软件技术的快速发展，边坡监测中逐渐加入了声发射与反射时域差值运算以及光反射与折射运算等方法。同时，伴随无线电通信技术、计算机技术、空间技术以及地球科学的迅速发展，边坡表面变形监测的各种先进技术已从各自独立发展阶段逐渐进入相互融合的阶段。随着网络技术的快速发展，边坡现代监测技术将向着远程网络自动监测方向发展。利用无线通信技术提高了远程无线监测数据的传输，开发了适用于大型水利、电力库区和野外矿山边坡的远程实时监测预警系统。无线传输和自动采集应用在隧道工程中，建立了远程隧道施工监测系统。在软件研究方面，基于网络编程技术、大型数据库平台及可视化，研发了边坡监控信息管理系统并实现了监测数据的网络化和信息化。

现代化的边坡监测技术虽然成本相对较高，但能实现无人化、远程化，自动化程度高、数据时效性强，可以做长期固定的远程变形监测，发展前景可观。因此，在满足上述条件的情况下，能实现多参数选择、低成本、自动化程度高的监测方案，是今后研究的重点。

任务三　监测数据整理与分析

【知识要点】　监测数据整理；监测结果分析。

【技能目标】　能掌握监测数据整理方法及数据分析，并得出相应的结论。

 任务导入

监测资料的整理分析和反馈是边坡工程安全监测工作中必不可少、不可分割的关键性环节，边坡监测数据信息在实际工程中难免会有大量非真实的波动及突变和不同程度的监测信息缺失，这将给后期监测信息的整理分析带来不利影响。

 任务分析

为了完成监测数据整理与分析，首先要根据变形监测内容制定各项观测记录表格，结合实际情况完成观测数据的前期数据处理，然后根据边坡工程监测的具体情况确定数据处理模型，最后对监测结果进行分析。

 **相关知识**

一、监测数据整理

边坡工程监测数据内容较多,监测前应根据不同的监测内容,设计各种不同的外业记录表格。记录表格的设计应以记录和数据处理方便为原则,监测人员应在表格中记录监测中出现的或者观察到的异常情况。为表明原始记录的真实性,记录表格中的原始数据不得随意更改,必须更改时,应加以情况说明。

外业观测完成后,应及时分类整理和检查外业观测数据资料,进行观测值的平均值等有关计算。外业观测成果应尽快进行计算处理,求得未知数的最或是值及其变形量、变形速率等,编制监测日报表或当期的监测技术报告,并尽快提交有关部门。日报表中不但要体现当期的监测结果,还要体现当期与往期相关成果的关系,方便其他单位或人员更为直观地理解和把握。以某高速公路边坡岩体表层水平位移监测为例,表6-2所示的报表形式可供参考。

表 6-2　　　　　　　　　　　边坡表层水平位移监测报表

首期观测时间:×××　　　　上期观测时间:×××　　　　本期观测时间:×××

测点	部位	X 方向			Y 方向			备注
	桩号	本次位移 /mm	位移速率 /(mm/d)	累计位移 /mm	本次位移 /mm	位移速率 /(mm/d)	累计位移 /mm	
BC/ZDM101	4+123.45							
BC/ZDM102	4+150.00							

注:1. 本次位移=上期坐标−本期坐标;位移速率=本次位移/间隔天数;累计位移=首期坐标−本期坐标。

2. 位移 X 方向向里程增大方向为"+",Y 方向朝向中线方向为"+"。

对于监测周期较长的大型边坡工程,必要时要提交阶段性的监测报表。为使工程管理人员清晰地把握监测点的变化情况和变化趋势,在提交报表的同时,应提交监测点的点位分布图、位移向量图、监测点变形的时程曲线等。

监测工作结束后,应提交完整的监测技术报告,总结报告至少要包括下列内容:工程概况、监测内容和控制指标、监测点布置与埋设方法、监测仪器仪表、监测方法、数据处理方法、监测精度、监测周期与频率、各项监测成果汇总表、结合各项监测结果和有关图件进行变形分析、结论和建议。

二、监测结果分析

当监测结果进行到一定阶段并获得一定数量的监测成果后,应进行分析,并向有关部门提交变形分析报告。变形分析报告应充分结合各项监测汇总资料和监测人员所做的监测日记,并以有关图件进行直观描述和判断。这些图件包括地表位移向量图、深度-水平位移过程线、深度-垂直位移过程线、时间-水平位移过程线、时间-垂直位移过程线、水位(雨量)-位移过程线等。由于不同边坡工程监测内容不同,所提交的图件的种类和数量可能只有上述内容的一部分。

任务四　工程实例

【知识要点】　通过实例,掌握边坡工程监测的技术流程。

【技能目标】　通过实例,掌握边坡工程监测的技术流程及数据处理方法。

任务导入

当前,山区城镇化建设所需求的建设用地大多通过削山填沟造地解决,重庆、十堰、宜昌、兰州和延安等多个城市的造地规模日益空前,取得一定成果的同时也产生了许多新的技术、理论及工程难题。因此对于填筑高度大、工期长、影响因素多、变形预测和控制难的山区机场高填方边坡,伴随施工过程和工后对高填方进行综合实时原位监测,可有效减少机场高填方施工过程或工后沉降、对高填方边坡稳定及地下水环境改变等可能引发的地质灾害进行预警。

**任务分析**

对某山区机场 3# 高填方边坡滑移变形过程进行监测,总结和揭示了这种高填方边坡变形过程中的时空演化特征;其监测成果及结论可为高填方规范制定和工程实践参考。

**相关知识**

一、某机场填方边坡概况

某山区支线机场设计近期跑道长度为 2 800 m,道面总宽 48 m;场区地形起伏变化较大,冲沟发育,高程在 1 067~1 181 m 范围,最大高差约 114 m,跑道标高为 1 130 m,场区需大规模深挖高填,其中填筑高度大于 20 m 的填方边坡共计 15 处,最高填方边坡为 1# 填方边坡(总填高约 63 m),如图 6-9 所示。填方边坡每个断面由坡顶对齐高程,采用 1:2 的综合坡度确定坡脚,每级坡高约为 10 m,每 10 m 高设置一个马道,马道分 2.5 m 和 5 m 两种,设计典型断面如图 6-10 所示。

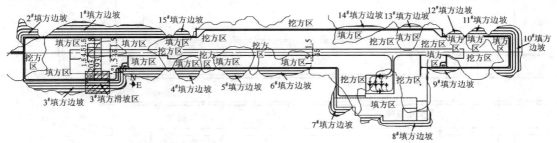

图 6-9　某机场高填方边坡平面分布图(单位:m)

二、监测点布置与监测频率

2014 年 5 月,伴随大面积高填方施工的进行,依次在 3# 高填方边坡的坡脚、马道、坡顶进行位移、沉降和深层侧向位移监测,监测点平面布置,如图 6-11 所示。图中 CX1-2 表示第

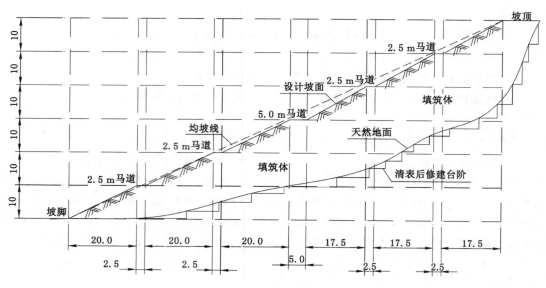

图 6-10　边坡设计断面示意图

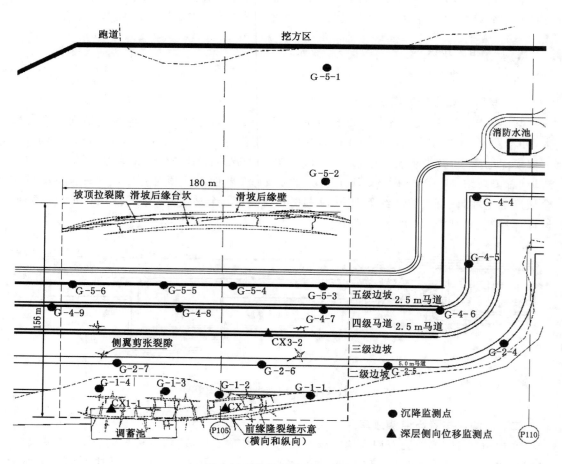

图 6-11　监测点平面布置图

1级填方边坡第二个测斜监测点,G-4-8表示第四级填方边坡马道上第八个沉降监测点,G-5-2表示现状第五级边坡工作面上第二个沉降监测点,其余类推。监测频率根据现场施工进度适当变化,在正常施工阶段,频率为3 d/次,在未施工和施工关键阶段,监测频率相应地减小和增大。

三、边坡沉降监测

3#边坡滑坡区坡顶工作面(与设计填方标高差4～5 m)的沉降监测点共6个,如图6-11所示,沉降量与沉降速率随时间变化曲线如图6-12、图6-13所示。

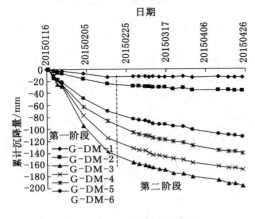

图6-12 坡顶沉降时程曲线

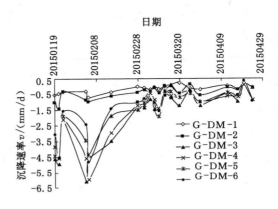

图6-13 坡顶沉降速率时程曲线

由图6-12可知,自2014年12月23日土方停工后,2015年1月16日至4月26日3#边坡滑坡区填筑体顶面6个,沉降观测点G-DM-1～G-DM-6的累计沉降量分别为14.63、37.39、197.07、169.8、141.9、114.9(mm)。

从空间方面来看,如图6-14所示,整个填筑体顺坡方向(从右至左)沉降增大,分别以点B、D为分界线,滑坡后缘壁右侧(G-DM-1和G-DM-2处)沉降量相对较小,左侧(G-DM-3～G-DM-6)沉降量较大,G-DM-1和G-DM-2与G-DM-3的沉降差分别为182.44 mm和159.68 mm,产生滑坡后缘台坎,形成明显拉裂缝,如图6-15所示。

从时间方面来看,如图6-12、图6-13所示,坡顶沉降变化可分为两个阶段:第一阶段为初始变形阶段(2015年1月16日至2月15日),滑体平均沉降速率3.5 mm/d,变形从无到有,逐步产生裂缝,变形曲线表现出相对较大的斜率,但随着时间的延续,变形逐渐趋于正常状态,曲线斜率有所减缓;第二阶段为匀速变形阶段(2015年2月15日至4月25日),滑体平均沉降速率下降约80%,下降为0.87 mm/d,在第一阶段变形的基础上,填筑体基本上以相近的速率持续变形。因不时受到其他因素的干扰和影响,其变形曲线会有所波动,但此阶段变形曲线总体趋势为一倾斜直线,宏观变形速率基本保持不变。

四、5 m马道沉降监测

3#边坡5 m马道的地表沉降监测点共7个,滑坡区测点的布设情况如图6-11所示,沉降量与沉降速率随时间变化曲线如图6-16、图6-17所示。

由图6-16可知,自2014年7月5日至2015年4月底,第二级填方边坡5 m马道上7个沉降观测点G-2-1～G-2-7的累计沉降量依次为51.34、31.18、48.65、71.16、94.58、20.98、21.85(mm),后两个监测点由于伴随马道施工未及时修整,故布设较晚。

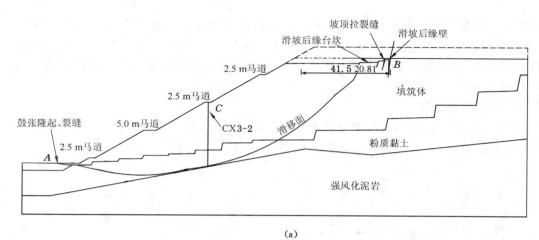

（a）

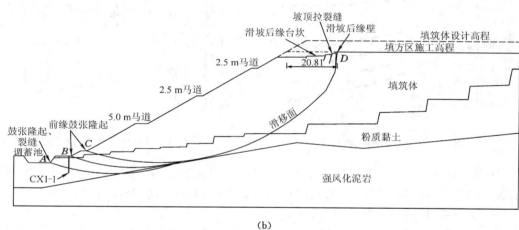

（b）

图 6-14　滑动面位置示意图

（a）CX3-2 区域滑移面位置示意图；（b）CX1-1 区域滑移面位置示意图

图 6-15　高填方边坡坡脚滑移面与坡顶拉裂缝

从空间方面来看，随着后缘变形量的增大，其滑移变形及所产生的推力将逐渐传递到坡体中段，并推动滑坡中段向前产生滑移变形。中段滑体被动向前滑移时，将在其两侧边界出

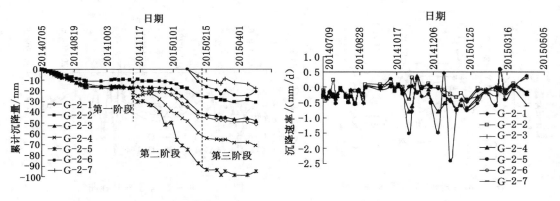

图 6-16 5 m 马道沉降时程曲线   图 6-17 5 m 马道沉降速率时程曲线

现剪应力集中现象,并由此形成剪切错动带,产生侧翼剪张裂缝。这就解释了图 6-11 或图 6-14 中从一级到三级边坡坡面出现的少量断续裂缝。

从时间方面来看,如图 6-16 所示,沉降变化曲线出现了第三个阶段——稳定收敛阶段,这是由于本填方边坡变形初期采取了得当的处理措施,变形速率不断降低,如图 6-17 所示,变形量不再增大;若这个时期变形速率不断加速增长,变形曲线近于陡立,则说明即将发生滑坡,一般称为加速变形阶段。

因此,高填方边坡蠕滑变形过程中变形速率的变化规律能够反映其稳定状态,结合机场高填方边坡沉降位移变化规律,给出其控制建议值具有十分重要的意义。

第一阶段:初始变形阶段(2014 年 7 月 5 日至 11 月 7 日),变形速率较小,平均约为 0.22 mm/d,最大沉降量为 26.82 mm。

第二阶段:匀速变形阶段(2014 年 11 月 7 日至 2015 年 2 月 4 日),沉降速率为上一阶段的 2～3 倍,但相对均匀约为 0.68 mm/d,发生沉降量约为 60.77 mm。分析原因:2014 年 10 月底至 11 月初,由于连续的降雨,加上施工单位临时排水措施不当,坡顶填方工作面局部积水、下渗,下滑力加大;坡脚临时排水沟排水不畅、入渗水分促使抗滑力减小。及时整改后,由于 11 月上旬采取减慢施工速率措施后,11 月底的沉降速率减小到了 0.33 mm/d。12 月份以来,天气条件好转,施工速度明显加快,沉降速率又增大至平均 1.2 mm/d。

第三阶段:稳定收敛阶段(2015 年 2 月 4 日至 4 月底),滑坡段发生沉降量为 6.99 mm,变形速率下降为 0.088 mm/d,5 m 马道表面沉降存在收敛趋势。

五、坡脚沉降监测

3# 边坡滑坡区坡脚沉降监测点共 4 个,如图 6-11 所示,沉降量与沉降速率随时间变化曲线如图 6-18、图 6-19 所示。

由图 6-18 可知,G-1-1～G-1-4 累计沉降量依次为 18.35、29.6、1.43、5.4(mm),G-1-1 和 G-1-2 的沉降量大于 G-1-3 和 G-1-4,这与各级马道及坡顶处沉降变形是一致的。

从空间方面来看,荷载传递、前缘隆胀裂缝形成机制与 CX1-1 处剪出口形成相同;在一级到五级填方边坡由后向前的蠕滑过程中,填筑体以沉降变形为主,兼有明显水平侧向位移,属于典型的人工加载的"后推式"滑坡类型,滑移面一般呈前缓后陡的形态,其地表裂缝形成与发展主要包括:后缘拉裂缝形成、中部侧翼剪切裂缝产生和前缘隆胀裂缝形成。

从时间方面来看,坡脚沉降变化曲线也包含三个阶段:初始变形阶段、匀速变形阶段、稳

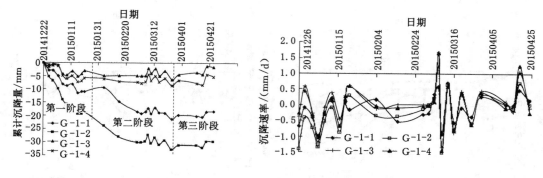

图 6-18　坡脚沉降时程曲线　　　　　图 6-19　坡脚沉降速率时程曲线

定收敛阶段。由图 6-19 可知,坡脚沉降变化受快速加载和雨雪天气影响较大,最大沉降速率约为 2 mm/d。

综上,建议正常施工过程中高填方边坡沉降速率连续 3 天大于 0.3 mm/d 应引起警示,连续 3 天大于 0.5 mm/d 应当报警、采取相应措施;工后高填方地基连续 50 天观测的沉降量不超过 2 mm 可作为沉降稳定控制标准。

六、结论与建议

(1)山区高填方边坡蠕滑过程中,变形以沉降为主,兼有明显水平侧向位移,属于典型的人工加载的"后推式"滑坡类型,滑移面一般呈前缓后陡的形态。空间上,裂缝形成与发展一般经历后缘拉裂缝形成、中部侧翼剪切裂缝产生和前缘隆胀裂缝形成三步;时间上,变形一般包含初始变形、匀速变形、稳定收敛(未发生大规模滑坡)或加速变形(可能发生大规模滑坡)三个阶段。把握此规律,对于高填方边坡的变形控制具有重要的参考价值。

(2)初步建议正常施工过程中沉降速率连续 3 天大于 0.3 mm/d 作为警示值,连续 3 天大于 0.5 mm/d 作为报警值、采取相应措施;工后高填方连续 50 天观测的沉降量不超过 2 mm 作为沉降稳定控制标准,可供类似重大填方工程参考。山区机场高填方影响因素多,此方面的系统研究亟待加强。

思考与练习

1. 边坡的工程分类表现形式有哪些?

2. 边坡变形破坏影响因素有哪些?

3. 边坡破坏模式有哪些?

4. 边坡工程监测的内容是什么?

5. 简述边坡表面变形监测方法的主要原理。

6. 监测数据整理在不同监测阶段的工作有哪些?

7. 监测结果分析一般要提交哪些资料?

8. 查阅边坡工程监测相关文献,基本理解其工作原理,并掌握监测数据处理方法。

项目七　地铁工程变形监测

任务一　地铁工程变形监测认识

【知识要点】　地铁工程监测的目的；地铁工程监测的内容；地铁工程监测的方法；地铁工程监测方案的基本要求。

【技能目标】　了解地铁工程监测的目的、内容及方法；熟悉地铁工程监测方案编制的要点。

任务导入

随着城市建设的飞速发展和城市人口的急剧增加，城市交通已经不能单纯依靠地面道路，地下铁路已经在各大城市中广泛引入，有效地缓解了城市交通拥挤堵塞的状况。地铁施工主要采用明挖回填法、盖挖逆筑法、喷锚暗挖法、盾构掘进法等施工方法。明挖法通常会严重影响地面交通，所以较少使用。现代城市地铁施工中主要采用的施工方法是盾构掘进法。地铁工程主要包括基坑工程和隧道工程。本章重点介绍盾构法施工时需要进行的变形监测工作。

任务分析

为了熟悉地铁工程监测方案的编制，首先需要了解地铁工程监测的目的，然后了解地铁工程监测的内容、方法，最后需掌握地铁工程监测方案编制的要点。

相关知识

一、地铁工程监测的目的和意义

地铁在施工建设和运营过程中，必然会产生一定的沉降，若沉降量超过一定限度或者是产生了不均匀沉降，将会引起基坑及隧道结构的变形，严重时会影响安全施工和运营，甚至造成巨大的生命和财产安全事故。实际施工的工作状态往往与设计预估的工作状态存在一定的差异，有时差异程度很大，所以，在地铁工程基坑开挖及支护、隧道掘进及围护施工期间要开展严密的现场监测，以保证施工的顺利进行。

地铁工程变形监测的主要目的是通过对地表变形、围护结构变形、隧道开挖后侧壁围岩内力的监测，掌握围岩与支护的动态信息并及时反馈，指导施工作业和确保施工安全。

经过对监测数据的分析处理和必要的判断后,进行预测和反馈,以保证施工安全和地层及支护的稳定。对监测结果进行分析,可应用到其他类似工程中,作为指导施工的依据。

地铁工程变形监测的主要意义体现在以下几个方面:

(1)监测基坑及隧道稳定和变形情况,验证围护结构、支护结构的设计效果,保证基坑稳定、隧道围岩稳定、支护结构稳定、地表建筑物和地下管线的安全。

(2)通过对基坑及隧道各项监测的结果进行分析,为判断基坑、结构和周边环境的稳定性提供参考依据。

(3)通过监控量测,验证施工方法和施工手段的科学性和合理性,以便及时调整施工方法,保证工程施工安全。

(4)通过量测数据的分析处理,掌握基坑和隧道围岩稳定性的变化规律,修改或确认设计及施工参数,为今后类似工程的建设提供经验。

二、地铁监测方案编制

1. 监测方案编制依据

(1)工程设计施工图;

(2)工程投标文件及施工承包合同;

(3)工程有关管理文件及有关的技术规范和要求;

(4)《地铁工程监控量测技术规程》(DB11/490—2007);

(5)《城市轨道交通工程测量规范》(GB 50308—2008);

(6)《地下铁道工程施工及验收规范》(GB 50299—1999);

(7)《建筑变形测量规范》(JGJ 8—2016);

(8)《建筑基坑工程监测技术规范》(GB 50497—2009);

(9)《工程测量规范》(GB 50026—2007);

(10)《国家一、二等水准测量规范》(GB/ 12897—2006)。

2. 监测方案设计原则

监测方案的设计原则与基坑相同,在此不再赘述。

3. 地铁监测方案设计的主要步骤

地铁监测方案设计必须建立在对工程场地地质条件、基坑围护设计和施工方案以及地铁工程相邻环境详尽的调查基础之上,同时还要与工程建设四方以及管线、道路主管单位协调。监测方案制订主要步骤与基坑相似,在此不再赘述。

4. 地铁工程施工监测方案设计的主要内容

(1)监测内容的确定;

(2)监测方法和仪器的确定,监测元件量程、监测精度的确定;

(3)施测部位和测点布置的确定;

(4)监测周期、预警值等实施计划的制订。

5. 地铁监测基本要求

地铁监测的基本要求同基坑监测,在此不再赘述。

任务二　地铁工程监测点布置要求及监测频率

【知识要点】　地铁工程监测点的布设要求;地铁喷锚暗挖法施工监测频率;地铁盾构掘进法施工监测频率。

【技能目标】　了解地铁工程监测点的布设要求;熟悉地铁监测频率。

 **任务导入**

根据地铁工程的安全等级以及相关规范、设计的要求,并结合施工现场实际情况,测点布置应按要求进行。

 **任务分析**

为了熟悉地铁变形监测的内容和方法,首先需要了解地铁监测点位布置,然后了解地铁监测的频率。

 **相关知识**

一、地铁工程监测点的布设要求

根据地铁工程的安全等级以及相关规范、设计的要求,并结合施工现场实际情况,测点布置应按以下要求进行:

(1)监测点应布置在预测变形和内力的最大部位、影响工程安全的关键部位、工程结构变形缝、伸缩缝及设计特殊要求布点的地方。

(2)围护桩(墙)体内力测点布设原则:一般在支撑的跨中部位、基坑的长短边中点、水土压力或地面超载较大的部位布设测点,基坑深度变化处以及基坑的拐角处宜增加测点。在立面上,宜选择在支撑处或上、下两道支撑的中间部位。

(3)支撑轴力测点布设原则:支撑轴力采用轴力计进行监测,测点一般布置在支撑的端部或中部,当支撑长度较大时,也可安设在1/4点处。在受力较大的斜撑和基坑深度变化处宜增设测点。对监测轴力的重要支撑,宜同时监测其两端和中部的沉降与位移。

(4)围护桩(墙)体水平位移监测断面及测点布设原则:基坑安全等级为一级时监测断面不宜大于30 m,测点竖向间距0.5 m或1.0 m。

(5)围护桩(墙)体前后侧土压力测点布设原则:根据围护桩(墙)体的长度和钢支撑的位置进行布设,测点一般布置在基坑长短边的中点。

(6)桩顶位移测点布设原则:基坑长短边中点,基坑每边测点数不宜少于3个。

(7)基坑周围地表沉降测点布设原则:基坑周边距坑边10 m范围内沿坑边设两排沉降测点,测点布置范围为基坑周围2倍的开挖深度。

二、地铁喷锚暗挖法施工监测频率

根据《地下铁道工程施工及验收规范》(GB 50299—1999)的规定,地下铁道采用喷锚暗挖法施工时,变形监测项目和频率见表7-1。

监测项目的选择还要根据围岩类别、开挖断面所处地面环境条件等确定应测或选测,必要时可适当调整。

表 7-1　　　　　　　　　　地铁喷锚暗挖法施工变形监测项目和频率

类别	量测项目	测点布置	监测频率
应测项目	围岩支护状态	每天一开挖	开挖后立即进行
	地表、地面建筑、地下管线及构筑物变化	每天 10~50 m 一个断面,每断面 7~11 个测点	开挖面距量测断面前后<2B 时 1~2 次/d;开挖面距量测面前后<5B 时 1 次/2 d;开挖面距量测断面前后>5B 时 1 次/周
	拱顶下沉	每天 5~30 m 一个断面,每断面 1~3 个测点	开挖面距量测断面前后<2B 时 1~2 次/d;开挖面距量测面前后<5B 时 1 次/2 d;开挖面距量测断面前后>5B 时 1 次/周
	周边净空收敛位移	每天 5~100 m 一个断面,每断面 2~3 个测点	开挖面距量测断面前后<2B 时 1~2 次/d;开挖面距量测面前后<5B 时 1 次/2 d;开挖面距量测断面前后>5B 时 1 次/周
	岩体爆破地面质点振动速度和噪声	质点振速根据结构要求设点,噪声根据规定的测距设置	随爆破及时进行
选测项目	岩体内部位移	取代表性地段设一断面,每断面 2~3 孔	开挖面距量测断面前后<2B 时 1~2 次/d;开挖面距量测面前后<5B 时 1 次/2 d;开挖面距量测断面前后>5B 时 1 次/周
	围岩及支护间应力	每代表性地段设一个断面,每断面 15~20 个测点	开挖面距量测断面前后<2B 时 1~2 次/d;开挖面距量测面前后<5B 时 1 次/2 d;开挖面距量测断面前后>5B 时 1 次/周
	钢筋格栅拱架内力及外力	每 10~30 榀钢拱架设一对测力计	开挖面距量测断面前后<2B 时 1~2 次/d;开挖面距量测面前后<5B 时 1 次/2 d;开挖面距量测断面前后>5B 时 1 次/周
	初期支护、二衬内力及外力	每代表性地段设一个断面,每断面 11 个测点	开挖面距量测断面前后<2B 时 1~2 次/d;开挖面距量测面前后<5B 时 1 次/2 d;开挖面距量测断面前后>5B 时 1 次/周
	锚杆内力、抗拔力及表面应力	必要时进行	开挖面距量测断面前后<2B 时 1~2 次/d;开挖面距量测面前后<5B 时 1 次/2 d;开挖面距量测断面前后>5B 时 1 次/周

注:B 为隧道开挖跨度。

三、地铁盾构掘进法施工监测频率

盾构掘进施工中,地层除了受到盾尾卸载的扰动外,还受到盾构对前方土体的挤压(或卸载),因此,周围地层会出现不同程度应力变动,特别是地质条件较差时,更会引起地面甚至衬砌环结构本身的隆起或沉陷,不仅会造成结构渗漏水,甚至危及地面建筑物的安全。根据《地下铁道工程施工及验收规范》(GB 50299—1999)的规定,地下铁道采用盾构掘进法施工时,变形监测项目和频率见表 7-2。

表 7-2　　　　　　　　　地铁盾构掘进法施工变形监测项目和频率

类别	量测项目	测点布置	量测频率
必测项目	地面隆陷	每天 30 m 设一断面,必要时需加密	开挖面距量测断面前后<20 m 时 1~2 次/d;开挖面距量测断面前后<50 m 时 1 次/2 d;开挖面距量测断面前后>50 m 时 1 次/周
	道路隆陷	每天 5~10 m 一个断面	开挖面距量测断面前后<20 m 时 1~2 次/d;开挖面距量测断面前后<50 m 时 1 次/2 d;开挖面距量测断面前后>50 m 时 1 次/周
选测项目	土体内部位移(垂直和水平)	每天 30 m 一个断面	与地表沉降相同
	衬砌环内力和变形	每天 50~100 m 一个断面	分别在衬砌拼装成环但尚未脱出盾尾,即无外荷载作用时和衬砌脱出盾尾承受外荷载作用且能通视时两个阶段进行监测
	土层压应力	每代表性地段设一个断面	开挖面距量测断面前后<20 m 时 1~2 次/d;开挖面距量测断面前后<50 m 时 1 次/2 d;开挖面距量测断面前后>50 m 时 1 次/周

任务三　地铁工程变形监测的内容与方法

【知识要点】　地铁工程监测的内容;地铁工程监测的方法。

【技能目标】　了解地铁工程监测的主要内容;熟悉地铁监测的方法。

任务导入

地铁在修建施工中,监测工作的内容总体上有地层沉降监测、水平位移监测、支护结构变形监测(包括支护体系的沉降、水平位移和挠曲变形)、支护结构的内力监测(包括支撑杆件的轴力监测和围护结构的弯矩监测)、地下水土压力和变形的监测(包括土压力监测和孔隙水压力监测、地下水位监测、深层土体位移监测、基坑回弹监测)、建筑物或桥梁的变形监测(沉降监测、水平位移监测、倾斜监测和裂缝监测)、地下管线变形及地铁监测等。

任务分析

本次任务主要是解决如何具体地进行地铁监测,那么监测的内容有哪些,监测的方法有哪些就显得极为重要。

 相关知识

一、地铁基坑工程施工监测的主要内容

地铁工程基坑施工监测的内容分为两大部分,即围护结构和相邻环境的监测。围护结构按支护形式不同,又分为明挖放坡、土钉墙围护、桩、连续墙围护等,同时结合横撑、腰梁、锚索等,围护结构施工监测一般包括:围护桩墙、支撑、腰梁和冠梁、立柱、土钉内力、锚索内力等项;环境监测包括:监测相邻地层、地下管线、相邻房屋等内容。综合各类基坑,一般地铁工程基坑施工监测内容详见表7-3。

表 7-3　　　　　　　　　　　　地铁工程基坑施工监测项目一览表

序号	监测对象		监测项目	测试元件与仪器
1	围护结构	围护桩墙	墙顶水平位移与沉降	精密水准仪、经纬仪
			桩墙深层挠曲	测斜仪
			桩墙内力	钢筋应力传感器、频率仪
			桩墙水平土压力	土压计、渗压计、频率仪
2		水平支撑、冠梁和腰梁	轴力	钢筋应力传感器、频率仪、位移计
3			内力	钢筋应力传感器、频率仪
			水平位移	经纬仪
4		土钉	拉力	钢筋应力传感器、频率仪
5		锚索	拉力	锚索应力传感器、频率仪
6		立柱	沉降	精密水准仪
7		基坑底	基坑底部回弹隆起	PVC管、磁环分层沉降仪或水准仪
8	相邻环境监测	地层	地面水平位移与沉降	精密水准仪、经纬仪
9			地中水平位移	测斜管、测斜仪
10			地中垂直位移	PVC管、磁环分层沉降仪或水准仪
11			土压力	电测水位仪
12		地下水	坑内地下水位	水位管、水位仪
13			坑外地下水位	水位管、水位仪
14			空隙水压力	水压计
15		建筑物	地下管线水平位移与沉降	精密水准仪、经纬仪
16			道路水平位移与沉降	精密水准仪、经纬仪
17			建筑物水平位移与沉降	精密水准仪、经纬仪
18			建筑物倾斜	经纬仪、垂准仪
19			道路与建筑物裂缝	裂缝监测仪等

二、地铁隧道工程施工监测的主要内容

地铁隧道监测通常分为施工前和施工中两个阶段,隧道开挖前的监测主要是进行原位测试,即通过地质调查、勘探,通过直接剪切试验、现场试验等手段来掌握围岩的特征,

包括构造、物理力学性质、初始应力状态等。施工中的监测主要是对围岩与支护的变形、应力（应变）以及相互间的作用力进行观测。一般地铁暗挖隧道工程施工监测内容详见表 7-4。

表 7-4　　　　　　　　　　　地铁暗挖隧道工程施工监测内容一览表

序号	监测项目	方法和工具
1	地质和支护状况观察	地层土性及地下情况,地层松散坍塌情况及支护裂缝观察
2	洞内水平收敛	各种类型收敛计,全站仪非接触测量系统
3	拱顶下次拱底隆起	水平仪、水准尺、挂钩钢尺、全站仪非接触测量系统
4	地表沉降	水平仪、水准尺、全站仪
5	地中位移(地表钻孔)	PVC管、磁环分层沉降仪、测斜仪及水准仪
6	围岩内部围岩(洞内设点)	洞内钻孔安装单点、多点杆或钢丝式位移计
7	围岩压力与两层支护间	各种类型压力盒
8	衬砌混凝土应力	钢筋应力传感器、应变计、频率仪
9	钢拱架内力	钢筋应力传感器、频率仪
10	二衬混凝土内钢筋内力	钢筋应力传感器、频率仪
11	锚杆轴力及拉拔力	钢筋应力传感器、应变片、应变计、频率仪
12	地下水位	水位管、水位仪
13	孔隙水压力	水压计、频率仪
14	前方岩体状态	弹性波、地质雷达
15	爆破震动	测振仪
16	周围建筑物安全监测	水平仪、经纬仪、垂准仪

三、地铁盾构隧道补充施工监测的主要内容

盾构隧道监测的对象主要是土体介质、隧道结构和周围环境,监测的部位包括地表、土体内、盾构隧道结构以及周围道路、建筑物和地下管线等,具体见表 7-5。

表 7-5　　　　　　　　　　　地铁盾构隧道施工监测内容一览表

序号	监测对象	监测类型	监测项目	测试元件与仪器
1	隧道结构	结构变形	隧道内部结构收敛	收敛计、伸长杆尺
			隧道、衬砌环沉降	水准仪
			管片接触张开度	测微器
			隧道洞室三维位移	全站仪
		结构外力	隧道外侧水土压力	孔隙水压计、频率计
			轴向力、弯矩	钢筋应力传感器、环向应变仪、频率计
		结构内力	螺栓锚固力	钢筋应力传感器、频率计、锚杆轴力计
			管片接缝法向接触力	钢筋应力传感器、频率计、锚杆轴力计

序号	监测对象	监测类型	监测项目	测试元件与仪器
2	地层	沉降	地表沉降	水准仪
			土体沉降	分层沉降仪、频率计
			盾构底部土体回弹	深层回弹桩、水准仪
		水平位移	地表水位平移	经纬仪
			土体深层水位平移	倾斜管、测斜仪
		水平压力	水土压力(侧、前面)	土压力盒、频率仪
			地下水位	水位管、水位仪
			孔隙水压	渗压计、频率计
3	相邻环境、周围建(构)筑物、地下管线、铁道、道路		沉降	水准仪
			水平位移	经纬仪
			倾斜	经纬仪
			裂缝	裂缝计

四、地铁工程变形监测的方法

(一)基坑围护监测

1. 围护桩(墙)顶沉降及水平位移监测

(1)测点埋设:监测点通常布设在基坑周围冠梁顶部,植入顶部带中心标记的凸形监测标志,露出冠梁混凝土面 2 cm,并用红漆标注,作为监测点供沉降和水平位移监测共用,两者也可分别布设。

(2)监测方法:桩顶沉降监测主要采用二等精密水准测量。基准点根据地质情况及围护结构不同,设置的位置也有所不同,一般要设在距基坑开挖深度 5 倍距离以外的稳定地方。桩顶水平位移监测通常使用测角精度高于 1″ 的全站仪,常用的主要有坐标法、视准线法、控制线偏离法、测小角法及前方交会法;目的是通过监测点位置坐标的变化来确定某测点的位移量。如控制线偏离法,是在基坑围护结构的直角位置上布设监测基准点,在两基准点的连线方向上布置监测点,在垂直于连线方向上测量并计算出各点与连线方向的偏差值,向外为正,向内为负,作为初始值;监测开展后各期,将实测值与初始值比较,即可得出冠梁上各监测点的实际水平位移。

2. 基坑围护桩(墙)挠曲监测

(1)监测目的:主要目的是通过测量围护桩(墙)的深层挠曲来判断围护结构的侧向变形情况。基坑围护桩(墙)挠曲变形的主要原因是:基坑开挖后,基坑内外的水土压力要依靠围护桩(墙)和支撑体系来重新平衡,围护桩(墙)在基坑外侧水土压力作用下将产生变形。

(2)监测仪器:基坑围护桩(墙)挠曲监测的主要仪器是测斜装置,测斜装置包括测斜仪、测斜管和数字式测读仪。

(3)监测方法:沿基坑围护结构主体长边方向每 20~30 m,短边中部的围护桩桩身内埋设与测斜仪配套的测斜管,测斜管内有两对互成 90° 的导向滑槽。测斜管拼装时,应注意导槽对接。埋设时,将测斜管两端封闭并牢固绑扎在钢筋笼背土面一侧,同钢筋笼一同放入成孔内,灌注混凝土。测斜管长应为桩长加冠梁高,并露出冠梁 10 cm。注意,在钢筋笼放入孔内混凝土浇筑前,一定要调整好测斜管的方向,测斜管下都和上部保护盖要封好,以防止异物进入。

3. 围护桩(墙)内力监测

(1) 监测目的:主要目的是通过监测基坑围护桩(墙)内受力钢筋的应力或应变,从而计算基坑围护桩(墙)的内部应力。

(2) 监测仪器:钢筋应力一般通过钢筋应力传感器(简称钢筋计)来测定。目前工程上应用较多的钢筋计有钢弦式和电阻应变式两种,接收仪器分别使用频率仪和电阻应变仪。

(3) 监测方法:采用钢筋混凝土材料砌筑的围护结构,其围护桩内力监测方法通常是埋设钢筋计。钢弦式钢筋计通常与构件受力主筋轴心串联焊接,由频率计算的是钢筋的应力值。电阻式应变计是与主筋平行绑扎或点焊在箍筋上,应变仪测的是混凝土内部该点的应变。钢筋计在安装时应注意尽可能使其处于不受力的状态,特别是不应使其处于受弯状态下。然后将导线逐段捆扎在邻近的钢筋上,引到地面的测试盒中。支护结构浇筑混凝土后,检查电路电阻值和绝缘情况,做好引出线和测试盒中的保护措施。钢筋计应在钢筋笼的迎土面和背土面对称安置,高度通常应在第二道钢支撑的位置。钢筋应变仪尽可能和测斜管埋设在同一个桩上。在开挖基坑前应有 2～3 次应力传感器的稳定测量值,作为计算应力变化的初始值,然后依照设计的监测频率进行数据采集、处理、备案并进行汇总分析。

4. 钢支撑结构水平轴力监测

(1) 监测目的:主要目的是为了监测水平支撑结构的轴向压力,掌握其设计轴力与实际受力情况的差异,防止围护体的失稳破坏。

(2) 监测仪器:水平支撑轴力监测常用仪器有轴力计和表面应变计。钢支撑结构目前常用的是钢管支撑和 H 形钢支撑结构。

(3) 监测方法:水平支撑轴力监测通常采用轴力计在端部直接量测支撑轴力,或采用表面应变计间接测量和计算支撑轴力。根据钢支撑的设计预加力选择轴力计的型号,安装前要记录轴力计的编号和相对应的初始值,轴力计安放在钢支撑端部活接头与钢围檩之间,安装时注意轴力计与活接头的接触面要垂直密贴,在加载到设计预加力后马上记录轴力计的数值,依照设计要求进行监测。

5. 锚索(杆)轴力及拉拔力监测

(1) 监测目的:主要目的是掌握锚索(杆)实际工作状态,监测锚索(杆)预应力的形成和变化,掌握锚杆的施工质量是否达到了设计的要求。同时了解锚索(杆)轴力及其分布状态,再配合以岩体内位移的量测结果,就可以较为准确地设计锚杆长度和根数,还可以掌握岩体内应力重新分布的过程。

(2) 监测仪器:主要监测工具包括锚杆拉拔仪和锚杆测力计。锚杆测力计主要有机械式、应力式和电阻应变式等几种形式。

(3) 监测方法:锚杆拉拔力监测是破坏性检测,是采用锚杆拉拔仪拉拔待测锚杆,通过测力计监测拉力。具体过程如下:

① 观测锚杆张拉前,将测力计安装在孔口垫板上,使用带专用传力板的传力计,先将传力板装在孔口垫板上,使测力计或传力板与孔轴垂直,偏斜应小于 0.5°,偏心应不大于 5 mm。

② 安装张拉机具和锚具,同时对测力计的位置进行校验,合格后开始预紧和张拉。

③ 观测锚杆应在与其有影响的其他工作位置进行张拉加荷,张拉程序一般应与工作锚杆的张拉程序相同,有特殊需要时,可另行设计张拉程序。

④ 测力计安装就位后,加荷张拉前,应准确测得应力初始值和环境温度,并反复测读,3次数据差小于 1‰(F.S),取其平均值作为观测初始值。

⑤ 初始值确定之后,分级加荷张拉观测,一般每次加荷测读一次,最后一级荷载进行稳定观测,以 5 min 测一次,连续 3 次,读数差小于 1‰(F.S)为稳定。张拉荷载稳定后,应及时测读锁定荷载。张拉结束之后,根据荷载变化速率确定观测时间间隔,进行锁定之后的稳定观测。

（二）土体介质监测

1. 地表沉降监测

（1）监测目的:地表沉降监测主要目的是监测基坑及隧道施工引起的地表沉降情况。

（2）监测仪器:地表沉降监测使用的仪器主要是精密水准仪、精密水准尺等。

（3）监测方法:根据监测对象性质、允许沉降值、沉降速率、仪器设备等因素综合分析,确定监测精度,目前主要使用二等精密水准测量方法。根据基准点的高程,按照监测方案规定的监测频率,用精密水准仪测量并计算每次观测的监测点高程。水准路线通常选择闭合水准路线,对高差闭合差应进行平差处理。目前大部分使用精密电子水准仪,仪器自带的软件可进行观测结果的数据提取和平差计算。

（4）基准点埋设要求:在远离地表沉降区域沿地铁隧道方向布设沉降监测基准点,通常要求不少于 3 个,基准点应在沉降监测开始前埋设,待其稳定后开始首期联测,在整个沉降观测过程中要求定期联测,检查其是否有沉降,以保证沉降监测结果的正确性。水准基点的埋设要求受外界影响小、不易扰动、通视良好。

（5）监测点埋设要求:对地表沉降的监测需布设纵剖面监测点和横剖面监测点。纵剖面(即掘进轴线方向)监测点的布设通常需要保证盾构顶部始终有监测点在监测,所以点间距应小于盾构长度,通常为 3~5 m。横剖面(即垂直于掘进轴线方向)监测点从中心向两侧按 2~5 m 间距布设,布设范围为盾构外径的 2~3 倍,横断面间距为 20~30 m。横断面监测点主要用来监测盾构施工引起的横向沉降槽的变化。

地表沉降监测点如图 7-1 所示,通常用钻机在地表打入监测点,使钢筋与土体结为整体。为避免车辆对测点的破坏,打入的钢筋要低于路面 5~10 cm,并于测点外侧设置保护管,且上面覆盖盖板保护测点,如图 7-2 所示。

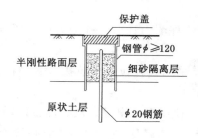

图 7-1　地表沉降测点示意图

图 7-2　地表沉降监测标志

2．基坑回弹监测

(1)监测目的:基坑回弹监测也叫作基坑底部隆起监测,其目的是通过监测基坑底部土体隆起回弹情况,判断基坑内外土体压力差和基坑稳定性。

(2)监测仪器:基坑回弹监测常用的仪器包括回弹监测标和深层沉降标。

(3)监测方法:首先钻孔至设计标高以下200 mm,钻孔时,将网弹监测标旋入钻杆下端的螺旋,并将回弹标底部压入孔底土中,然后旋开钻杆,使其脱离,提升钻杆后放入辅助测杆,再使用精密水准仪测定露于地表外的辅助钻杆顶部标高,然后取出辅助测杆,填入500 mm的白灰,然后用素土回弹,等基坑开挖至设计标高后再进行观测,以确定基底回弹量,通常在浇筑基础筏板之前再观测一次。

3．土体分层沉降及水平位移监测

(1)监测目的:土体分层沉降及水平位移监测的目的是监测基坑围护结构周围不同深度处土层内监测点的沉降和水平位移情况,从而判断基坑周边土体稳定性。

(2)监测仪器:土体分层沉降及水平位移监测的仪器包括分层沉降仪、测斜仪及杆式多点位移计。

(3)监测方法:土体分层沉降监测装置包括导管、磁环和分层沉降仪,首先钻孔并埋设导管,钻孔深度应大于基坑底的标高。在整个导管内按固定间距(1～2 m)布设磁环,然后测定导管不同深度处磁环的初始标高值,初始值为基坑开挖之前连续三次测量无明显差异读数的平均值。监测过程中将每次测定各磁环的标高与初始值比较,即可确定各个位置的沉降量。土体深层水平位移监测装置包括测斜管、测斜仪等。首先钻孔,并将测斜管封好底盖后逐节组装放入钻孔内,直到放到预定的标高为止,测斜管必须与周围土体紧密相连。然后将测斜管与钻孔之间空隙回填,测量测斜管导槽方位、管口坐标及高程并记录。监测过程中将每次测定的位移值与初始值比较即可确定位移量。

4．土压力监测

(1)监测目的:土压力监测是为了监测围护结构、底板及周围土体界面上的受力情况,同时判断基坑的稳定性。

(2)监测仪器:土压力监测通常采用土压力传感器(即土压力盒),常用的土压力盒有电阻式和钢弦式两种。

(3)监测方法:土压力盒埋设方式有挂布法、弹入法及钻孔法等几种。土压力盒的工作原理是:土压力使钢弦应力发生变化,钢弦振动频率的平方与钢弦应力成正比,因而钢弦的自振频率发生变化,利用钢弦频率仪中的激励装置使钢弦起振,并接收其振荡频率,根据受力前后钢弦振动频率的变化,并通过预先标定的传感器压力与振动频率的标定曲线,就可换算出所测定的土压力值。车站明挖段土压力盒安装在初期支护外侧,土体开挖后利用钢筋支架将土压力盒贴壁固定在待测位置,直接喷射支护层混凝土即可。

5．孔隙水压力监测

(1)监测目的:孔隙水压力监测的目的是通过监测饱和软黏土受载后产生的孔隙水压力的增长或降低,从而判断基坑周边的土体运动状态。

(2)监测仪器:孔隙水压力监测的设备是孔隙水压力计及相应的接收仪。孔隙水压力计分为钢弦式、电阻式和气动式三种类型。钢弦式、电阻式孔隙水压力与同类型土压力盒的工作原理类似,只是金属壳体外部有透水石,测得的只有孔隙水压力,而把土颗粒的压力挡在透水石之外。气动式孔隙水压力探头工作原理是:加大探头内的气压,使之与土层孔隙水压力平衡,通过监测所需平衡气压的大小来确定上层孔隙水压力的量值。

(3)监测方法:孔隙水压力计的埋设方法有钻孔埋没法和压入法两种。孔隙水压力探头通常采用钻孔埋设,钻孔后先在孔底填入部分干净的砂,然后将探头放入,再在探头周围填砂,最后采用膨胀性黏土或干燥黏土将钻孔上部封好,使得探头测得的是该标高土层的孔隙水压力。埋设孔隙水压力探头的技术关键首先是保证探头周围填砂渗水顺畅,其次是阻止钻孔上部水向下渗流。

(三)周围环境监测

1.邻近建筑物变形监测

地铁施工邻近建筑物变形监测主要包括建筑物沉降监测、倾斜监测和裂缝监测等,具体方法在此不再详述。

(1)邻近建筑物沉降监测:建筑物的沉降监测采用精密水准仪按二等水准的精度进行量测。沉降监测时应充分考虑施工的影响,避免在空压机、搅拌机等振动影响范围之内设站观测。观测时标尺成像清晰,避免视线穿过玻璃、烟雾和热源上空。建筑物沉降测点应布置在墙角、柱身上(特别是代表独立基础及条形基础差异沉降的柱身),测点间距的确定要尽可能反映建筑物各部分的不均匀沉降。如图7-3和图7-4所示,对沉降观测点的埋设,若建筑物是砌体或钢筋混凝土结构,可布设墙(柱)上沉降监测点;若建筑物是钢结构,则可直接将测点标志焊接在建筑物的相应位置即可。

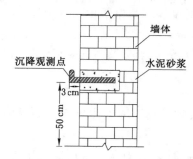

图 7-3   建筑物墙上沉降监测标志示意图   图 7-4   建筑物墙上沉降监测标志

(2)邻近建筑物倾斜监测:测定建筑物倾斜的方法有两种,一种是直接测定建筑物的倾斜,另一种是间接通过测量建筑物基础的相对沉降来换算建筑物的倾斜,后者是把整个建筑物当成一个刚体来看待的。

(3)邻近建筑物裂缝监测:首先了解建筑物的设计、施工、使用情况及沉降观测资料以及工程施工对建筑物可能造成的影响;记录建筑物已有裂缝的分布位置和数量,测定其走向、长度、宽度及深度;分析裂缝的形成原因,判别裂缝的发展趋势,选择主要裂缝作为观测对象。

2.地下水位监测

(1)监测目的:地下水位监测就是为了预报由于地铁基坑及隧道施工引起地下水位不正常下降而导致的地层沉陷,避免安全事故的发生。

(2)监测仪器:地下水位监测的主要仪器有电测水位计、PVC塑料管。

（3）监测方法：水位观测孔的埋设包括钻机成孔、井管加工、井管放置、回填砾料、洗井等内容。电测水位计的工作原理是：水为导体，当测头接触到地下水时，报警器发出报警信号，此时读取与测头连接的标尺刻度，此读数为水位与固定测点的垂直距离，再通过固定测点的标高及与地面的相对位置换算成从地面算起的水位标高。

3. 地下管线监测

（1）监测目的：地下管线监测主要是掌握地铁施工对沿线地下管线的影响情况。

（2）监测仪器：地下管线的监测内容包括垂直沉降和水平位移两部分。

（3）监测方法：首先应对管线状况进行充分调查，包括管线埋置深度和埋设年代、管线种类、电压、管线接头形式、管线走向及与基坑的相对位置、管线的基础形式、地基处理情况、管线所处场地的工程地质情况、管线所在道路的地面交通状况。然后采用如下几种监测方法：管线位移采用全站仪极坐标测量的方法，量测管线测点的水平位移；管线沉降采用精密水准仪按二等水准测量的方法，测量管线测点的垂直位移，测量时应注意使用的基点应布置在施工影响范围以外稳定的地面上；管线裂缝使用裂缝观测仪对裂缝进行观测。

管线通常都在城市道路下，不可能采用直接埋设的方式在管顶埋设测点，于是可采用在管线外露部分设直接测点，其余通过从地面钻孔，埋入至管顶的钢筋的方式埋设测点。

埋入管顶的钢筋与管顶接触的部分用砂浆黏合，并用钢管将钢筋套住，以使钢筋在随管线变形时不受相邻土层的影响。

（四）隧道变形监测

为了及时了解隧道周边围岩的变化情况，在隧道施工过程中要进行隧道周边位移量的监测，主要包括断面收敛监测、拱顶下沉监测、底板隆起监测等。

1. 断面收敛监测

（1）监测目的：断面收敛监测主要是为了掌握隧道施工过程中断面上的尺寸变化情况，进而掌握隧道整体变形情况。

（2）监测仪器：断面收敛监测主要采用收敛计进行，收敛计如图 7-5 所示。

图 7-5　收敛计

（3）监测方法：量测时，在量测收敛断面上设置两个固定标点，而后把收剑计两端与之相连，即可正确地测出两标点间的距离及其变化，每次连续重复测读三次读数，取得平均值作为本次读数。收敛计的量测原理是用机械的方法监测点间的相对位移，将其转换为百分表的两次读数差值。用弹簧秤给钢卷尺以恒定的张力，同时也牵动与钢卷尺相连的滑动管，通过其上的量程杆，推动百分表芯杆，使百分表产生读数，不同时刻所测得的百分表读数差值，即为两点间的相对位移数据。

断面收敛监测点与拱顶下沉测点布置在同一断面上，每断面布设 2～3 条测线，埋设时保持水平。将圆钢弯成等边三角形,然后将一条边双面焊接于螺纹钢上,最后焊到安装到好的格栅上,初喷后钩子露出混凝土面,用油漆做好标记,作为洞内收敛的监测点。

2．拱顶下沉监测

（1）监测目的：主要目的是掌握隧道顶板在上部空间土体重力作用下引起的沉降。

（2）监测仪器：拱顶下沉监测主要采用精密水准仪和精密水准尺。

（3）监测方法：采用精密水准仪按二等水准测量的方法,将经过校核的挂钩钢尺悬挂在拱顶测点上,测量拱顶测点的垂直位移。

3．底板隆起监测

（1）监测目的：主要是监测隧道开挖后在周围土压力作用下引起底板的隆起变形。

（2）监测仪器：主要采用精密水准仪和精密水准尺。

（3）监测方法：监测点通常布设在隧道轴线上,通常与拱顶下沉监测点对应布设,为了防止监测点被破坏,通常需要用护盖将点标志盖住。底板隆起监测水准基点可与拱顶下沉监测基准点共用,方法也和拱顶沉降监测类似,用精密水准测量的方法测定基准点和监测点间的高差变化,以确定隆起量。底板隆起监测通常是和断面收敛监测、拱顶沉降监测同时进行的,即可根据观测结果判断断面收敛情况。

4．围岩内部位移监测

（1）监测目的：围岩内部位移监测的目的是测量隧道内部监测点位移,从而分析隧道松弛范围,掌握隧道的稳定状态。

（2）监测仪器：围岩内部位移监测的仪器主要有单点位移计和多点位移计等。

（3）监测方法：将位移计的端部固定于钻孔底部的一根锚杆上,位移计安装在钻孔中,锚杆体可用钢筋制作,锚固端用楔子与钻孔壁楔紧,自由端装有测头,可自由伸缩,测头平整光滑。定位器固定于钻孔口的外壳上,测量时将测环插入定位器,测环和定位器都有刻痕,插入测量时将两者的刻痕对准,测环上装有百分表、千分表或深度测微计以测取读数。单点位移计安装可紧跟随爆破开挖面进行。

5．结构内力监测

（1）监测目的：为了解隧道结构在不同阶段的实际受力状态和变化情况,主要目的是通过将实际监测值与设计计算值相比较,验证设计方案的合理性,从而达到优化设计参数、改进设计理论的目的。

（2）监测仪器：有钢筋计、频率计和轴力计等。

（3）监测方法：包括衬砌混凝土应力应变、钢拱架内力、二次衬砌内钢筋内力监测等内容。衬砌混凝土应力应变监测是在初期支护或二次衬砌混凝土内相关位置埋入应力计或应变计,直接测得该处混凝土内部的内力。应力应变计安装时应注意尽可能使其处于不受力状态,特别是不应使其处于受弯状态。

任务四　地铁监测数据整理与分析

【知识要点】　地铁工程监测数据的整理工作；地铁工程监测资料的整理分析。

【技能目标】　了解地铁工程监测数据整理的内容；熟悉地铁监测资料的分析过程。

任务导入

根据地铁工程的安全等级以及相关规范、设计的要求,并结合施工现场实际情况,测点布置应按要求进行。

任务分析

为了熟悉地铁变形监测的内容和方法,首先需要了解地铁监测点位布置,然后了解地铁监测的频率,最后进行数据的整理与分析。

相关知识

一、监测资料的整理

监测资料的整理工作包括如下内容:

(1)监测资料主要包括监测方案、监测数据、监测日记、监测报表、监测报告、监测工作联系单、监测会议纪要。

(2)采用专用的表格记录数据,保留原始资料,并按要求进行签字、计算、复核。

(3)根据不同原理的仪器和不同的采集方法,采取相应的检查和鉴定手段,包括严格遵守操作规程,定期检查维护监测系统。

(4)误差产生的原因及检验方法:误差产生主要有系统误差、过失误差、偶然误差等,对量测产生的各种误差采用对比检测验、统计检验等方法进行检验。

表 7-6 为某地铁监测项目地表沉降监测数据表,图 7-6 为其沉降监测曲线。表 7-7 为某地铁监测项目隧道收敛监测数据表。表 7-8 为某地铁基坑维护桩变形监测数据表。以上监测资料仅供参考。

表 7-6　　　　××市地铁 1 号线盾构施工监测××站地表沉降监测周报表

监测日期:2011.5.31～2011.6.6　　仪器名称:Trimble DiNi03 电子水准仪　　检定日期:　年　月　日

测点编号	初始测量值/m	上期累计变形/mm	本期各次累计变形/mm								本期阶段变形/mm	本期累计变形/mm	平均速率/(mm/d)	沉降速率控制值/(mm/d)
			5.31	6.01	6.02	6.03	6.04	6.05	6.06	平均速率				最大速率
DB02-01	10.635 17	2.17	2.17	2.14	2.14	2.05	2.05	2.25	2.25	0.08	2.25	0.01	1	3
DB02-02	10.635 41	−8.55	−8.55	−8.68	−8.68	−8.87	−8.87	−8.66	−8.66	−0.11	−8.66	−0.02	1	3
DB02-03	10.581 47	2.02	2.02	2.02	2.02	2.02	2.02	2.02	2.02	0.00	2.02	0.00	1	3
DB02-04	10.617 89	0.84	0.84	0.84	0.84	0.84	0.84	0.84	0.84	0.00	0.84	0.00	1	3
DB02-05	10.640 13	1.00	1.00	1.00	1.00	1.00	1.00	1.00	1.00	0.00	1.00	0.00	1	3
DB02-06	10.768 66	−9.21	−9.21	−9.21	−9.21	−9.21	−9.21	−9.21	−9.21	0.00	−9.21	0.00	1	3
DB02-07	11.061 54	−0.96	−0.99	−1.06	−1.06	−0.98	−0.98	−1.27	−1.27	−0.96	−0.96	−0.02	1	3
DB03-01	11.003 24	0.08	0.08	−0.07	−0.07	−0.36	−0.36	−0.09	−0.09	−0.17	−0.09	−0.02	1	3
DB03-02	10.903 41	−9.98	−9.98	−10.14	−10.14	−10.54	−10.54	−10.13	−10.13	−0.15	−10.13	−0.02	1	3
DB03-03	10.867 48	−4.16	−4.38	−4.45	−4.45	−4.27	−4.55	−4.80	−4.80	−0.64	−4.80	−0.09	1	3

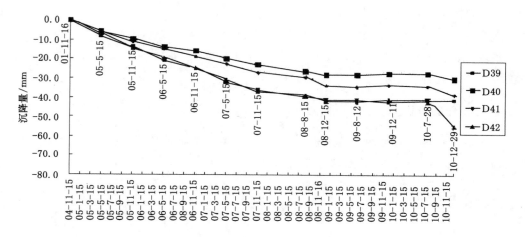

图 7-6　沉降监测曲线

表 7-7　　　　　　　　　　　某地铁监测项目隧道收敛监测数据表

测点编号	初始测量值/m	上期累计变形/mm	本期各次累计变形/mm							本期阶段变形/mm	本期累计变形/mm	平均变形速率/(mm/d)
			5.31	6.01	6.02	6.03	6.04	6.05	6.06			
Ⅶ-1	3.883 09	4.54	4.54	4.54	4.54	4.54	4.54	4.54	4.54	0.00	4.54	0.00
Ⅷ-1	3.901 17	-3.07	-2.67	-2.67	-2.67	-2.67	-2.67	-2.67	-2.67	0.41	-2.67	0.06
Ⅸ-1	3.907 82	-72.62	-71.67	-71.67	-71.67	-71.67	-71.67	-71.67	-71.67	0.95	-71.67	0.14
Ⅹ	3.953 58	-30.49	-31.07	-31.02	-31.09	-31.09	-31.09	-31.09	-31.09	-0.61	-31.09	-0.09
Ⅺ	3.909 89	-13.10	-13.47	-13.52	-13.34	-13.34	-13.10	-13.10	-13.10	0.00	-13.10	0.00
Ⅻ-1	3.940 80	-0.78	-1.36	-1.08	-0.78	-0.78	-1.36	-1.36	-1.36	-0.58	-1.36	-0.08
KJK14C	3.792 85	-53.62	-54.81	-54.72	-53.79	-53.79	-54.52	-54.11	-54.11	-0.49	-54.11	-0.07
KJK15C	3.704 16	-10.05	-12.18	-11.65	-11.65	-11.65	-11.65	-11.65	-11.65	-1.60	-11.65	-0.23
ⅩⅢ	3.987 11	-28.92	-57.14	-52.83	-49.10	-49.10	-50.53	-50.53	-50.53	-21.61	-50.53	-3.09
ⅩⅣ	3.950 80	-19.23	-21.04	-12.37	-21.05	-21.05	-21.44	-21.01	-21.01	-1.78	-21.01	-0.25
KJK16C	3.699 15	-2.66	-3.18	-4.17	-3.47	-3.47	-3.30	-3.83	-3.83	-1.18	-3.83	-0.17
KJK17C	3.950 47	-1.22	-0.64	-0.64	-0.58	-0.58	-0.47	-1.17	-1.17	0.05	-1.17	0.01

监测日期:2011.5.31～2011.6.6　　　　仪器名称:Trimble DiNi03 电子水准仪　　　　检定日期:

二、监测资料的分析

监测结果的分析处理是指对监测数据及时处理与反馈,预测基坑及支护结构状态的稳定性,提出施工工序的调整意见,确保工程的顺利施工。监测工作应分阶段分工序对量测结果进行总结和分析。

(1)数据处理:将原始的数据通过科学合理的方法,用频率分布的形式把数据分布情况显示出来,进行数据的数值特征计算,舍掉离群数据。

(2)曲线拟合:根据各监测项选用对应的反映数据变化规律和趋势的函数表达式,进行曲线拟合,对现场量测数据及时绘制对应的位移-时间曲线或图表,当位移-时间曲线趋于平缓时,进行数据处理回归分析,以计算最终位移量和掌握位移变化规律。

（3）通过监测数据分析,掌握围岩、结构受力的变化规律,确认和修正有关设计参数。

表 7-8 ××地铁 6 号线××站基坑维护桩变形监测数据表

桩号:Z5　　　　桩长:20 m　　　　监测日期:2009 年 5 月 20 日

××基坑支护桩倾斜仪观测成果表

深度/m	初始值/mm	观测值/mm		变形值/mm	累计值/mm	
		5 月 10 日	5 月 20 日		5 月 10 日	5 月 20 日
0.5	237.67	240.53	242.21	1.68	2.86	4.54
1.0	235.42	238.51	240.17	1.66	3.09	4.75
1.0	233.15	235.95	237.51	1.56	2.80	4.36
2.0	225.49	228.16	229.84	1.68	2.67	4.35
2.5	195.36	197.95	199.57	1.62	2.59	4.21
3.0	154.87	157.16	158.82	1.66	2.29	3.95
3.5	139.12	141.32	142.96	1.64	2.20	3.84
4.0	136.06	138.29	139.92	1.63	2.23	3.86
4.5	134.68	136.71	138.35	1.64	2.03	3.67
5.0	129.74	131.73	133.25	1.52	1.99	3.51
5.5	122.37	124.19	125.63	1.44	1.82	3.26
6.0	113.52	115.41	116.80	1.39	1.89	3.28
6.5	108.38	110.09	111.43	1.34	1.71	3.05
7.0	104.29	105.90	107.18	1.28	1.61	2.89
7.5	98.68	99.96	101.25	1.29	1.28	2.57
8.0	93.15	94.57	95.80	1.23	1.42	2.65
8.5	87.16	88.35	89.51	1.16	1.19	2.35
9.0	81.54	82.71	83.90	1.19	1.17	2.36
9.5	73.06	74.33	75.47	1.14	1.27	2.41
10.0	67.52	68.77	69.80	1.03	1.25	2.28
10.5	66.95	68.17	69.16	0.99	1.22	2.21
11.0	65.45	66.82	67.77	0.95	1.37	2.32
11.5	63.54	64.83	65.72	0.89	1.29	2.18
12.0	62.54	63.53	64.45	0.92	0.99	1.91
12.5	61.02	62.17	63.05	0.88	1.15	2.03
13.0	59.68	60.84	61.63	0.79	1.16	1.95
13.5	58.62	59.56	60.31	0.75	0.94	1.69
14.0	56.52	57.46	58.17	0.71	0.94	1.65
14.5	53.57	54.31	54.95	0.64	0.74	1.38
15.0	51.52	52.44	52.98	0.54	0.92	1.46

桩号:Z5		桩长:20 m		监测日期:2009 年 5 月 20 日		

××基坑支护桩倾斜仪观测成果表

深度/m	初始值/mm	观测值/mm		变形值/mm	累计值/mm	
		5 月 10 日	5 月 20 日		5 月 10 日	5 月 20 日
15.5	48.65	49.63	50.19	0.56	0.98	1.54
16.0	46.68	47.53	48.02	0.49	0.85	1.34
16.5	43.52	44.28	44.70	0.42	0.76	1.18
17.0	38.54	39.05	39.52	0.47	0.51	0.98
17.5	48.00	48.85	49.23	0.38	0.85	1.23
18.0	27.36	28.18	28.50	0.32	0.82	1.14
18.5	22.85	23.74	23.93	0.19	0.89	1.08
19.0	17.47	18.37	18.62	0.25	0.90	1.15
19.5	13.32	14.22	14.35	0.13	0.90	1.03
20.0	8.34	9.14	9.23	0.09	0.80	0.89

任务五 工 程 实 例

一、工程概况

工程名称:××地铁 2 号线第九标段监测项目。

本标段包含一个车站和一个区间,即青年公园站和青年公园站至工业展览馆站区间。青年公园站位于青年大街与滨河路交叉路口处,车站跨交叉路口设置,主体位于青年大街道路正下方,呈南北走向。车站计算站台中心里程为 K11+028,路口西北角为供电公司用电监察大队的 13 层办公楼和院内地面停车场;东北角为 5~27 层的银基国际商务中心及凯宾斯基大酒店;路口东南和西南角为沿河绿地与公共公园,紧邻南运河。

青年公园站至工业展览馆站区间包括盾构区间、联络通道及进、出口洞门。起点里程为 K11+130.4,终点里程为 K12+253.1,区间长度 1 122.7 m。区间隧道为单洞单线圆形断面,盾构法施工,线间距最大为 15 m,线间距最小为 12 m。线路纵向呈人字形坡,最大纵坡为 5‰。区间设一个联络通道,里程为右 K11+680。

本合同段高程变化平缓,地表最大高差 3.59 m。本区横跨两个地貌单元,第四系浑河高漫滩及古河道地貌和第四系浑河底漫滩地貌。

根据设计及现场调查的资料显示,青年公园站主体结构主要位于青年湖一角,周围建筑物较远。1 号风井距离北侧的建筑物为 20 m,根据现有资料,初步调查无较大管线影响。

青年公园站至工业展览馆站暗挖区间段 K11+130.4~K11+700 在青年公园范围内,建筑物很少,K11+700~K12+253.1 两侧建筑物大部分在沉降影响范围内,此段房屋沉降及倾斜监测任务量比较大。

二、监测的主要任务

本项目施工监测的主要任务包括:

（1）通过对地表变形、围护结构变形、隧道开挖后侧壁围岩内力的监测，掌握围岩与支护的动态信息并及时反馈，指导施工作业和确保施工安全。

（2）经量测数据的分析处理与必要的计算和判断后，进行预测和反馈，以保证施工安全和地层及支护的稳定。

（3）对量测结果进行分析，可应用到其他类似工程中，作为指导施工的依据。

三、监测的项目及仪器

1. 监测项目（表7-9、表7-10）

为确保施工期间的结构及建筑物的稳定和安全，结合该段地形地质条件、支护类型、施工方法等特点，确定监测项目。

2. 监测仪器（表7-11）

（1）从可靠性、坚固性、通用性、经济性、测量原理和方法、精度和量程等方面综合考虑选择监测仪器。

（2）监测仪器和元件在使用前进行检定和调试。

（3）施工监测仪器见表7-11。

表 7-9 青年公园站施工监测表

序号	监测项目	监测方法与仪表	监测范围	测点间距	测试精度	测量时间间隔				预警数值	备注
						1～7	7～15	15～30	>30		
1	基坑观察	现场观察	基坑外围	随时进行	1 mm	12 h	1 d	2 d	3 d	20 mm	
2	基坑周围地表沉降	精密水准钢钢尺	周围一倍开挖深度	长短边中点且间距<50 m	1 mm	12 h	1 d	2 d	3 d	20 mm	
3	桩顶位移	全站仪	桩顶冠梁	长短边中点且间距<50 m	2 mm	12 h	1 d	2 d	3 d	20 mm	
4	桩体变形	测斜管倾斜仪	桩体全高	长短边中点且间距2 m	5 mm	12 h	1 d	2 d	3 d		基坑深度变化处增加
5	地下水位	水位管水位仪	基坑周边	基坑四角点、长短边中点	10 mm	12 h	1 d	2 d	3 d		降水单位负责
6	桩内钢筋应变力	钢筋计应变计	桩体全高	长短边中点且间距2 m	<1/100（F.S）	12 h	1 d	2 d	3 d		基坑深度变化处增加
7	支撑轴力	轴力计应变计	支撑端部或中部	长短边中点且间距<50 m	<1/100（F.S）	12 h	1 d	2 d	3 d	75%F（轴）	基坑深度变化处增加
8	土压力	土压力盒	迎土侧和背土侧	长短边中点且间距5 m	1 mm	12 h	1 d	2 d	3 d		
9	房屋沉降及倾斜	经纬仪精密水准仪	基坑周边建筑物	随时进行		12 h	1 d	2 d	3 d	19 mm	

表 7-10　　　　　青年公园站至工业展览馆区间隧道现场监测项目

序号	测量项目	方法及工具	测点间距	量测频率（距开挖、模筑后时间）			控制值	警戒值
				1～15 d	6～20 d	31～90 d		
1	地质观察	观察、描述	每个施工周期	开挖后支护后立即进行				
2	洞周收敛	收敛计	拱顶及洞周收敛测点每隔 5～10 m 一组	2次/d	1次/2 d	2次/周	20 mm	14 mm
3	拱顶下沉	精密水准仪、水准尺、钢尺	每隔 5～10 m 一组	2次/d	1次/2 d	2次/周	30 m	21 mm
4	地表沉降	精密水准仪	每隔 5～10 m 一组	2次/d	1次/2 d	2次/周	30 m	21 mm
5	底部隆起	精密水准仪、水准尺、钢尺	每隔 5～10 m 一组	2次/d	1次/2 d	2次/周	20 mm	12 mm
6	地下水位	水位仪	纵向间距 30 m	1次/d	1次/周	1次/月		
7	周边建筑物、管线沉降	水准仪、钢钢尺	建筑物四角、管线接头	2次/d	1次/2 d	2次/周	20 mm	14 mm
8	周边建筑物、管线裂缝	裂缝观察仪	建筑物四角、管线接头	2次/d	1次/2 d	2次/周	不出现裂缝	不出现裂缝
9	周边建筑物、管线倾斜	经纬仪、水准仪、觇牌、钢钢尺	建筑物四角、管线接头	2次/d	1次/2 d	2次/周		

表 7-11　　　　　施工监测仪器汇总表

仪器名称	规模型号	单位	数量
全站仪	Leica 402	台	1
精密水准仪	Leica DNA03	台	1
钢钢尺	2 m	个	2
频率接收仪	SS-2	台	1
钢弦应变器		个	20
测斜仪		台	1
游标卡尺	0～150 mm	个	1
土压力计		个	30
收敛计		个	1
水压力计		个	50

四、监测数据处理与应用

1. 量测数据散点图和曲线

现场量测数据处理,将现场量测数据绘制位移-时间关系和空间关系曲线。

2. 地质预报

(1)对照地质勘查报告,对施工工程中可能遇到的突(涌)水点,地下水的水量大小及含泥量等不良地质进行预报,提出应急措施和处理意见。

(2)根据地层的稳定状态,对可能发生的塌方、地层滑动、突泥涌水等不稳定地层进行预报,提出应急措施和处理建议。

(3)根据地层稳定状态,检验和修正围岩类别。

(4)根据修正的围岩分类,检验初步的设计支护参数是否合理,如不合理予以修正。

(5)根据地质预报,结合对已作初衬实际工作状态的评价,预先确定下一循环的支护参数和施工措施。

(6)配合监测工作进行测试位置的选取和量测成果的分析与反馈,应用于修改设计和指导施工。

3. 沉降与水平位移数据分析

对量测数据进行整理,按照相应的方法,绘制沉降-时间曲线和水平位移-时间曲线,根据曲线表现的形态进行分析判断,提出相应措施。

4. 钢支撑轴力数据分析与反馈

(1)将采用接收频率仪接收的频率按公式换算成钢支撑轴力。

(2)将设计轴力与测出的钢支撑轴力对照,分析钢支撑的受力状态。

(3)如果钢支撑轴力超过允许控制标准值,采取改变支撑体系的措施确保施工安全。

5. 监测控制标准和预警值

施工中监测的数据及时进行分析处理和信息反馈,确保围岩、围护结构、地面建筑物的稳定和安全,以及工程的监控量测控制标准。

根据施工具体情况,会同设计、监理及有关专家设定变形值、内力值及变化速率警戒值。当发现异常情况时,及时报告主管工程师和监理工程师,并将情况通报给业主和有关部门,共同研究控制措施。

思考与练习

1. 地铁工程现场监测的目的是什么?

2. 地铁工程施工监测点的布设要求有哪些?

3. 地铁隧道变形监测有哪些内容?

4. 地铁工程施工监测数据整理的工作有哪些?

5. 地铁工程施工监测数据分析的工作有哪些?

6. 地铁基坑监测包括哪些内容?

7. 地铁工程土体介质监测包括哪些内容?

8. 地铁工程周围环境监测包括哪些内容?

9. 地铁隧道工程监测包括哪些内容?

项目八　水利工程变形监测

任务一　概　　述

【知识要点】 大坝安全监测的意义；监测范围和内容上的新发展。

【技能目标】 能识别水利工程种类。

大坝是水库最主要也是最重要的水工建筑物，它的安全性直接影响着水库设计效益的发挥，同时也关系下游人民群众的生命财产安全、社会经济建设和生态环境等。因此，如何及时、有效地获取大坝安全状态意义重大。我国的大坝安全监测工作起步较晚，至 20 世纪 90 年代才逐步发展起来。据我国水利部 2008 年统计，我国大中型水库大坝安全达标率仅为 64.1%，病险率约占 36%，其中大中型水库的病险率接近 30%，小型水库则更高。因此，大坝安全监测工作不容忽视。

大坝安全监测是根据各种手段获取大坝各种环境、水文、结构、安全信息，经过识别、计算、判断大坝安全程度，并预测其发展态势的过程。

一、变形监测意义

大坝安全监测是人们了解大坝运行状态和安全状况的有效手段和方法。它的目的主要是了解大坝安全状况及其发展态势，是一个包括由获取各种环境、水文、结构、安全信息到经过识别、计算、判断等步骤，最终给出一个大坝安全程度的全过程。此过程包括：通过各种信息的获取、整理和分析，给出大坝安全评价，控制大坝安全运行；校核计算参数的准确性和计算方法的实用性；反馈施工方法的正确性，改进施工方法和施工控制指标；为科学研究提供现场资料，检验各种理论、校正各种模型和参数，协助找出实测规律和辅助成因分析等。

大坝安全监测的意义在于：

（1）水库大坝监测与安全评价相辅相成，是水库大坝安全评价中不可分割的两部分。大坝安全监测通过对坝体、周岸及相关设施的巡视审查和仪器监测，可以为大坝的安全评价提供基本资料和数据。通过对这些监测资料的可靠性分析，就可以完成坝体与坝坡的稳定性分析、渗流稳定分析、工程运行评价等大坝安全评价工作。

（2）有助于认识各种观测量的变化规律和成因机理,确保大坝安全,延长大坝寿命,提高大坝运行综合效益。对大坝安全监测资料及大坝的结构与基础性态进行分析计算和模拟,有助于认清各种观测量的变化规律以及各种变化的物理成因,从而能及时发现隐患并采取相应措施,以确保大坝安全,延长大坝运行时间,提高效益。

（3）有助于反馈大坝设计、指导施工和大坝运行,推动坝工理论的发展。由于大坝及其坝基的工作条件比较复杂,相关荷载、计算模型及有关参数的确定总是带有一定的近似性,因而现有的水工设计还难以与工程实际完全吻合。因此,利用大坝安全监测资料进行正、反分析,及时评价大坝和坝基的工作性态,依据设计、施工方案,对在建或拟建大坝提出反馈意见,以达到检验和优化设计、指导施工的目的。

二、监测范围和内容上的新发展

1. 监测范围的新发展

《混凝土坝安全监测技术规范》(SL 601—2013)、《土石坝安全监测技术规范》(SL 551—2012)中规定,大坝安全监测范围,包括坝体、坝基、坝肩,以及对大坝安全有重大影响的近坝区岸坡和其他与大坝安全有直接关系的建筑物和设备。但是,从影响大坝安全的因素来看,安全监测的范围远不止这些。因为危险因素存在于大坝的勘测设计、施工、运行的整个过程,所以应该对应水库工程建设的不同阶段对大坝进行安全监测。在设计阶段,坝址一旦确定,地形、地质、地震频率及水文等自然条件也会随之确定;其余的任务主要是水利枢纽的总体布置、坝型及结构、材料选择和分区、水文资料的收集和地质勘探等工作。因此,该阶段的主要任务就是对各部分资料进行校核验证,确保大坝布局、结构与建筑材料的合理,洪水演算及地质勘探数据的准确。在施工阶段,验证设计、确保施工质量,特别是将施工中出现的问题有效地进行反馈,修正大坝设计的缺陷,优化设计成为安全监测的主要任务。运行管理阶段要掌握大坝的监测资料、工作性态及发展状况。另外,水库的调度、与坝体相关的泄洪机电设备的检查等,也应纳入运行管理阶段的安全监测范围。

综上所述,由于对与大坝相关的各物理量的监测和分析都将对大坝安全发挥作用,因此,大坝安全监测应将影响大坝安全的全部因素考虑在内,包括设计阶段的不足。大坝安全监测的范围应覆盖水库水电工程设计、施工、运行的整个始末,监测内容也应涵盖工程各阶段的主要任务与问题。

2. 大坝安全监测的技术手段及发展方向

传统的大坝安全监测包括变形、渗流、应力监测和安全检查等项目。其方法都是以人工监测为主,通过人工测量的方法来判定坝体的稳定程度,对监测人员的经验和操作水平要求很高,并且增加了产生粗差的概率,使得监测结果准确性不高。随着相关行业科学技术的不断发展以及大坝安全监测研究的不断深入,大坝监测的自动化技术得到了很快的发展。

（1）光纤传感技术

光导纤维是以不同折射率的石英玻璃包层及石英玻璃细芯组合而成的一种新型纤维。它使光线的传播以全反射的形式进行,能将光和图像曲折传递到所需要的任意空间。光纤传感技术是以激光作载波,光导纤维作传输路径来感应、传输各种信息。凡是电子仪器能测量的物理量,它几乎都能测量,如位移、压力、流量、液面、温度等。20 世纪 80 年代中、后期,国外开始了将其应用于测量领域的理论研究,美国、德国、加拿大、奥地利、日本等国已将其应用于裂缝、应力、应变、振动等方面的观测。国内从 1990 年开始,在应用理论研究上有了较快发展,针对大坝监测研究的几种光纤传感系统已获得专利权。该技术适用于坝体的温度、裂缝、应力、应变、水平及垂直位移的测量,监测关键部位的坝体形变。尤其可以替代高雷区、强磁场区或潮湿地带的电子仪器。随着在工程应用中的不断改进,光纤传感技术在大坝监测以至其他土木工程中将得到更加广泛的应用。

（2）CT（Computerized Topography,计算机层析成像）技术

CT 技术最初应用于医学领域,随后意大利、日本先后将 CT 技术用于大坝性态诊断,有效地进行了大坝安全检查及工程处理效果验证。通过大坝 CT 技术的应用,可以掌握坝址地质构造,推测断层破碎带分布范围和程度等。CT 技术在坝体的选址、施工和运营期间可以发挥重大作用,既降低了仪器设备的复杂性,又提高了大坝的安全程度。

（3）激光技术

近年来,激光技术作为一种简便、高效的测量方式,成功地用于大坝坝体和廊道监测。它提高了探测的灵敏度范围,减少了作业条件限制,克服了一定的外界干扰。较为典型的如西安交通大学开发的新型激光大坝安全监测方法,该方法是在大坝的坝肩基点设置一准直激光,射向大坝的各个坝段,在每一个坝段安装一套与坝段固定成一体的密封管道式可控检测系统。测量时,光斑偏离检测系统中的毛玻璃中心,说明坝段发生偏移。通过数学模型运算可测定大坝的变形量,对于较长的大坝,还可分段使用该系统,整个系统还能实现激光准直的自校验,保证大坝变形自动化监测高精度要求,并且在保证监测精度的前提下,解决了长距离监测,特别是 800 m 以上大坝监测的技术难题。

综上所述,大坝安全监测技术已由传统监测技术转向多学科相融合的自动化监测技术,自动化、数字化、专家评判结构一体化和效益化是大坝安全监测发展的必然方向。

任务二　水利工程变形监测内容与方法

【知识要点】　水利工程变形监测的工作原则;水利工程变形监测的项目;水利工程变形监测的周期;水利工程变形监测的方法。

【技能目标】　能掌握水利工程变形监测的内容与方法。

任务导入

在水利工程中,用途不同的水利工程建筑,其工程变形监测的技术要求也不尽相同。以大型水利工程建筑来说,受水流的压力、外界自然环境的温度和其结构自重等因素的影响,会产生沉降移位、水平移位、倾斜移位和不规则移位等物理学移位。因此,在水利工程建设过程及运行过程中,就要对这些变形监测内容问题进行实时、有效的变形观测。

任务分析

为了掌握水利工程变形监测流程,需要掌握变形监测的内容与方法,能根据不同类型的水利工程选择适合的方法。

相关知识

一、概述

1. 工作原则

应根据工程规模、等级,并结合工程实际及上、下游影响进行监测布置。相关监测项目应配合布置,突出重点,兼顾全面,并考虑与数值计算和模型试验的比较及验证。关键部位测点宜冗余设置。

监测仪器设备应可靠、耐久、实用,技术性能指标满足规范及工程要求,力求先进和便于实现自动化监测。

监测仪器安装应按设计要求精心施工,在尽量减少对主体工程施工影响的前提下,及时安装、埋设和保护;主体工程施工过程中应为仪器设施安装、埋设和监测提供必要的时间和空间;及时做好监测仪器的初期测读,并填写考证表、绘制竣工图,存档备查。

监测应满足规程规范和设计要求,相关监测项目应同步监测,发现测值异常时立即复测,做到监测资料连续,记录真实,注记齐全,整理分析及时。

应定期对监测设施进行检查、维护和鉴定,监测设施不满足要求时应更新改造。测读仪表应定期检定或校准。

已建坝进行除险加固、改(扩)建或监测设施进行更新改造时,应对原有监测设施进行鉴定。必要时可设置临时监测设施。临时监测设施与永久监测设施宜建立数据传递关系,确保监测数据的连续性。

自动化监测宜与人工观测相结合,应保证在恶劣环境条件下仍能进行重要项目的监测。

2. 基本要求

(1)可行性研究阶段:提出安全监测规划方案,包括主要监测项目、仪器设备数量和投资估算。

(2)初步设计阶段:提出安全监测总体设计,包括监测项目设置、断面选择及测点布置、监测仪器及设备选型与数量确定、投资概算。一、二级或坝高超过 70 m 的混凝土坝,应提出监测专题设计报告。

(3)招标设计阶段:提出安全监测设计或招标文件,包括监测项目设置、断面选择及测点布置、仪器设备技术性能指标要求及清单、各监测仪器设施的安装技术要求、观测测次要求、资料整编及分析要求和投资预算等。

(4)施工阶段:提出施工详图和技术要求;做好仪器设备的检验、埋设、安装、调试和保护工作,编写埋设记录和考证资料,及时取得初始(基准)值,固定专人监测,保证监测设施完好和监测数据连续、可靠、完整,并绘制竣工图和编制竣工报告;及时进行监测资料分析,编写施工期工程安全监测报告,评价施工期大坝安全状况,为施工提供决策依据。工程竣工验收时,应提出工程安全监测专题报告,对安全监测系统是否满足竣工验收要求做出评价。

(5)初期蓄水阶段:首次蓄水前应制订监测工作计划,拟定监控指标。蓄水过程中应做好仪器监测和现场检查,及时分析监测资料,评价工程安全性态,提出初次蓄水工程安全监测专题报告,为初期蓄水提供依据。

(6)运行阶段:按规范和设计要求开展监测工作,并做好监测设施的检查、维护、校正、更新、补充和完善。定期对监测资料定期整编和分析,编写监测报告,评价大坝的运行状态,

提出工程安全监测资料分析报告,及时归档,发现异常情况应及时分析、判断,如分析或发现工程存在隐患,应立即上报主管部门。

3. 工作状态划分

应定期对监测资料进行整编分析,并按下列分类对大坝工作状态做出评估:

(1)正常状态:系指大坝达到设计要求的功能,无影响正常使用的缺陷,且各主要监测量的变化处于正常运行状态。

(2)异常状态:系指大坝的某项功能已不能完全满足设计要求,或主要监测量出现某些异常,因而影响工程正常运行的状态,但在一定控制运用条件下工程能安全运行。

(3)险情状态:系指大坝出现危及安全的严重缺陷,或环境中某些危及安全的因素正在加剧,或主要监测量出现较大异常,若按设计条件继续运行将出现大事故的状态。工程不能按设计正常运行。当大坝运行状态评为异常或险情时,应立即上报主管部门。

4. 符号规定

在水利工程建筑物变形监测中,相关规范对变形的符号做出了明确的规定,因此,在监测系统设计中及资料分析处理过程中应当注意。具体符号的详细规定见表8-1。

表 8-1   变形监测符号

变形	正	负
水平	向下游、向左岸	向上游、向右岸
垂直	下沉	上升
挠度	向下游、向左岸	向上游、向右岸
倾斜	向下游转动、向左岸转动	向上游转动、向右岸转动
滑坡	向坡下、向左岸	向坡上、向右岸
裂缝	张开	闭合
接缝	张开	闭合
闸墙	向闸室中心	背闸室中心

二、监测项目

对于不同类型、不同等级的水工建筑物,其安全监测的项目和精度要求有一定的差异,具体要求见表8-2。

表 8-2   水工建筑物监测项目

类别	项目	按工程分类						按级别分类			
		土石坝	堆石坝	混凝土坝	水闸、溢洪道	隧洞、地下厂房	水库	1	2	3	4
水文	水位	√	√	√	√	√	√	√	√	√	√
	降水	√	√	√	√		√	√	√	√	√
	破浪	√					√				
	冲淤			√	√		√				
	气温	√	√	√	√			√	√	√	
	水温			√				√	√		

续表 8-2

类别	项目	按工程分类						按级别分类			
		土石坝	堆石坝	混凝土坝	水闸、溢洪道	隧洞、地下厂房	水库	1	2	3	4
变形	表面	√	√	√			√	√	√	√	
	内部	√									
	地基			√				√	√		
	裂缝	√	√	√	√		√	√	√	√	√
	接缝		√	√		√	√				
	边坡	√		√	√		√				
渗流	坝体	√	√	√							
	坝基							√		√	
	绕渗	√		√							
	渗流量	√	√	√	√	√		√	√	√	√
	地下水					√	√				
	水质	√	√	√			√				
应力	土壤										
	混凝土							√			
	钢筋		√	√		√		√			
	钢板										
	接触面	√									
	温度			√				√	√		
水流	压强				√	√					
	流速				√	√					
	掺气										
	消能							√			
地震	振动	√	√	√	√	√	√	√	√	√	√

三、监测周期

安全监测周期的确定应根据相关规范的整体要求及工程建筑物的实际情况决定。其一般规定见表 8-3。

表 8-3　　　　　　　　　　　　　安全监测周期

类别	项目	施工期(次/月)	蓄水期(次/月)	运行期(次/年)
变形	表面	4～2	10～4	6～2
	内部	10～4	30～10	12～4
	渗流	10～4	30～10	6～3
	水质	6～3	12～6	12～3
	应力	6～3	30～4	12～4
	温度	15～4	30～4	6～2

通常在施工期,由于坝体等建筑物的填充速度较快,荷载的变化较大,变形速度也相应较快。这时,为了解决变形过程中,反馈施工质量和控制施工进度,变形和应力的测量次数也相应增加,一般取相关规范要求的上限。

在蓄水期,由于水库水位上升很快,大坝等水工建筑物尚未经受过这种荷载的检验,是否存在工程隐患尚不十分清楚。因此,在这个阶段应加强监测工作,以了解建筑物的施工情况,以及现实情况与设计标准是否一致。因此,水库蓄水过程中,一般取测次的上限,待完成蓄水后,水工建筑物无异常情况,工作稳定时,可逐次减少测次。

在运行期,当观测值变化速率较大,检测时可取测次的上限,性态趋于稳定时可取下限。若遇到工程扩建或改建、提高库水位及长期放空水库又重新蓄水时,需重新按照施工和蓄水期的要求进行监测。

监测项目、周期、精度等应严格按照相关规范及设计要求执行,若因情况发生变化需要变更时,应报上级主管部门批准。

四、监测方法

1. 水平位移观测

(1)视准线法和激光准直法

对于布设在直线型的土石坝或混凝土坝顶上观测点的水平位移,主要是采用视准线法和激光准直法观测。因为它们速度快,精度较高,计算工作也较简单。当采用这一方法时,主要是要求它们的端点稳定,所以必须要作适当的布置,采用适当的方法来检核这一要求是否满足。前面曾谈到视准线(或激光准直)的端点都要设在坝体附近,很难保证它稳定不动,所以只能是定期地测定端点的位移值,而将观测值加以改正。

(2)三角测量法

在坝的下游地区建立一短边的三角网,将此网的基线与起算点选择在变形区域以外,而将视准线的端点包括在此三角网中,定期地对此三角网进行观测,求出各端点在不同时期的坐标值,加以比较,即可得出端点的位移值。图 8-1 为我国某混凝土大坝测定视准线端点位移所布设的三角网。图中 1—3 为基线,9—10 为视准线。

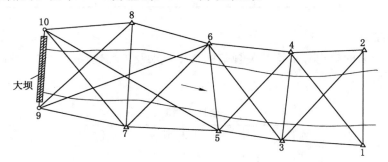

图 8-1　我国某混凝土大坝测定视准线端点位移所布设的三角网

(3)后方交会法

在地形与地质条件适宜的地区,可以在视准线端点四周的稳定岩石上选择几个检核点,利用这些点用后方交会法来测定端点的位移值。如图 8-1 中的 10 点(视准线的左岸端点)除了用三角测量法外,还采用了后方交会法,以供比较。

（4）引张线法

对于直线型混凝土大坝坝体廊道内布设的观测点,可采用引张线法进行水平位移观测。廊道内的引张线与坝面上的视准线的情况相似,也要测定其端点的位移值,以便将观测点的位移值加以改正(如果引张线端点设在确实稳定的岩石上,就不要测定这项改正值)。

在廊道内测定引张线端点的位移值,一般是在其附近设置倒垂线,在坝体上钻孔(或利用已有的竖井)直到稳定的基岩上。然后在孔底锚以不锈钢丝,在上部使用浮托装置,将铜线垂直地拉紧。这就在廊道内提供了基准点。根据此点测定引张线端点的位移值。

（5）前方交会法

对于混凝土坝下游面上的观测点以及对于拱坝的观测,常采用前方交会法。这时系以坝下游地区的控制点为测站,对观测点进行前方交会,从而求得其位移值。用基准线法求得的位移值为垂直于基准线方向的分量,而用前方交会法则可求得位移值的总量,这是该法的优点。

为了提高前方交会法测量的精度,测站点距离观测点不应太远,并能构成良好的交会图形。这样,测站点的稳定性就受到影响。所以,与垂直位移观测的情况一样,一般常分两级布设控制网,即先在下游距坝较近之处布设工作基点,然后再在距坝较远、地质条件良好之处设置基准点,用三角测量的方法根据基准点来测定工作基点的稳定性。前面列举的某混凝土大坝的前方交会观测,就是采用这种布设控制网的方法。图 8-2 为其基准点的布置方案。

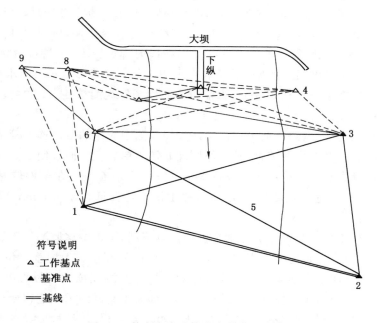

图 8-2 前方交会法基准点的布置方案

由于变形观测的成果对于说明工程建筑物的安危、验证设计理论与施工方法是否正确,影响很大,对于作为测定观测点位移值依据的工作基点或基准线端点的检核测量,必须可靠。因此,常常采用两种完全独立的方法进行观测。例如,前面提到的某土坝的视准线端点,一方面用检核视准线法,同时又用三角测量法;某混凝土重力坝的视准线端点,一方面用三角测量法,同时又用后方交会法。

2. 垂直位移观测

(1) 精密水准测量

目前大坝垂直位移(即沉陷)的观测仍普遍采用精密水准测量方法,大都按一、二等水准测量,水准基点的校准多按一等水准测量的要求进行。

关于垂直位移的观测精度,在混凝土坝监测规范中不分坝体和基础,一概规定为±1 mm。这种不论坝的高低、何种类型,均做统一要求不免过于一般化。

采用精密水准测量,只要认真观测,严格执行有关操作规程,一般都能够得到较好的成果。

水准测量经常存在的问题有:

① 为避免库区蓄水的影响,水准基点需远离坝区。因此,需定期由基点经过水准传递校测坝区工作基点的稳定性。各地经验证明,水准标点常遭破坏,导致有些工程蓄水不久对工作基点的校测便告中断。

② 坝基沉陷在大坝施工期就已开始,从开挖初期岩面微弹以及随着大坝不断加高而下沉。坝基的垂直位移观测在开挖时就应进行,以便取得初始值,不能待大坝竣工以后才开始。因此,要想取得基础沉陷的全过程,必须有设计、施工、运行三方面给予重视和密切协作才能获得。

③ 一些工程未能将高程传入廊道,因此廊道内沉陷测值仅为底板的相对升降,而不是蓄水后的绝对值。廊道内斜坡段坡度大,水准传递困难,这一点在设计时就要考虑到。究竟从下游横向交通廊道传入或从竖井用铟钢带尺或变位计垂直传递,应根据具体情况选定。

④ 用于基础倾斜观测效果不佳。一些工程在横向廊道内上、下游设置标点,由高差推出倾斜值。此法由于观测精度所限,不易取得理想效果。一条 50 m 长的水准线,上、下游端点高差测量的精度须高于 0.25 mm,方能符合基础倾斜观测精度±1″的要求。

(2) 液体静力水准

液体静力水准是 20 世纪六七十年代曾在大坝监测中应用的所谓连通管水准,是一种测量不同测点间高度相对变化的装置,其工作原理非常简单、直观,而且便于实现自动化监测。其测量精度则与静力水准测量系统的设备水平和设置环境有关。在条件较好时,在几百米长的测量距离内,若其高差不太大,测定高差的中误差可保证在±0.1 mm 以内,大大高于几何水准的测量精度。

大坝垂直位移监测的布置方法与水平位移监测不同,水平位移监测的重点在坝顶,因该处的位移变化通常最大,是监视大坝水平变形最具特征的部位。大坝垂直位移监测的主要目的是坝基的沉陷,而不是坝体本身的伸长缩短。虽然监测坝顶垂直位移可以反映整个大坝的垂直变形状况,但由于坝体热胀冷缩的变形量远大于基础的垂直位移变化量,因此实测数据中包含的主要成分是坝体本身的胀缩变化,也可能包含坝体结构变异产生的变形(如坝体产生裂缝并受库水冻融的影响、坝体混凝土碱骨料膨胀等),但很难从其中分析出关系到大坝安全的基础垂直位移的变化特性。为了有效地监测到大坝基础的垂直位移变化,除在坝顶设置测点作垂直位移的整体监测外,更应在接近坝基的廊道内监测大坝基础的变形。在廊道内采用静力水准测量系统进行垂直位移监测是一种很合适的选择,因为廊道内温度变化较小,静力水准系统可以达到相当高的测量精度,能满足基础垂直变形小的要求。对于有一定坡度的廊道,也可采用增设传递点的方法进行监测。静力水准系统需要用于坝顶监测时,必须对静力水准管道系统进行隔温保护,尽量减少温度不均匀变化对测量系统的影响。

任务三　监测数据整理与分析

【知识要点】　监测数据整理、分析方法及流程。
【技能目标】　能掌握监测资料整理的方法。

水利工程变形监测具有周期性、监测时间长、监测点多等特点,导致监测数据量大。故对变形监测数据的管理与分析就显得十分重要。

为了掌握监测数据整理与分析的方法,首先要掌握监测资料的收集,其次要根据资料进行必要的整理。

一、概述

大坝及工程安全监测资料必须及时整理整编,以利于使用和存储。整编的主要监测项目包括:巡视检查、环境量、变形、渗流、应力应变和温度。水力学、地震等监测项目,可根据具体情况和需要,参照有关规程进行资料整编。

监测资料整编,是将大坝及工程安全监测的竣工图、各种原始数据和有关文字、图表(含影像、图片)等资料,经过收集、统计、考证、审查、综合整理监测成果,并汇编刊印成册和在计算机磁光载体内存储。

监测资料整编工作包括日常资料整理和定期资料整编。整理整编的成果应做到项目齐全、考证清楚、数据可靠、图表完整、规格统一、说明完备。

日常资料整理,是各监测阶段负责监测工作单位的一种经常性工作,每次仪器监测和巡视检查后,应随即进行。主要是查证原始监测数据的可靠性和准确性,将其换算成所需的监测物理量,及时存入计算机,并判断测值有无异常。如有异常或疑点,应及时复测、确认。如影响工程安全运行,应及时上报主管部门。

定期资料整编,是各监测阶段负责监测工作的单位在日常资料整理的基础上,按规定时段对监测资料进行整编和分析,汇编刊印成册,并附以简要的分析意见和编印说明。在施工期和首次蓄水期,整编时段应视工程施工和蓄水进程而定,一般最长不超过 1 年;在运行期,每年汛前应将上一年度的监测资料整编完毕。

汇编刊印成册和在计算机磁光载体内存储的整编资料,各整编单位除应至少存档两套外,还应按合同或管理制度要求报送有关部门。

仪器监测和巡视检查的各种现场原始记录、图表等均属大坝安全监测资料,应将所有记录原件归档保存。

二、原始资料及考证资料

原始资料和考证资料是大坝及工程监测资料整编的基础,应认真进行收集和整理。

1. 工程概况

工程概况资料包括:

(1)工程主体建筑物的概况和特征参数,可根据工程具体情况按相关格式填写。

(2)工程总体布置图和主要建筑物剖面图,以及地质剖面图,宜采用 A4 或 A3 幅面绘制。

(3)大坝施工、运行以来,出现问题的部位、性质和发现的时间,处理情况及其效果。

(4)工程竣工安全鉴定及各次大坝安全定期检查的结论、意见和建议。

(5)坝区工程地质和水文地质条件。

(6)设计提出的坝基和坝体的主要物理力学指标、重要监测项目的安全监控指标或警戒性指标。

(7)工程建筑物安全监测设计文件。

2. 监测设施和仪器设备的考证

监测设施和仪器设备的考证资料一般应包括:

(1)监测系统设计原则、各项目设置目的、测点布置及安装埋设等情况说明。

(2)监测系统平面布置图,标明各建筑物所有监测项目和设备的平面位置,所用符号见《水利水电工程制图标准 水工建筑图》(SL 73.2—2013)。

(3)各种测点结构布置图和纵、横剖面,数量以能表明测点位置、结构为原则。

(4)各基准点、校核基点、工作基点、测点的安装埋设情况说明,并附上埋设日期、初始读数、基准值等数据考证表。

(5)各种仪器型号、规格及主要附件、技术参数、生产厂家、仪器使用说明书、出厂合格证、出厂日期、购置日期、检验率定表等资料。

各种考证资料均应适时、准确地记录。在初次整编时,应对各监测项目各测点的各项考证资料进行全面的收集、整理和审核,刊印成册。在以后各整编阶段,若监测设施和仪器设备有变化时,均应重新填制或补充相应的考证图表,并注明变更原因、内容、时间等有关情况。

三、监测记录

监测记录包括巡视检查和仪器监测资料的记录以及监测物理量的计算。监测物理量正负号规定见《混凝土坝安全监测技术规范》(SL 601—2013)。

四、监测资料整理

监测资料的整理是指日常资料的整理,包括原始监测数据的记录、检验和监测物理量的换算,以及填表、绘图、初步分析和异常值判别等日常工作。

监测资料整理中,若发现确有不正常现象或确认的异常值,应立即上报有关主管部门。

每次仪器监测(包括人工和自动化监测)后,应随即对原始记录的正确性、完整性加以检查、检验和整理。如有漏测、误读(记)或异常,应及时补(复)测,确认或更正。

原始监测数据的检查、检验内容主要工作有:

(1) 作业方法是否合乎规定；

(2) 监测记录是否正确、完整、清晰；

(3) 各项检验结果是否在限差以内；

(4) 是否存在粗差；

(5) 是否存在系统误差。

经检查、检验后，若判定监测数据不在限差以内或含有粗差，应立即重测；若判定监测数据含有较大的系统误差时，应分析原因，并设法减少或消除其影响。

日常工作中，应随时进行各监测物理量的计（换）算，填写记录表格，绘制监测物理量过程线图或监测物理量与某些原因量的相关图（如位移量与库水位、气温的相关图等），检查和判断测值的变化趋势，做出初步分析。如有异常，应及时分析原因。先检查计算有无错误和监测系统有无故障，经多方比较判断，确认是监测值异常时，应立即上报有关主管部门，并附上有关文字说明。

每次巡视检查后，应随即对原始记录（含影像资料）进行整理。巡视检查的各种记录、影像和报告等均属大坝安全监测的重要史料，应按时间先后次序进行整理编排。

应注意随时补充或修正有关监测设施的变动或检验、校测情况，以及各种考证表、图等，确保资料的衔接和连续性。

五、监测资料整编

1. 一般规定

监测资料整编是指定期的资料整编，包括仪器监测资料、巡视检查资料和有关监测设施变动或检验、校测等资料的收集、填表、绘图、初步分析和编印等工作。所有监测资料要求存入计算机后，在刊印成册的同时，还应在磁光载体内存储备份。

资料整编工作应每年进行一次。在每年汛前必须将上一年度的监测资料整编完毕。整编的成果应做到项目齐全、考证清楚、数据可靠、图表完整、规格统一、说明完备。

首先应做好监测资料的收集工作：

(1) 第一次整编时应完整地收集原始资料及考证资料等，并单独刊印成册。以后各年应根据变动情况，及时加以补充或修正。

(2) 收集技术警戒值（范围）资料，包括有关物理量设计计算值和经分析后确定的技术警戒值（范围）。

(3) 收集整编时段内的各项日常整理后的资料。

在收集有关资料的基础上，对整编时段内的各项监测物理量按时序进行列表统计和校对。此时如发现可疑数据，一般不宜删改，应标注记号，并加注说明。绘制各监测物理量过程线图，以及能表示各监测物理量在时间和空间上的分布特征图及有关因素的相关关系图。在此基础上，对监测资料进行初步分析，阐述各监测物理量的变化规律以及对工程安全的影响，提出运行和处理意见。

整编资料在交印前需由整编单位技术主管对整编资料的完整性、连续性、准确性进行全面的审查。其中：

(1) 完整性：整编资料的内容、项目、测次等是否齐全，各类图表的内容、规格、符号、单位，以及标注方式和编排顺序是否符合规定要求等。

(2) 连续性：各项监测资料整编的时间与前次整编是否衔接，监测部位、测点及坐标系统等与历次整编是否一致。

（3）准确性：各监测物理量的计（换）算和统计是否正确，有关图件是否准确、清晰。整编说明是否全面，资料初步分析结论、处理意见和建议等是否符合实际，需要说明的其他事项有无遗漏等。

刊印成册的整编资料主要内容和编排顺序为：封面→目录→整编说明→监测资料初步分析成果→监测资料→封底。其中：

（1）封面内容应包括：工程名称、整编时段、编号、整编单位、刊印日期等。

（2）整编说明应包括：本时段内工程变化和运行概况，监测设施的维修、检验、校测及更新改造情况，巡视检查和监测工作概况，监测资料的精度和可信程度，监测工作中发现的问题及其分析、处理情况（可附上有关报告、文件等），对工程运行管理的意见和建议，参加整编工作人员等。

（3）监测资料初步分析成果：主要是综述本时段内各监测资料简单分析的结果，包括分析内容和方法、结论、建议。若大坝在本年度中完成大坝安全定期检查，也可简要引用定期检查的有关内容或结论，并注明出处。

（4）监测资料（含巡视检查和仪器监测）的编排顺序可按《混凝土坝安全监测技术规范》（SL 601—2013）中监测项目的编排次序编印，规范中未包含的项目接续其后。每个项目中，统计表在前、整编图在后。

关于刊印版面宜采用 210 mm×297 mm（A4 纸张）开本，铅印或激光照排胶印。要求标题文字用黑体，正文文字用宋体，图表完整，线条清晰，装帧美观，查阅方便，便于保存。

2. 巡视检查

每次整编时，除对本时段内巡视检查发现的异常问题及其原因分析、处理措施和效果等做出完整编录外，必要时可简要引述前期巡视检查结果加以对比分析。

3. 环境量监测

环境量包括水位、降雨、气温、水温，以及坝前冰压力、坝前淤积、下游冲刷等。

4. 变形监测

变形监测资料整编，应根据工程所设置的监测项目进行各监测物理量列表统计，水平位移、垂直位移、接缝、裂缝、倾斜的整编分别按相关格式填制。

在列表统计的基础上，绘制能表示各监测物理量变化的过程线图，以及在时间和空间上的分布特征图和有关因素的相关关系图（如蓄水过程、库水位、气温等）。

5. 渗流监测

渗流监测资料整编，应将各监测物理量按坝体、坝基、坝肩（绕渗）等不同部位分别列表统计，并同时抄录监测时相应的上、下游水位，必要时还应抄录降雨量和气温等。

渗漏水和库水的水质分析资料的整编，可根据工程实际情况编制相应的图表和必要的文字报告说明。

6. 应力应变和温度监测

应力应变监测资料整编可按规定格式填制，必要时同时抄录监测时相应的上、下游水位和气温等。绘制应力应变和上、下游水位及气温变化的过程线图，必要时还需绘上坝体混凝土浇筑过程线。对于差动电阻式仪器，还应绘上电阻比变化过程线。

温度监测资料整编也须按规定的格式填制，必要时同时抄录监测时相应的上、下游水位和气温等。绘制温度和上、下游水位、气温变化过程线图。

7. 其他监测

地震反应监测、泄水建筑物水力学监测以及为其他工作和科研而设置的项目的成果整编,可根据具体情况和需要参照相关规定编制有关图表和文字说明。

任务四　工程实例

【知识要点】　通过实例,掌握水利工程监测的技术流程。

【技能目标】　通过实例,掌握水利工程监测的技术流程及数据处理方法。

任务导入

2008 年 5 月 12 日,四川汶川发生 8.0 级大地震,震中烈度高达 XI 度,造成地面建筑物严重破坏。紫坪铺面板堆石坝坝高 156 m,距汶川地震震中 17 km,是地震灾区距地震震中最近、工程规模最大的一个高坝水库工程。紫坪铺大坝受地震影响,产生了一定的变形破坏,引起学术界和工程界广泛关注。

任务分析

依据大坝地震后宏观变形现象和变形监测资料,对大坝堆筑体和混凝土面板的变形破坏现象进行详尽的描述和分析,在此基础上对监测成果进行综合分析,并得出一些建议。

相关知识

一、震后紫坪铺工程概况

紫坪铺工程位于岷江上游,是一座以灌溉和供水为主,兼有发电、防洪、环境保护、旅游等综合效益的大型水利枢纽工程,下游距成都市约 60 km。枢纽主要建筑物由混凝土面板堆石坝、溢洪道、引水发电系统、冲砂放空洞及两条泄洪排砂洞组成。水库正常的蓄水位为 877.00 m,相应库容为 9.98×10^8 m³。

地震后经对大坝进行全面观察、检测发现:下游坝坡没有发生整体或局部的滑坡或坍塌现象,仅上部坝坡局部松动;坝顶局部出现开裂和沉降错台;上游面板少数板块间垂直结构缝发生挤压破损和水平施工缝剪切错台及面板脱空;除个别面板垂直施工结构缝外,所有变形破坏现象都发生在大坝上部 830.00 m 高程以上,如图 8-3 所示。

1. 下游坝坡砌石局部松动

坝体中间部位 850.00 m 高程以上坝坡表层干砌石护坡震松,块石翻起,个别块石滚落,沿坡面向下稍有滑移,如图 8-4 所示。右岸岸坡接头区域下游坝坡局部块石松动,如图 8-5 所示。

2. 坝顶外观开裂、错台和破损明显

(1) 坝顶下游侧青石栏杆破坏。近左岸约 300 m 青石护栏被折断,且散落在下游坝坡;靠近右岸约 60 m 的青石栏杆被折断,并倒向坝顶路面。

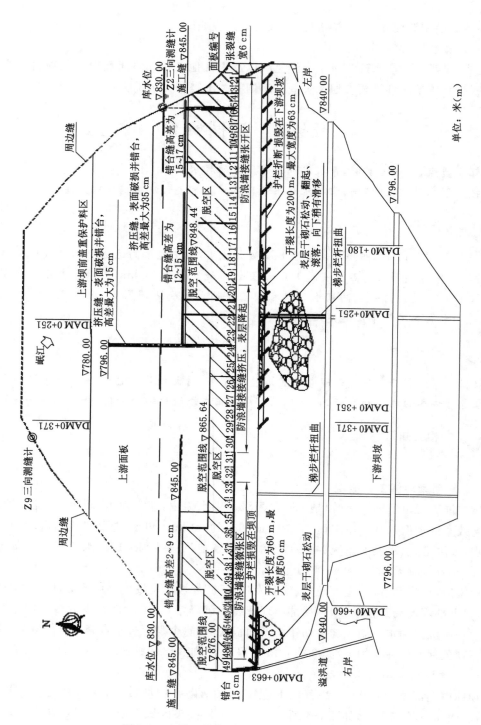

图 8-3　大坝工程宏观震害现象分布示意图

　　坝顶与坝坡的接合部开裂。大坝桩号 DAM0+180～0+350 下游人行道和坝面公路接合处最大开裂为 630 mm，如图 8-6 所示。大坝桩号 DAM0+600～0+663 下游坝坡干砌石

图 8-4　下游坝坡 DAM0+245~0+350

图 8-5　坝顶 DAM0+180~0+350 下游坝坡
与路面开裂

与坝顶路面混凝土结构脱开,最大宽度约为 500 mm,如图 8-7 所示。

(2)大坝接头部位沉降错台、开裂。右岸坝顶路面与溢洪道边墙接缝出现 150~200 mm 沉降错台,如图 8-8 所示。左岸坝顶接头部位最大开裂宽度为 60 mm,如图 8-9 所示。

(3)坝顶防浪墙接缝变形开裂和破损。左岸侧接缝张开较大,最大开度为 30 mm,如图 8-10 所示。右岸侧接缝微张开,中间接缝受挤压破损,表层混凝土隆起开裂,如图 8-11 所示。

图 8-6　坝顶 DAM0+180~0+350 下游坝坡
与路面开裂

图 8-7　坝顶 DAM0+600~0+663 下游坝坡
与路面开裂

图 8-8　坝顶右岸接头沉降错台

图 8-9　坝顶左岸接头处开裂

图 8-10　坝顶左岸防浪墙结构缝开裂　　　　　图 8-11　坝顶中间防浪墙接缝挤压开裂

3. 混凝土面板破损、错台和脱空比较严重

（1）面板水平施工缝错台。面板二、三期混凝土 845.00 m 高程水平施工缝发生明显剪切错台，总长度为 340 m，如图 8-12 和图 8-13 所示。其中，面板 5～12 之间施工缝错台为 150～170 mm；面板 14～23 之间为 120～150 mm；面板 30～42 之间为 20～90 mm。另外，面板 8 水平施工缝凿开后发现错台导致板中部受力筋呈 S 形拉伸挠曲，三期面板受力筋以下混凝土拉裂脱落，接触面混凝土破碎。面板 10 水平错台最大，为 240 mm，导致板间缝止水铜片剪断，缝面钢筋外露，板间挤压破损。面板 5～6、23～24 等板间垂直结构缝挤压破损严重。面板 5～6 间最大错位为 350 mm，面板 5 挤压隆起。面板 23～24 间结构缝挤压破坏自坝顶延伸至 790 m 高程（低于死水位 26 m，下部情况不明），面板 23 板水平挤压破损范围横向宽度达 0.5～1.7 m，如图 8-14 和图 8-15 所示。面板 3～4、11～12、15～16、20～21、21～22、25～26、35～36 等 9 条板间结构缝存在局部挤压破损。

图 8-12　845.00 m 高程二、三期面板　　　　　图 8-13　845.00 m 高程二、三期面板
　　　　水平施工缝错台（一）　　　　　　　　　　　水平施工缝错台（二）

（2）面板脱空。上部高程面板脱空和板间缝多数测点实测位移增加较多，且损坏严重，表明面板上部高程在地震过程中，坝体和面板存在较明显的相对位移。经面板脱空检查显示：大坝左岸面板 1～23 在 845.00 m 高程以上三期面板与垫层料发生较大范围脱空，局部脱空最大值为 70 mm；右岸三期面板 876 m 高程以上全部脱空，其中面板 36～39 在 845 m 高程以上脱空，其最大值为 230 mm；中部面板 24～35 在 866 m 高程以上脱空。

面板破损、脱空分布总体情况：以 845.00 m 高程（二、三期水平施工缝）为界，上部较下部严重；以面板 23～24 结构缝为界，左边比右边严重，如图 8-3 所示。

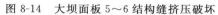

图 8-14　大坝面板 5～6 结构缝挤压破坏　　　　图 8-15　大坝中部面板 23 横向挤压破坏

二、大坝地震变形监测成果

混凝土面板堆石坝设置了坝体表面变形监测、坝体内部变形监测、渗流监测、强震监测、面板结构变形和应力应变监测等项目。坝体内部变形监测设两个断面，分别位于大坝桩号 DAM0＋251 和 DAM0＋371，前者按照 760.00、790.00、820.00 和 850.00（m）四个高程，后者按照 790.00、820.00 和 850.00（m）三个高程，埋设水平位移测点和沉降测点。

坝轴线上、下游方向间隔 30 m 布置一个沉降测点，间隔 60 m 布置一个水平位移测点，垫层料和过渡料同时布置一个测点。

坝体表面变形监测设混凝土防浪墙上 1 条测线和下游坝坡 3 条测线。面板周边缝和上部高程板间缝设测缝计，其他面板仪器多数位于 DAM0＋251 和 DAM0＋371 两个断面。

地震发生前，大坝安全监测设施基本完好。震后有 54 个重要仪器测点异常或损坏。由于地震后监测资料存在不同时的现象，因此本次采用地震后 5 月 17 日同一天的监测数据。

1. 坝顶和下游坝坡垂直位移

大坝堆石体在主震周期内产生了较大的地震附加永久变形，坝顶和坝坡主要表现为沉降，如图 8-16 所示。

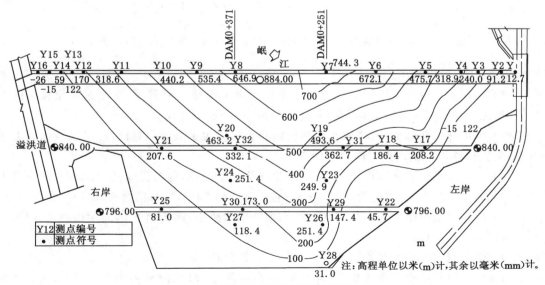

图 8-16　坝顶和下游坝坡沉降等值线图

（1）沉降最大值出现在坝顶,沉降从坝顶向坝下随高程降低而变小。坝顶沉降明显大于下部,沉降等值线向坝顶敞开,最大沉降为坝顶 Y7 测点,沉降值为 744.3 mm,次大值为坝顶 Y6 测点,沉降值为 672.1 mm。根据坝顶中部路面存在 150～200 mm 脱空情况,推算堆坝体顶部最大沉降量可达 900～1 000 mm。

（2）沉降等值线上可以看出,最大沉降断面出现在 DAM0＋251 断面附近。大致以此为界,左岸沉降等值线密集,表明左岸沉降明显大于右岸。

（3）右岸坝顶测点出现抬升。紧靠右岸 Y15、Y16 两个测点出现抬升,2008 年 5 月 13 日第一次观测抬升值分别为 67.4 mm 和 78.3 mm,5 月 17 日观测的抬升值有所减小,分别为 15.3 mm 和 26.7 mm。

2. 坝顶和下游坝坡水平位移

坝顶和下游坝坡水平位移两个分量,平行坝轴线水平位移分量等值线,如图 8-17 所示;垂直坝轴线水平位移分量等值线,如图 8-18 所示。

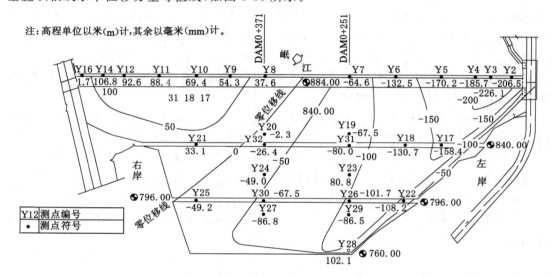

图 8-17　坝顶和下游坝坡平行坝轴线水平位移分量等值线(向左岸位移为正)

由图 8-17 可以看出:

（1）坝顶和下游坝坡沿坝轴线方向水平位移由两岸指向河谷,即左岸测点位移指向右岸,右岸测点位移指向左岸,显示出坝体表面存在一个零位移线。

（2）零位移线两岸侧,两个水平位移区域和位移量大小明显不对称,左岸区域远远大于右岸,最大位移值也出现在左岸(Y3 测点)。

（3）两个水平位移区域中,其最大水平位移均位于坝顶,随高程降低而减小。左岸最大位移为坝顶 Y3 测点,位移值为 226.1 mm;右岸为 Y14 测点,位移值为 106.8 mm。

（4）位移量由两个中心点分别向岸边和坝体中部减小,逐渐趋于 0,向岸边减小较快。

由图 8-18 可以看出:

（1）全部测点水平位移均表现为向坝体下游的位移。

（2）最大位移出现在坝体中部 840.00 m 高程附近,最大位移值为 270.8 mm(Y20 测点)。从坝体断面看,最大位移为 DAM0＋371 断面,稍靠近右岸。

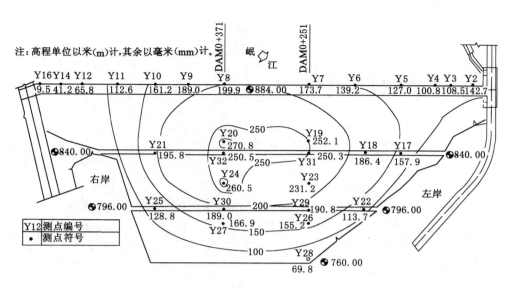

图 8-18　坝顶和下游坝坡垂直坝轴线水平位移分量等值线（向下游位移为正）

3. 坝体内部垂直位移

DAM0＋251 和 DAM0＋371 断面沉降成果分别如图 8-19～图 8-22 所示。从图中可以看出：

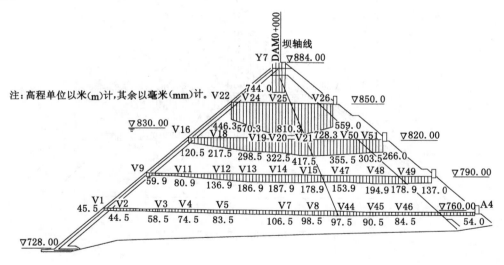

图 8-19　DAM0＋251 断面沉降分布图

（1）坝体内部全部表现为沉降变形,最大变形出现在 850.00 m 高程坝轴线测点：DAM0＋251 断面为 V25 测点,最大沉降为 810.3 mm；DAM0＋371 断面为 V43 测点,最大沉降为 733.6 mm。

（2）坝体内部沉降随坝高降低而减小,上部高程沉降大于下部高程；同高程坝轴线部位沉降量大于其上、下游测点。

（3）DAM0＋251 断面各个高程测点沉降大于 DAM0＋371 断面同一高程对应测点的

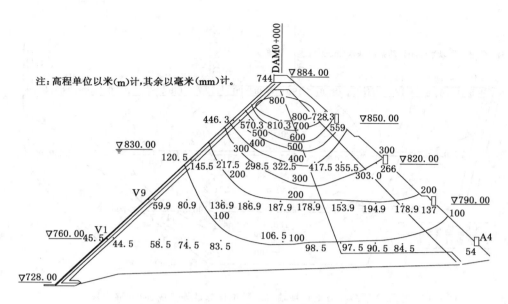

图 8-20   DAM0+251 断面沉降等值线图

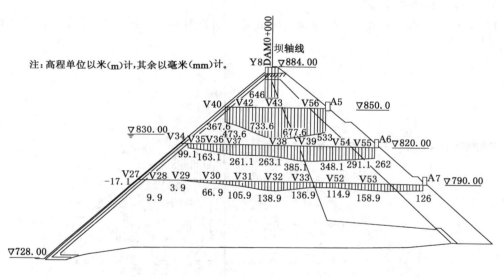

图 8-21   DAM0+371 断面沉降分布图

沉降。

综合来看,坝轴线处沉降大;830.00 m 高程以上沉降大;830.00 m 高程以下坝轴线下游坝体沉降大。表明沉降量与水库运行水位(地震时为 830 m)和坝体堆石料分区有关。

4．坝体内部水平变位

根据预留仪器量程和观测数据综合分析,地震前后坝体内部测点水平位移见表 8-4(测点以向下游水平位移为正)。

(1)坝体内的观测点水平位移全部显示为向坝下游的位移,表明大坝整体向下游发生位移。

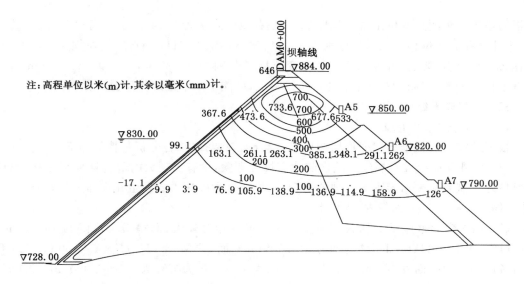

图 8-22 DAM0＋371 断面沉降等值线图

（2）总体看同一高程和同一部位的测点位移，DAM0＋371 断面大于 DAM0＋251 断面。

（3）上部 820.00～850.00 m 高程水平位移远远大于下部 760.00～790.00 m 高程水平位移。最大水平位移出现在 820.00 m 高程坝轴线部位，如 DAM0＋371 断面最大位移为 360 mm，DAM0＋251 断面最大位移为 305 mm，其次为 850 m 高程。

（4）两个断面的坝轴线部位与同高程面板处的位移量相比较，相差不大；而坝轴线部位与下游坝坡的位移量相比，差别较大。820.00 m 高程坝轴线部位位移大于下游坝坡的位移，表明坝体呈现收缩状态。其他高高程和低高程的情况则相反，坝轴部位位移小于下游坝坡，显示坝体发生了松弛变形。

上述结果与大坝表面观测成果是一致的。

表 8-4　　　　　　　　　　　　　　　坝体内部测点水平位移

桩号	高程/m	水平位移/mm			
		面板处	距坝距 0 m	距坝距 90 m	下游坝坡处
0＋251	760	42	49	61	70
0＋251	790	30	29	135	152
0＋251	820	285	305	223	229
0＋251	850	197	174	246	246
0＋371	790	70	77	142	163
0＋371	820	291	360	252	258
0＋371	850	217	175	264	264

5. 面板周边缝监测情况

大坝震陷导致混凝土面板与墙搭界水平周边缝产生较大错位，止水构造剪切破坏明显。

面板周边缝两个测点变位出现明显异常:一是右坝肩河床底部745.00 m高程Z9测点的沉降、张开度和剪切位移变位增量分别为43.04、28.86和49.31(mm);二是左坝肩830.00 m高程Z2测点的沉降、张开度和剪切位移变位增量分别为91.29、45.89和-8.75(mm)(负值表示指向上游),具有右下-左上的对角线特点,可能指示了地震作用力的方向。

三、监测成果综合分析

1. 大坝变形破损特征分析

根据地震后面板堆石坝变形监测成果,结合宏观调查,综合分析其特征如下:

(1)紫坪铺面板堆石坝经历超设防地震标准考验,没有出现大的危害性变形破坏,总体情况良好。监测成果与宏观震害现象吻合,大坝变形和破坏主要发生在坝体上部,即830.00(堆筑体)~845.00 m(面板)高程以上。

(2)坝体变形整体以沉降收缩为主。坝顶沉降相对较大,测得最大沉降为744.3 mm(坝顶防浪墙,Y7测点)和坝体内部为810.3 mm(断面DAM0+251,高程850.00 m,V25测点),考虑到坝顶路面发生沉降150~200 mm,大坝可能最大沉降为900~1 000 mm,沉降与坝高之比约为0.6%,最大沉降断面位于DAM0+251附近。

大坝水平位移相对较小。指向坝体下游的最大水平位移实测为270.8 mm(坝坡Y20)和360.0 mm(坝内V38),最大水平位移断面位于DAM0+371附近。坝轴线方向的水平位移,其左岸最大位移为226.1 mm(坝坡Y3),右岸最大位移仅为106.8 mm。

(3)坝轴方向位移等值线图表明,零位移线偏向右岸,左岸不仅变形量大,而且变形区域大,显示两岸变形的不对称性。

同时,下游坝面零位移线与上游坝面面板23~24间,在空间上具有较好的对接关系。该带在坝轴线方向属于挤压区(带),造成面板挤压破坏和两侧坝体压实收缩。该带左岸变形区域和变形量均较大,坝体与面板间相对运动造成左岸面板845.00 m高程二、三期面板结构缝发生错台破坏,且上部三期面板脱空范围较大。

(4)大坝在沉降变形主导下整体变形表现为体积收缩。820.00 m高程以上坝体主要为体积收缩,坝体压实;790.00 m高程以下的下游坝体则略有松弛;坝轴线向下游略有位移。

(5)地震主周期后,坝体变形迅速收敛,余震对坝体变形没有明显的影响。

2. 大坝变形影响因素分析

大坝变形是大坝在地震作用下,由地震(作用方向和大小)、工程(大坝堆筑体厚度、相对密度、工作状况)和地形地质(岸坡形态、坡度)等综合因素共同作用的综合结果。

(1)汶川地震震中位于坝址右岸偏上游17 km,震源深度为14~17 km,震中与坝址的连线和坝轴线呈小角度相交,导致坝体产生以沉降为主、向下游方向水平位移较小的变形特征及混凝土面板右下-左上的对角线破坏。

(2)坝体沉降变形大小与坝体高度和堆石料分区密切相关。堆筑高度越大则变形大,沉降最大值出现在大坝堆筑高度最大的DAM0+251断面处,由此向两岸沉降变形随堆筑高度减小而减小,下游次堆石区变形相对主堆石区大。

(3)坝前库水位可能是影响面板破坏和坝体变形的一个重要因素。地震时水库水位为830 m,库水位以下面板受水体压力约束,基本没有破坏。水位以上面板破坏较为明显,特别是845.00 m高程二、三期面板结构缝出现错台破坏和三期面板大面积脱空。库水位以下高程坝体变形相对较小。

（4）由于坝址处河谷不对称，其河道为转弯河段，右岸为凸岸，山脊单薄，地形较缓，左岸为凹岸，山体雄厚，地形较陡，在地震作用下左岸坝体在岸坡作用下发生偏向右岸的扭转变形，造成向坝下游的最大水平位移不是发生在坝体最高、沉降最大的 DAM0＋251 断面处，而是偏右岸的 DAM0＋371 断面；坝轴向的挤压带在下游坝面偏向右岸，出现变形不对称现象。

四、结论和建议

（1）汶川地震后紫坪铺大坝的沉降主要发生在最大坝高断面附近，坝顶防浪墙实测最大沉降为 744.3 mm，考虑坝顶的沉陷脱空因素，推测坝顶最大沉降为 900～1 000 mm，沉降与坝高之比约为 0.6%，最大水平位移为 360 mm。

（2）紫坪铺面板堆石坝地震震害调查和变形监测表明，大坝下游坝坡没有发生整体或局部的滑塌现象，仅坝顶局部出现开裂和沉降错台，面板少数板块间垂直结构缝和水平施工缝发生挤压破损、错台及上部脱空变形；坝体整体以沉降为主，水平位移相对较小，表现为收缩压密状态；变形破坏现象主要分布在大坝上部（830.00 m 高程以上），修复比较容易。因此，紫坪铺面板堆石坝经历超设防地震标准后，大坝结构功能受地震影响较小。

（3）地震监测和变形监测是一项十分重要的工作，需要引起高度重视。紫坪铺监测设施运行情况表明，地震造成设备仪器的部分损坏，留下了不少遗憾。因此，应加强监测仪器设计和管理，如改善仪器结构、预留足够量程、仪器电缆和管线预留足够的长度、及时检测和维护等。

思考与练习

1. 简述变形监测的意义。
2. 简述大坝安全监测的技术手段及发展方向。
3. 简述水利工程变形监测的方法及优缺点。
4. 水利工程监测资料整编的基本内容有哪些？
5. 查阅水利工程监测相关文献，基本理解其工作原理，并掌握监测数据的处理方法。

下　篇
开采沉陷工程技术

项目九　开采沉陷基本概念

任务一　地下开采引起的岩层移动与变形

【知识要点】　岩层移动的过程；岩层移动的形式；岩层移动稳定后上覆岩层"三带"的岩层破坏特点。

【技能目标】　能辨别岩层移动的表现形式；能区分采动岩层的"上三带"。

地下矿物被采出以后，开采区域周围岩体的原始应力平衡状态受到破坏，应力重新分布，再达到新的平衡，在此过程中，岩层和地表产生连续的移动、变形和非连续的破坏，这种现象称为开采沉陷。其中，开采矿物既可以是层状岩体，也可以是非层状岩体。因采矿引起的采场围岩移动及地表沉陷的现象和过程称为岩层移动。

为了掌握地下开采引起的岩层移动与变形的特征，首先需要了解岩层移动的过程，然后掌握岩层移动的形式，能辨别岩层移动的表现形式，最后需掌握岩层移动稳定后上覆岩层"三带"的岩层破坏特点，能区分采动岩层的"上三带"。

一、岩层移动的过程

当地下矿体采出后，直接顶板岩层在自重力和上覆岩层的压应力下，向下移动和弯曲；当其内部的应力超过岩层的强度时，直接顶板岩层发生破坏，相继破碎垮落到采空区；而上覆基本顶板岩层以梁、板形式沿层面法线方向移动和弯曲，进而产生断裂和离层。随着工作面的继续推进，采动影响的岩层范围不断扩大，当开采范围足够大时，岩层移动发展到地表，在地表形成一个比采空区范围大得多的下沉盆地，如图 9-1 所示。

采矿作业使采空区上方顶板岩层悬空，其部分重量传递到周围未直接采动的岩体上，从而引起采空区周围岩体内应力重新分布，形成增压区（支承压力区）和减压区（卸载压力区）。在采空区边界煤柱及其边界上、下方岩层内形成支承压力区，其最大支承压力为原始岩层应力的 3～4 倍。在支承压力的作用下，采空区边界的岩层和煤柱部分被压碎，挤向采空区。如图 9-2 所示，ab、cd 是原煤柱边界，a_1b_1、c_1d_1 是挤压后的煤柱边界。煤柱部分被压碎后，支承荷载能力下降,支承压力向远离采空区的煤壁深处转移。在采空区的顶、底板岩层内形成减压区,其应力小于开采前可达到原岩应力。在顶板岩层中,由于减压使下部岩层发生弹性恢复变形,在上部岩层形成离层。而底板岩层在受减压影响的同时受水平方向的压缩,因此可能出现底板隆起现象。

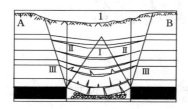
图 9-1　采空区上覆岩层和地表移动示意图
Ⅰ——充分采动区;Ⅱ——最大弯曲区;Ⅲ——岩石压缩区

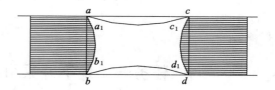
图 9-2　采空区周围岩层的移动和破坏

根据岩层移动变形特征以及应力分布情况,在应力重新达到平衡后,岩层内可以划分为三个移动特征区(图 9-1):Ⅰ——充分采动区(减压区);Ⅱ——最大弯曲区;Ⅲ——岩石压缩区(支撑压力区)。

二、岩层移动的形式

根据观测和研究的结果分析,在矿物采出后岩层移动过程中,开采空间周围岩层的移动破坏形式主要有以下六种。

1. 弯曲

弯曲是岩层移动的主要形式。当地下矿物采出后,从直接顶板开始,岩层整体沿层面法线方向弯曲,直到地表。此时,有的岩层可能会出现断裂或裂缝,但始终保持基本连续性和层状结构。

2. 垮落

垮落是岩层移动过程中最剧烈的形式,通常只发生在采空区直接顶板岩层中。当煤层采出后,采空区上方岩层弯曲而产生拉伸变形。当拉伸变形超过岩层抗拉强度时,岩层破碎成大小不一的岩块,充填到采空区。

3. 煤的挤出

采空区边界煤层在巨大的支承压力作用下,部分煤体被压碎挤向采空区,这种现象称为煤的挤出(又称片帮)。

4. 岩层沿层面滑移

开采倾斜煤层时,岩层在自重力的作用下,在产生沿层面法线方向弯曲的同时沿层面向下山方向滑动。岩层的倾角越大,其沿层面滑移越明显。岩层沿层面的滑移,使得采空区上山方向的部分岩层受拉伸甚至断裂,而下山部分的岩层则受压缩。

5. 垮落岩石下滑

矿物采出后,采空区被垮落岩块充填。当矿层倾角较大且开采自上而下进行时,下山部分继续开采形成新的采空区,采空区上部已经垮落的岩石可能下滑填充新的采空区,从而采空区上部空间增大、下部空间减小,使采空区上山部分岩层移动加剧、下山部分岩层移动减弱。

6. 底板岩层隆起

如果煤层的底板软弱,在煤层采出后,底板在垂直方向减压、水平方向受压,造成底板向采空区方向隆起。

应该指出的是,以上所介绍的六种岩层移动破坏形式不一定同时出现在某一个具体的移动过程中。

三、采动岩层的"上三带"

地下矿物采出后,在采空区周围的岩层中发生了较为复杂的移动和变形,岩层移动稳定后的上覆岩层划分为"上三带":Ⅰ——垮落带,Ⅱ——断裂带,Ⅲ——弯曲带(图9-3)。

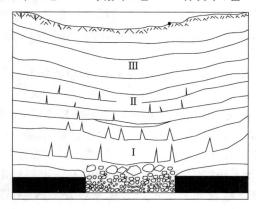

图9-3　采空区上覆岩层内移动分带示意图

Ⅰ——充分采动区(垮落带);Ⅱ——最大弯曲区(断裂带);Ⅲ——岩石压缩区(弯曲带)

1. 垮落带

垮落带指由采煤引起的上覆岩层破裂并向采空区垮落的范围。垮落带岩体破坏特点如下:

(1)垮落带具有分层性,它分为不规则垮落和规则垮落两部分。在下部不规则垮落部分内,岩层完全失去其原有层位,在靠近煤层附近,岩石破碎,堆积紊乱。规则的垮落部分,垮落岩层基本保持其原有层位,在不规则垮落部分之上。

(2)垮落带岩石具有一定的碎胀性,垮落岩块间的空隙较大,有利于水、砂、泥土通过,且垮落后岩石体积大于垮落前岩石体积。

(3)垮落岩石具有可压缩性,垮落岩块间的空隙随着时间的推移和工作面的推进,在一定程度上可以压实,一般时间越长,压实性越好,但永远恢复不到垮落前原岩体的体积。

(4)垮落带的高度取决于采出厚度和上覆岩石的碎胀系数。通常为采出厚度的3~5倍。薄煤层开采时垮落带高度较小,一般为采出厚度的1.7倍。顶板岩石坚硬时,垮落带高度为采出厚度的5~6倍;顶板为软岩时,垮落带高度为采出厚度的2~4倍。

2. 断裂带

断裂带是指在垮落带上方的岩层产生断裂或裂缝,但仍保持其原有层状的岩层范围。断裂带位于垮落带上方,岩层发生了较大的弯曲、变形和破坏,其破坏特点如下:

(1)岩体内裂隙多,但仍保持层状结构。

(2)裂隙带高度与岩性密切相关。岩性越坚硬,裂隙带高度越高;岩性越软弱,裂隙带高度越低。

（3）断裂带和垮落带之间没有明显的界线，在水体下采煤时两者合称导水裂缝带。在采深较浅、采厚较大、采用全部垮落法管理顶板时，导水裂缝带可以发展到地表，地表和采空区连通，地表呈现出塌陷坑或崩落。导水裂缝带发育高度与岩性有关，一般情况下，软弱覆岩形成的两带高度为采厚的 9～12 倍，中硬覆岩为采厚的 12～18 倍，坚硬覆岩为采厚的 18～28 倍。

3. 弯曲带

弯曲带是指断裂带上方直至地表产生弯曲的岩层。此带内岩层的移动特点如下：

（1）弯曲带内岩层在自重力的作用下产生沿层面法线方向弯曲，在水平方向受双向压缩，压实程度较好，具有良好的隔水性。当岩性较软时，隔水性更好，为水体下采煤时良好的隔水层。

（2）弯曲带内岩层的移动过程是连续有规律的，可以保持其整体性和层状结构，不存在或极少存在采动裂缝。

（3）弯曲带的高度主要受开采深度的影响。当采深较小时，导水裂缝带高度直达地表，不存在弯曲带；当采深较大时，弯曲带的高度可大大超过导水裂缝带的高度。

"上三带"在水平或缓倾斜煤层开采时表现比较明显。根据采空区大小、开采厚度、顶板管理方法、岩石性质以及开采深度的不同，上覆岩层中不一定同时出现"上三带"，如采深很小，采厚很大时，可能只有冒落带和裂缝带；条带、充填开采时，无冒落带或断裂带，只有弯曲带。

任务二 地下开采引起的地表移动与变形

【知识要点】 地表移动的形式；地表移动盆地的形成过程；地表移动盆地采动程度划分；地表移动盆地的特征。

【技能目标】 能辨别地表移动的表现形式；能绘图说明地表移动盆地的形成过程；能绘图说明地表移动盆地采动程度的判定。

 **任务导入**

地表移动是指因采矿引起的岩层移动波及地表而使地表产生移动、变形、破坏的现象和过程。开采引起的地表移动受诸多因素的影响，随开采深度、开采厚度、采煤方法以及煤层产状等因素的不同，地表移动和破坏的形式也不完全相同。在采深与采厚比值（简称深厚比）较大时（一般大于 30）地表移动和变形在空间上和时间上是连续的、渐变的，具有明显的规律性。当采深和采厚比值较小或具有较大的地质构造时，地表的移动和变形在空间上和时间上将是不连续的，地表移动和变形的分布没有严格的规律性，地表可能出现较大的裂缝或塌陷坑。

 **任务分析**

为了掌握地下开采引起的地表移动与变形的特征，首先能辨别地表移动的表现形式，然后掌握地表移动盆地的形成过程，最后根据地表移动盆地采动程度划分情况，能绘图说明地

表移动盆地采动程度的判定。

相关知识

一、地表移动的形式

地表移动破坏形式归纳为以下三种:

1. 地表移动盆地

地表移动盆地是指当地下采煤工作面推进到一定距离后(采深的 1/4~1/2 时),开采影响到地表,受采动影响的地表从原有的标高向下沉降,从而在采空区上方形成一个比采空区大得多的沉陷区域,或称下沉盆地(图 9-1)。地表移动盆地的形成改变了地表原有的形态,引起了高低、坡度及水平位置的变化。对下沉盆地范围内的道路、管道、河渠、建筑物、耕地、生态环境等会产生不同程度的影响。

2. 裂缝及台阶

在地表移动盆地的外边缘,地表受拉伸变形影响,可能会产生裂缝(图 9-4),裂缝深度和宽度与有无第四纪松散层及松散层的厚度、性质有关。若松散层为塑性较大的黏土,地表拉伸变形值超过 6~10 mm/m 时,地表出现裂缝;松散层为塑性较小的砂质黏土、黏土质砂时,地表拉伸变形值超过 2~3 mm/m,地表即可产生裂缝。地表裂缝一般平行于采空区边界发展。当采深和采厚比较小时,推进工作面前方地表可能出现垂直于推进方向的裂缝,这种裂缝随着工作面的推进,一般先张开后闭合。地表裂缝的形状为楔形,开口大,随深度增加而减小,到一定深度尖灭。当地表有松散层时裂缝发育深度一般不大于 5 m,但是在基岩露头的地表,裂缝深度可达数十米。

在深厚比较小时,地表裂缝的宽度可达数百毫米,裂缝两侧的地表可能产生落差,从而形成台阶。在急倾斜煤层条件下,地表移动取决于基岩的移动特征,特别是松散层较薄时,地表可能出现裂缝或台阶。

3. 塌陷坑

塌陷坑多出现在急倾斜煤层开采条件下,在煤层露头处附近地表呈现出严重的非连续性破坏,往往也会出现漏斗状塌陷坑(图 9-5)。但是在某种特殊的地质采矿条件下也容易

图 9-4 采动引起的地表裂缝　　　　图 9-5 采动引起的塌陷坑

产生塌陷坑,如采深很小、采厚很大时,由于采厚不均匀,造成覆岩破坏高度不一致,形成漏斗状塌陷坑;或在有含水层的松散层下采煤时,不适当地提高回采上限也会引起地表产生漏斗状的塌陷坑。

二、地表移动盆地的形成

地表移动盆地是在工作面推进的过程中逐渐形成的。一般是当工作面自开切眼向前推进相当于采深的 1/4～1/2 距离时,开采影响波及地表,引起地表下沉。接着随着工作面继续向前推进,采空区面积增大,地表的影响范围不断扩大,下沉值不断增加,地表移动盆地逐渐扩大。如图 9-6 所示,当工作面推进到 1、2、3、4 位置时,相继在地表形成地表移动盆地 W_1、W_2、W_3 和 W_4,这种移动盆地是在工作面推进过程中形成的,故称动态移动盆地。

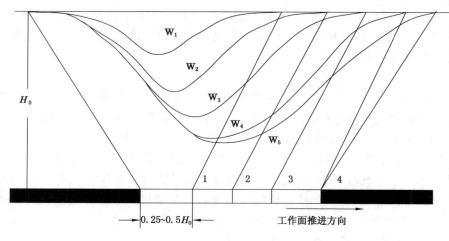

图 9-6　地表移动盆地的形成过程

当采空区的尺寸增大到一定的程度时,盆地范围继续扩大,最大下沉值将不再增加,而形成一个平底的下沉盆地。工作面停采后,地表的移动并不会马上停止,而是要延续一段时间,然后才稳定下来,形成最终的地表移动盆地 W_5,此时的地表移动盆地又称静态移动盆地。

三、地表移动盆地的采动程度

采动程度是指采区尺寸对岩层移动和地表下沉影响的状态,根据不同的采动程度,可以将地表移动盆地分为三种类型。

1. 充分采动下沉盆地

充分采动是指地表最大下沉值不随采空区尺寸增大而增加的临界开采状态,又称临界开采。此时形成的地表移动盆地称为充分采动下沉盆地,盆地内只有一个点的下沉值达到该地质采矿条件下应有的最大下沉值。地表移动盆地呈碗形(图 9-7),根据现场实测资料,一般当采空区的长度和宽度均达到 $1.2～1.4H_0$(H_0 为平均开采深度)时,地表达到充分采动。

2. 非充分采动下沉盆地

非充分采动是指地表最大下沉值随采空区尺寸增大而增加的开采状态。此时形成的地表移动盆地称为非充分采动下沉盆地,采空区的尺寸小于该地质采矿条件下的临界开采尺寸,地表任意点的下沉值均未达到该地质采矿条件下应有的最大值。地表移动盆地形状为漏斗状(图 9-8)。

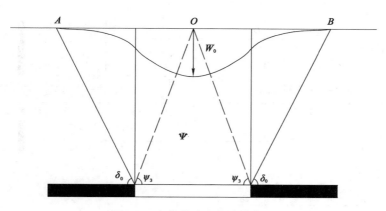

图 9-7 充分采动地表移动盆地

A、B——地表移动盆地的边缘;O——地表移动盆地的最大下沉点;

W_0——地表移动盆地最大下沉值;δ_0——走向边界角;ψ_3——走向充分采动角

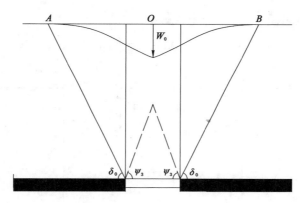

图 9-8 非充分采动地表移动盆地

当工作面沿一个方向(走向或倾向)达到临界开采尺寸,而另一个方向未达到临界开采尺寸的情况,也属于非充分采动,此时的地表移动盆地为槽形(图 9-9)。

3. 超充分采动下沉盆地

超充分采动是指地表最大下沉值不随采区尺寸增大而增加的,且超出临界开采的状态,又称超临界开采。此时形成的地表移动盆地为超充分采动下沉盆地,回采工作面的尺寸继续扩大,下沉盆地的范围扩大,但地表最大下沉值不再增加,盆地中央出现平底。平底部各点的下沉值均达到最大下沉值,形状呈盆形(图 9-10)。

四、地表移动盆地的特征

地表移动盆地的范围远大于对应的采空区范围,地表移动盆地的形状取决于采空区的形状和煤层倾角,地表移动盆地和采空区的相对位置取决煤层的倾角。在采空区上方地表平坦、达到超充分采动、采动影响范围内没有大的地质构造条件下,最终形成的静态地表移动盆地可划分为地下三个区域(图 9-11)。

1. 移动盆地中间区域

移动盆地中间区域(又称中性区域)位于盆地中央部位,如图 9-11 中 $ABCD$ 所示。在此区域内,地表下沉均匀,地表下沉值达到该地质采矿条件下应有的最大值,其他移动变形

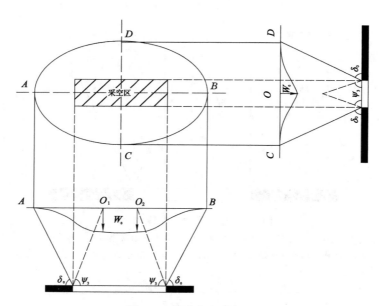

图 9-9　槽形盆地示意图

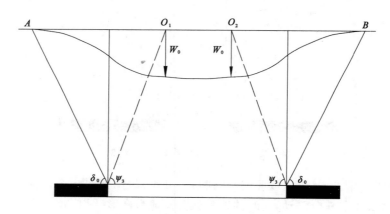

图 9-10　超充分采动地表移动盆地

值近似为零,一般不出现明显的裂缝。

2. 移动盆地内边缘区域

移动盆地内边缘区(又称压缩区域)一般位于采空区边界附近到最大下沉点之间,如图 9-11 中 $A_1B_1C_1D_1$ 所示。在此区域,地表下沉值不等,地面移动向盆地的中心方向倾斜,呈凹形,产生压缩变形,一般不出现裂缝。

3. 移动盆地外边缘区域

移动盆地外边缘区域(又称拉伸区域)位于采空区边界到盆地边界之间,如图 9-11 中 $A_2B_2C_2D_2$ 所示。在此区域内,地表下沉不均匀,地面移动向盆地中心方向倾斜,呈凸形,产生拉伸变形,当拉伸变形超过一定数值后(塑性大的黏性土为 6～10 mm/m,塑性小的砂质黏土为 2～3 mm/m),地面将产生拉伸裂缝。

在地表刚达到充分采动或非充分采动条件下,只出现拉伸区域和压缩区域,不存在中性区域。

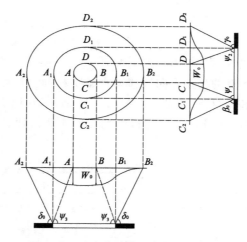

图 9-11　地表移动盆地内的三个区域

下面介绍水平煤层开采后所形成的地表移动盆地的三个特征。

（1）移动盆地位于采空区的上方，盆地最大下沉点所在位置和采空区中心一致。盆地的平底部分位于采空区中部的正上方。

（2）移动盆地的形状与采空区对称，如果采空区的形状为矩形，则移动盆地的平面形状为椭圆形。

（3）盆地内外边缘的分界点大致位于采空区边界的正上方或略有偏离。在水平煤层条件下，非充分采动和刚达到充分采动的地表移动盆地特征，与超充分采动的移动盆地特征相似，所不同的是移动盆地内不出现中性区域，只有一个最大的下沉点。

任务三　地表移动与变形指标及其计算方法

【知识要点】　地表移动与变形指标；地表移动与变形的计算方法。

【技能目标】　能计算地表移动与变形的五个指标；能区分地表移动与变形指标之间的关系。

任务导入

开采引起的岩层及地表移动是一个极其复杂的过程，其表现形式也十分复杂。大量实测资料表明，地表点的移动轨迹取决于其在时间、空间上与工作面相对位置的关系。一个点的移动量可以用竖直分量和水平分量表示，竖直分量称为下沉，水平分量称为水平移动。水平移动分为沿断面方向的水平移动和垂直于断面方向的水平移动，前者称为纵向水平移动，后者称为横向水平移动。为了方便研究，通常将三维空间问题分成沿走向断面和沿倾向断面两个平面问题，然后分析两个断面内地表点移动和变形。

任务分析

为了掌握地表移动与变形的计算方法，首先需要掌握地表移动与变形的五个指标，并能区分五个指标之间的关系，其次可以根据地表移动与变形分析示意图掌握每个指标的计算公式。

 相关知识

在移动盆地内,地表各点的移动方向和移动量各不相同。一般是在移动盆地的主断面上,通过设点观测,研究地表的移动和变形。如图 9-12 所示,在地表移动盆地主断面上设有若干个点,在地表移动前后,测量各点的高程和测点间距离。通过计算获得地表的移动和变形。

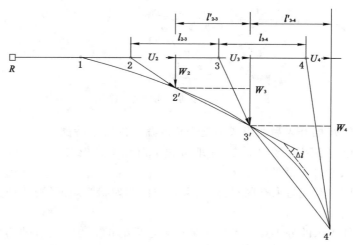

图 9-12　地表移动与变形分析示意图

描述地表移动盆地内移动和变形的指标是:下沉、倾斜、曲率、水平移动、水平变形。其计算方法如下:

1. 下沉

下沉指地表移动向量的竖直分量,用 W 表示。如图 9-12 所示,W_2、W_3、W_4 分别表示 2、3、4 测点的下沉值。它反映了一个点空间位置在垂直方向的变化量,用地表某一点 n 的首次与 m 次的观测高程之差表示:

$$W_n = H_{n0} - H_{nm} \tag{9-1}$$

式中,W_n 为地表 n 点的下沉;H_{n0}、H_{nm} 为地表 n 点首次和 m 次观测时的高程,mm。

下沉值正负号的规定:正值表示测点下沉,负值表示测点上升。

2. 水平移动

水平移动是指地表点移动向量的水平分量,用 U 表示。如图 9-12 所示,U_2、U_3、U_4 分别表示 2、3、4 测点的水平移动值。用地表某一点 n 的 m 次与首次测量的从该点至控制点水平距离差表示:

$$U_n = L_{nm} - L_{n0} \tag{9-2}$$

式中,U_n 为地表 n 点的水平移动;L_{n0}、L_{nm} 为地表 n 点首次和 m 次观测时距观测线控制点 R 的水平距离,mm。

水平移动值正负号规定:在倾斜主断面上,指向煤层上山方向为正,指向煤层下山方向为负;在走向主断面上(平面图上倾斜下山方向指向下),指向右侧方向的为正,指向左侧方

向的为负。

3. 倾斜

倾斜是指地表两相邻点下沉值之差与其变形前的水平距离之比，用 i 表示。它反映了地表移动盆地沿某一方向的坡度，其计算式为：

$$i_{m-n} = \frac{W_n - W_m}{l_{m-n}} = \frac{\Delta W_{m-n}}{l_{m-n}} \tag{9-3}$$

式中，i_{m-n} 为地表 m、n 两点间的倾斜变形，mm/m；l_{m-n} 为地表 m、n 两点间的水平距离，m；W_m、W_n 为地表 m、n 点的下沉值，mm。

倾斜的正负号规定：在倾斜主断面上，指向上山的方向为正，指向下山的方向为负；在走向主断面上（平面图上倾斜下山方向指向下），指向右侧方向的为正，指向左侧方向的为负。

4. 曲率

曲率是指地表两相邻线段倾斜差与其变形前的水平距离平均值之比，用 K 表示。它反映在观测线断面上的弯曲程度，其计算式为：

$$K_{m-n-p} = \frac{i_{n-p} - i_{m-n}}{\frac{1}{2}(l_{m-n} + l_{n-p})} = \frac{2\Delta i_{m-n-p}}{l_{m-n} + l_{n-p}} \tag{9-4}$$

式中，K_{m-n-p} 为线段 mn 和线段 np 间的平均曲率，mm/m²；i_{m-n}、i_{n-p} 为地表线段 mn 和 np 间的倾斜变形，mm/m；l_{m-n}、l_{n-p} 为地表线段 mn 和 np 中点间的水平距离，m。

曲率的正负号规定：地表下沉曲线的曲率，上凸为正，下凹为负。

5. 水平变形

水平变形是指地表两相邻点的水平移动值之差与其变形前的水平距离之比，用 ε 表示。它反映两点间单位长度的线段拉伸或压缩变形值，其计算式为：

$$\varepsilon_{m-n} = \frac{U_n - U_m}{l_{m-n}} = \frac{\Delta U_{m-n}}{l_{m-n}} \tag{9-5}$$

式中，ε_{m-n} 为地表点 m、n 间的水平变形，mm/m；U_m、U_n 为地表点 m、n 间的水平移动，mm。

水平变形的正负号规定：拉伸变形为正，压缩变形为负。

综上所述，由地下开采引起地表的两种移动和三种变形指标，是本门课程研究的重点。两种移动是对于一个点而言的，三种变形则是有相邻两点或三点的观测结果计算求出的。严格来讲，计算变形时，应该采用变化后的边长，但考虑移动中边长变化量很小，所以为方便起见，统一使用变化前的边长。

任务四　地表移动盆地范围及其确定方法

【知识要点】 地表移动盆地边界的划分；地表移动盆地范围的确定方法。

【技能目标】 掌握地表移动盆地边界的划分指标；能利用角值参数圈定地表移动盆地边界。

任务导入

地表移动稳定后，根据移动盆地各处的移动与变形值的大小及其移动的特征，可将移动盆地划分成几个区域。当地表为非充分采动时，可划分为移动区和危险变形区；当地表充分

采动时,除移动区域和危险变形区外,在盆地中心还有一个均匀下沉区。

任务分析

为了正确划分移动盆地区域,需要掌握地表移动盆地边界的划分指标,同时需掌握利用角值参数圈定地表移动盆地边界。

相关知识

一、地表移动盆地边界的划分

按照地表移动变形值的大小及其对建筑和地表的影响程度,将地表移动盆地分为三个边界。

1. 移动盆地的最外边界

移动盆地的最外边界是以地表移动变形为零的盆地边界点所圈定的边界,即地表移动的影响边界。在现场实测中,考虑到观测误差,一般取下沉 10 mm 的点为边界点,即最外边界实际是以下沉 10 mm 的点圈定的边界,如图 9-13 中 $A_1D_1B_1C_1$ 所示。

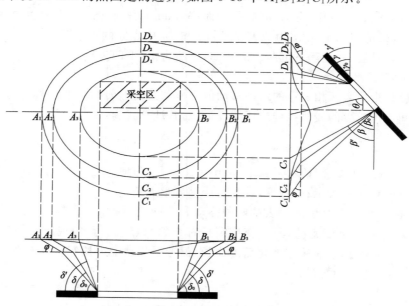

图 9-13　地表移动盆地边界的确定

2. 移动盆地的危险移动边界

危险移动边界是以临界变形值确定的边界,表示处于该边界范围内的建筑物将受到采动的明显损害,而位于边界外的建筑物将不产生明显的损害。我国针对一般砖石结构建筑物的临界变形值一般采用:$i=\pm 3$ mm/m,$\varepsilon=\pm 2$ mm/m,$K=\pm 0.2$ mm/m^2,如图 9-13 中 $A_2B_2C_2D_2$ 所示。应该指出的是,不同结构的建筑物,能承受的最大变形能力不同,所以各种类型的建筑物都应有对应的临界变形值。在确定移动盆地危险移动边界时,应用相应建筑物的临界变形值圈定,会更接近实际。

3．移动盆地的裂缝边界

裂缝边界是根据移动盆地内最外侧出现的裂缝圈定的边界，如图 9-13 中 $A_3B_3C_3D_3$ 所示。

二、确定地表移动盆地边界的角值参数

通常用角值参数圈定地表移动盆地边界。常用的角值参数有：边界角、移动角、裂缝角和松散层移动角。其中，前三个角值分别对应着地表移动盆地的最外边界、危险移动边界和裂缝边界。

1．边界角

边界角是指在充分或接近充分采动条件下，地表移动盆地主断面上的边界点和采空区边界点连线与水平线在煤壁一侧的夹角。当有松散层存在时，应该先从盆地边界点用松散层移动角画线和基岩与松散层交界面相交，此点至采空区边界的连线与水平线在煤柱一侧的夹角即为边界角。按照主断面的不同，边界角可分为走向边界角、下山边界角、上山边界角、急倾斜煤层底板边界角，分别用 δ_0、β_0、γ_0、λ_0 表示。

2．移动角

移动角是指在充分采动或接近充分采动条件下，在地表移动盆地主断面上，地表最外边的临界变形点和采空区边界点连线与水平线在煤壁一侧的夹角。当有松散层存在时，应从最外边的临界变形值点用松散层移动角画线和基岩与松散层交接面相交，此交点至采空区边界的连线与水平线在煤柱一侧的夹角即为移动角。按照主断面的不同，移动角可分为走向移动角、下山移动角、上山移动角、急倾斜煤层底板移动角，分别用 δ、β、γ、λ 表示。

3．裂缝角

裂缝角是指在充分采动或接近充分采动条件下，在地表移动盆地主断面上，地表最外侧的裂缝和采空区边界点连线与水平线在煤壁一侧的夹角。按照主断面的不同，裂缝角可分为走向裂缝角、下山裂缝角、上山裂缝角、急倾斜煤层底板裂缝角，分别用 δ'、β'、γ'、λ' 表示。

4．松散层移动角

如图 9-14 所示，用基岩移动角自采空区边界 A 画线和基岩松散层交界面相交于 B 点，B 点与地表下沉 10 mm 处 C 点连线与水平线在煤柱一侧所夹的锐角称为松散层移动角，用 φ 表示。它不受煤层倾角影响，主要与松散层的特性有关，一般为 $40°\sim50°$。

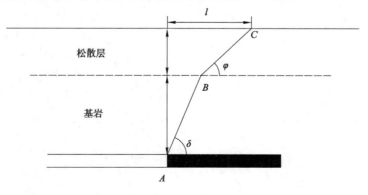

图 9-14　松散层移动角示意图

思考与练习

1. 水平煤层开采后,采空区岩层移动的表现形式有哪些?
2. 矿体采动稳定后,上覆岩层按破坏程度可分为哪三个开采影响带?
3. 绘图说明地表移动盆地的形成过程。
4. 绘图说明水平煤层开采时采动程度的判定方法。
5. 地表移动与变形常用的五个指标是什么? 它们之间有什么关系?
6. 地表移动盆地边界有哪些? 每个的划分指标是什么?

项目十　地表与岩层移动监测方法

任务一　地表移动观测站的设计

【知识要点】　观测站的概念和种类;观测站设计的原则;观测站设计的内容。

【技能目标】　能够根据观测目的选择观测站的类型;能够确定观测线的数目、布置位置以及长度;能够确定观测点的数目及布置间距。

**任务导入**

地表移动的过程十分复杂,它是许多地质采矿因素综合影响的结果。为了保护地表各种重要的建(构)筑物,使它们不受或少受开采损害的影响,必须研究地下开采引起的地表移动规律。目前,研究地表移动的主要方法是实地观测。通过观测获得大量的实测资料,然后对这些实测资料进行综合分析,从而找出各种地质采矿因素对地表移动的影响规律,再将这些规律用来解决实际问题,使之进一步完善与深化。

**任务分析**

为了获得大量地表移动的实测资料,首先需要了解移动观测站的种类以及观测站的布设方式,然后以常用的剖面线状观测站为例,说明移动观测站设计的原则和必备的设站资料,掌握观测站布设形式及要求,最后需要掌握观测线布设数目、位置、长度的确定方法,以及测点数目、间距和要求。

**相关知识**

一、地表移动变形观测的基本概念

为了进行实地观测,必须在开采进行前,在选定的地点设置地表移动观测站,简称观测站。所谓观测站,是指在开采进行之前,在开采影响范围内的地表,按照一定要求设置的一系列互相联系的观测点,称为工作测点(观测点)。在采动过程中它们和地表一起移动,从而反映地表的移动状态。通过定期地对这些观测点进行监测,确定其空间位置及其相对位置的变化,从而掌握地表移动变形规律。

二、岩层与地表移动观测站的种类

1. 按照观测站设置的地点分类

(1)地表移动观测站

地表移动观测站是为了研究地表移动和变形的规律,在开采影响范围内的地表上所布设的观测站。

（2）岩层内部观测站

岩层内部观测站是为了研究岩层内部的移动和变形规律,在井下巷道或岩层内部的钻孔中布设的观测站。

（3）专门观测站

专门观测站是为了特定的目的所设立的观测站,如建筑物观测站、铁路观测站、边坡移动观测站等。

2. 按照观测的时间分类

（1）普通观测站

普通观测站,观测时间较长（一般一年以上）,它是从地表移动的开始到结束的整个过程中定期进行观测,主要为了研究地表移动和变形的规律。

（2）短期观测站

短期观测站,观测时间较短（一般几个月到一年）,它是在地表移动过程中的某个阶段进行观测,主要是为了求出一些近似的移动参数,如最大下沉速度、走向移动角等。短期观测站只是在急需开采沉陷资料的情况下才采用。

3. 按布设形式分类

（1）网状观测站

网状观测站是在产状复杂的矿层或在建筑物密集的地区开采时,将测点组成网格状观测站（图 10-1）。网状观测站可以对整个采动影响范围进行观测,所得资料比较全面、准确。但是由于测点数目较多,野外观测、内业成果处理工作量大,且受地形、地物条件的限制,所以只在研究专门问题时才采用,所以目前我国矿区极少采用网状观测站,如河南平顶山矿务局和山东枣庄矿务局设置过网状观测站。

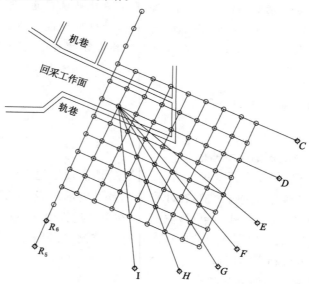

图 10-1　网状观测站布设示意图

（2）剖面线状观测站

剖面线状观测站是目前各矿区用得较多的一种布站形式。它是在沿移动盆地主断面的方向上,将观测点布设成直线的观测站,若条件限制不能布成直线时,可设少量转点而成折线形。通常由两条互相垂直且相交的观测线所组成,其中沿走向主断面布设的观测线称为走向观测线,沿倾斜主断面布设的观测线称为倾向观测线。由于剖面线状观测站需要设置的观测点比较少,建站时受地形条件的影响相对较少,观测工作量也较小,并且能够获取地表移动规律的主要基本参数,所以目前我国矿区大多采用剖面线状观测站。

根据设站的目的,合理地选择观测站的布设形式是十分重要的。观测站一般由两条观测线组成。一条沿煤层走向方向,一条沿煤层倾向方向,它们互相垂直并相交。在地表达到充分采动的条件下,通过移动盆地的主断面上。由于我国煤矿的回采工作面大多是沿煤层走向方向较长,远远大于充分采动所要求的最小尺寸,因此为了检验观测线成果的可靠性,往往在充分采动区设置两条相距 50～70 m 的观测线,如图 10-2 所示。观测线的长度保证两端(半条观测线时为一端)超出采动影响范围,以便建立观测线控制点和测定采动影响边缘。采动影响范围内的测点,在采动过程中应保证它们和地表一起移动,以反映地表移动状况。

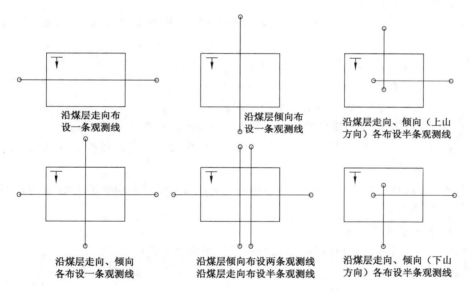

沿煤层走向布设一条观测线

沿煤层倾向布设一条观测线

沿煤层走向、倾向（上山方向）各布设半条观测线

沿煤层走向、倾向各布设一条观测线

沿煤层倾向布设两条观测线沿煤层走向布设半条观测线

沿煤层走向、倾向（下山方向）各布设半条观测线

图 10-2 剖面线状观测站的布设形式示意图

 **任务实施**

一、观测站设计所需资料

1. 图纸资料

（1）本矿区的井上、下对照图。

（2）本矿区的采掘工程平面图。

（3）本矿区的地质剖面图及岩层柱状图。

（4）本矿区的采掘工程计划图。

2．采矿资料

收集采区的采掘设计资料，包括巷道的布设、回采方法、顶板管理方法、计划回采时间以及工作面的推进速度等。

3．地质资料

（1）采区煤系地层的生成年代、地质构造、煤层产状及赋存情况。

（2）上覆岩层的组成、层位及其岩石力学性质。

（3）地面水系及地下水的赋存情况，井下水的补给关系等水文资料。

4．测绘资料

（1）该地区的地面控制点、水准点及井下主要巷道的导线点、水准点资料。

（2）该矿区已有的地表及岩层移动资料，如移动角、最大下沉角、充分采动角等移动角值参数。

（3）如果是一个新建矿区，没有现成的地表移动资料，为了建站工作的需要，可以根据矿区的地质条件、水文条件、采矿条件等采用类比法找出一个条件基本相同的其他矿区，借用这个矿区的地表移动参数作为本矿区的地表移动基本参数，来进行观测站的设计工作。

二、观测站设计的原则

为了能够获得比较准确、可靠、有代表性的观测资料，观测站设计中，一般应遵循以下原则：

（1）应布设在地表移动盆地的主断面上。

（2）周围地区在观测期间不受邻近开采的影响。

（3）线的长度要大于地表移动盆地的范围。

（4）线上的测点应有一定的密度，这要根据开采深度和设站目的而定。

（5）观测站的控制点要设在移动盆地范围以外，埋设要牢固。在冻土地区，控制点底面应在冻土 0.5 m 以下。

为特殊目的而建立的专门观测站，如移动区域内受保护建筑物的保护性监测观测站等，可不受上述条件限制。

三、观测站设计的内容

观测站设计包括编写设计说明书和绘制设计图两部分工作。

1．设计说明书

（1）建立观测站的目的和任务。

（2）设站地区的地形、地物及地质采矿条件。

（3）观测站设计时所用的开采沉陷参数。

（4）观测站的设计内容，包括观测线的形式、位置及长度的确定，观测点数目、间距和控制点位置、数目的确定。

（5）观测站的实际标定方法和埋设方法。

（6）观测站观测的内容，包括观测所用的仪器，与矿区控制网的连测方法和精度要求，连测的起始数据、观测时间、方法及精度要求。

（7）观测站成果整理与分析的方法和要求，所要获得的成果。

（8）经费估算，包括观测站所需材料、占地、人工等费用的预算。

2. 设计图

（1）观测站设计平面图

平面图是反映采区的井上、下对照关系及观测线的布设形式及观测线位置的图样,图样的比例尺一般与矿区的井上、下对照图一致,如果有的矿区范围较大,其原有的井上、下对照图比例尺为1∶5 000或更小,则应该选择1∶2 000或1∶1 000的大比例尺井上、下对照图,其主要目的是服务于观测站的设计。图上应绘有地面地物、地貌、控制点及水准点资料;采区的巷道布设及四周回采情况,观测线位置,观测点的点位及编号;保护煤柱边界及其他地质资料。

（2）观测线设计剖面图

观测站的每一条观测线都应绘制一张观测线剖面图,其比例尺应与平面图一致。剖面图上应表示出观测站点、控制点(如果控制点在观测线上)的位置及编号、岩层柱状、地质构造、煤层产状、开采位置等。

四、地表移动观测线位置和长度的确定(以剖面线状观测站的设计为例)

1. 观测线位置的确定

图10-3为走向长壁工作面上方地表移动观测站设计图。煤层厚度为m,煤层倾角为α,

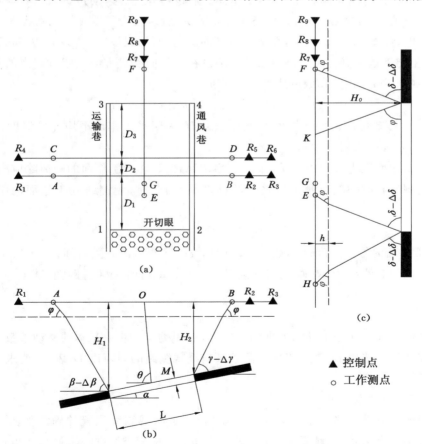

图 10-3　地表移动观测站示意图

(a) 观测站平面图;(b) 倾斜断面图;(c) 走向断面图

工作面下山边界的开采深度为 H_1，上山边界的开采深度为 H_2。1—2 表示工作面开切眼的位置，3—4 表示停采线的位置，1—3 为运输巷，2—4 为通风巷，并假定在 3—4 以外有足够长的煤柱，其余要素如图 10-3 所示。

因工作面的走向长度 $D_1 + D_2 + D_3 > 1.4H_0$，如需要，可考虑通过充分采动区设置两条间隔大于 50 m 的倾斜观测线（也可设一条倾斜观测线），沿煤层走向设置半条走向观测线。根据已给出的煤层走向和倾向方向，按矿区已有的地表移动与沉陷资料，在平面图上分别确定走向和倾斜观测线的位置。

（1）确定倾斜观测线的位置

倾斜观测线的位置主要是设置在地表移动盆地的倾斜主断面上，在地表未达到充分采动或刚好达到充分采动的情况下，其只有一个主断面，为了保证观测线设在主断面上，一般是通过采空区中心作垂直煤层走向的断面，此断面即为倾斜主断面，也是倾斜观测线所在的位置。如在工作面推进过程中设站，应考虑观测站的设计到第一次观测的间隔时间内工作面的推进距离。

在地表达到充分采动的情况下，根据已给出的设计回采工作面情况，如图 10-3 所示，可通过充分采动区设计两条倾斜线 R_1R_3 和 R_4R_6。假设已知充分采动角 φ_1、φ_2、φ_3，移动角 δ、β、γ，移动角修正值 $\Delta\delta$、$\Delta\beta$、$\Delta\gamma$ 以及最大下沉角 θ 等沉陷参数。为了使倾斜观测线 R_1R_3 不受邻近开采的影响，如图 10-3(c) 所示，在走向主断面上，自开切眼按 $\delta - \Delta\beta$ 和 φ 方向工作面推进方向画线，相交于地表 E 点，R_1R_3 观测线必须设在工作面推进方向上超过 E 点的位置。也就是说，倾斜观测 R_1R_3 到开切眼的距离 D_1 应为：

$$D_1 \geqslant (H_0 - h)\cot(\delta - \Delta\delta) + \cot\varphi \qquad (10\text{-}1)$$

式中，δ 为走向移动角；$\Delta\delta$ 为走向移动角修正值；H_0 为回采工作面平均开采深度，m；h 为松散层厚度，m；φ 为松散层移动角。

如果在工作面推进过程中设站，倾斜观测站到 R_1R_3 邻近工作面的距离除应满足 D_1 外，还应考虑观测站到第一次观测工作之间的推进距离。此时，观测线到工作面的距离 D'_1 应满足：

$$D'_1 \geqslant D_1 + vt \qquad (10\text{-}2)$$

式中，v 为工作面的推进速度；t 为观测站设计到第一次观测的间隔时间。

为保证倾斜观测线 R_4R_6 通过充分采动区，观测线到停采区得距离 D_3 必须满足下列条件：

$$D_3 \geqslant H_0 \cot\varphi_3 \qquad (10\text{-}3)$$

在矿区尚未取得充分采动角数据的情况下，可用类比法获取基本的移动参数，也可根据一般地表移动规律选用 $D_3 \geqslant 0.7H_0$。两条倾斜线观测站的间距以 D_1 表示，要求 $D_2 = 50 \sim 70$ m。

（2）确定走向观测线的位置

走向观测线应设在移动盆地的走向主断面上，走向观测线位置的确定如图 10-3(a) 所示。具体的确定方法是：在倾斜主断面[图 10-3(b)]上从采空区中心用最大下角 θ 画线与地表相交于 O 点，通过 O 点作平行煤层走向的垂直断面，此断面所在的位置就是走向观测线的位置。

2. 观测线长度的确定

在观测线的位置确定之后，即可确定其长度。观测线的长度应保证观测线的两端稍微超出地表移动盆地边缘一段距离，以便能较可能地确定移动盆地边缘的边界及有关参数，其中地表移动盆地的边界是根据矿区已有的沉陷参数或条件类似的其他矿区的参数确定。

（1）倾斜观测线长度的确定

倾斜观测线的长度是在移动盆地的倾斜主断面上确定的，如图 10-3(b)所示。具体方法是：自采区的上、下边界分别以 $\gamma-\Delta\gamma$ 和 $\beta-\Delta\beta$ 画线与基岩和松散接触面相交，再从交点以 φ 角画线交于地表 A、B（或 C、D）点，AB 段（或 CD 段）即为倾斜观测线的工作长度。此段长度亦可按下式计算：

$$AB = 2h\cot\varphi + (H_1-h)\cot(\beta-\Delta\beta) + (H_2-h)\cot(\gamma-\Delta\gamma) + l_1\cos\alpha \quad (10\text{-}4)$$

式中，l_1 为工作面倾斜长度；γ 为上山移动角；β 为下山移动角；$\Delta\gamma$ 为上山移动角的修正值；$\Delta\beta$ 为下山移动角的修正角；H_1、H_2 为分别为采区下边界和上边界的开采深度。

（2）走向观测线长度的确定

为了保证观测线不受邻近开采的影响，并使观测线位于移动盆地主断面上，一般情况下，走向观测线只设半条，如图 10-3(c)所示。具体做法是：自开切眼向工作面推进方向，以角值 $(\delta-\Delta\delta)$ 与基岩和松散层接触面相交于一点，再从此交点作角 φ 与地表交于 E 点。E 点便是不受邻区开采影响的边界点。在工作面停采线处，向工作面外侧作 $(\delta-\Delta\delta)$ 与基岩和松散层接触面相交于一点，再从此交点作角 φ 与地表交于 F 点。在 FE 方向上设走向观测线。要求走向观测线和倾斜线垂直、相交，并稍微超过交点一段距离（约 2～3 个测点间距）得 G 点（G 点不得超过 E 点），FG 段便是走向观测线的工作长度。如果有条件，也可设一条走向观测线，其长度 HF 按下式计算：

$$HF = 2h\cot\varphi + 2(H_0-h)\cot(\delta-\Delta\delta) + l_3 \quad (10\text{-}5)$$

式中，l_3 为工作面走向长度，m。

观测站设计中所用的倾斜煤层下山移动角的修正值 $\Delta\beta$ 和急倾斜煤层底板移动角的修正值 $\Delta\lambda$，可根据表 10-1 按不同倾角 α 确定。煤层上山和走向移动角的修正值 $\Delta\gamma$、$\Delta\delta$ 一般取 20°松散层移动角不加修正值。加入移动角修正值的目的是使观测线长度超过盆地边界一段距离。

表 10-1　　　　　　　　　　　　　　移动修正角

煤层倾角/(°)	$\Delta\beta$/(°)	$\Delta\lambda$/(°)	$\Delta\gamma$/(°)	$\Delta\delta$/(°)
0	20		20	20
10	17		20	20
20	15		20	20
30	13		20	20
40	12		20	20
50	11		20	20
60	9	10	20	20
70	7	10	20	20
80 以上	6	10	20	20

3. 观测站点位置和数目的确定

观测点应均匀布设在观测线上,每条观测线两端或一端沿观测线方向向外一般还要设置2个控制点,如果观测线是半条的或由于地形限制不能在观测线两端同时设置控制点时,应在可设置控制点的一段向外设置至少3个控制点。控制点与控制点之间、控制点与相邻控制点之间的距离可在50～100 m范围内选定。

观测站为了以大致相同的精度求得移动和变形值及其分布规律,一般工作测点采用等间距。观测线上测站密度主要取决于开采深度和设置目的,其中决定测点密度的测站点间距可以根据采区的平均开采深度按表10-2确定。有时由于某些设置目的而需要加密测点,例如为了较准确地确定移动盆地边界或最大下沉点的位置,可在移动盆地边界附近或盆地中心部位适当加密测点。

表 10-2   测 点 密 度

开采深度/m	点间距离/m	开采深度/m	点间距离/m
<50	5	200～300	20
50～100	10	>300	25
100～200	10		

任务二　地表移动观测站的观测工作

【知识要点】 地表移动观测站的标定和埋设;观测站的连接测量、全面观测和日常观测工作内容。

【技能目标】 能够根据设计在地表标定观测站观测线、控制测点和工作测点;能够完成控制点和工作测点的埋设工作;能够完成观测站的观测工作。

 任务导入

在工作面开始回采之前,或工作面虽已开始回采,但至观测线还有足够的距离,并且移动尚未波及设站地区地表时,就应将设计好的观测站标定到实地上,并按要求进行实地埋设,这是地表移动观测工作的关键环节,在此基础上,进行连接测量、全面观测和日常观测工作,确定连接测量、全面观测和日常观测的方法和要求。

 任务分析

为了完成观测工作,首先需要掌握观测站的标定和埋设,然后掌握连接测量、全面观测和日常观测工作的时间、方法和要求,最后需要在采动过程中,定期地、重复地测定观测线上各测点在不同时期内空间位置的变化。

 **相关知识**

一、地表移动观测站的标定

在观测站设计平面图上,利用观测站附近的矿区控制点确定各观测线及观测线上各测点的平面位置,如图 10-4 所示。从矿区控制点 T,根据设计图中量取的角值和边长 L,先标定出观测线上控制点 R_4,再根据 α 标出倾斜观测线 R_4R_1 的方向。在两观测线交点 O 处,标出与倾斜观测线垂直的走向观测线 R_5R_6 的方向。然后从 O 点开始在两条观测线的方向上,根据设计的测点间距,依次标出各测点的平面位置,并对各测点进行编号。如果矿区控制点离观测站较远,则需在观测站地区进行插点,也可利用其他控制点或图根点标定观测站。

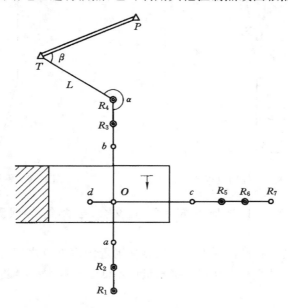

图 10-4　观测站的标定示意图

二、地表移动观测站的埋设

观测站的控制点和工作测点一般用混凝土灌注,或用预制的测点埋设,如图 10-5 所示。测点的构造可参照《工程测量规范》(GB 50026—2007)的规定选用。当地表至冻结线下 0.5 m 内有含水层时,可采用钢管式测点。如果使用期限较短,可用铁杆或旧钢轨等作为测点标志,如图 10-6 所示。为了保证观测站控制点的稳定性,应定期地进行从矿区水准基点到观测站控制点的水准测量。如果矿区水准基点离观测站较远,可在观测站附近 1～2 km 处,至少要埋设 2 个水准基点。

三、地表移动观测工作

地表移动观测工作可分为观测站的连接测量、全面观测、单独进行的水准测量、地表破坏的测定和编录等内容。

(一)连接测量

在观测点埋好后 10～15 天、点位固结之后,在观测站地区被采动之前,为了确定观测站与开采工作面之间的相对位置关系,首先选取观测站的某几个控制点与矿区控制网之间进行联系测量。这项工作称为连接测量。连接测量要独立进行两次,其测量方法可以依据矿区控制网分布以及地形条件来确定。连接测量分为平面连接测量和高程连接测量。

平面连接测量是从矿区已知坐标控制点,按定向基点的测定精度(点位中误差小于 7 cm)和 5″导线测量的精度要求测量出观测站控制点的平面坐标。其测量方法根据矿区控制

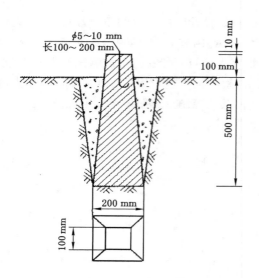

图 10-5　观测点及控制点构造

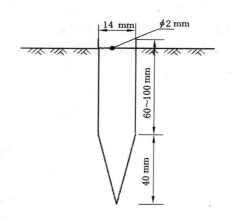

图 10-6　钢筋标志观测点

网的分布及地形条件,可以选择边角交会、角交会、边交会、导线测量,以及 GPS 测量的方法。

高程连接测量就是在矿区水准点至观测站附近的水准点之间进行水准测量,再由水准点测定观测站控制点的高程。高程连接测量以不低于三等水准测量的精度进行。

（二）全面观测

1. 全面观测内容

为确定观测线上测点在地表移动前的空间位置,在连接测量后、地表开始移动前,应对测点独立进行两次全面观测,两次观测的时间间隔不超过 5 天。全面观测的内容包括测定各测点平面位置和高程,各测点间的距离和测点偏离观测线方向的距离(称支距),记录地表破坏情况。

为确定移动地表移动稳定后地表各点的空间位置,需要在地表移动稳定后再进行一次全面测量。地表稳定的条件为 6 个月观测地表各点的累计下沉值小于 30 mm。

2. 全面观测方法

（1）高程测量

在确认观测站的控制点未遭到碰动,其高程值没有变化的前提下,可直接从观测站控制点开始进行水准测量。如果观测线两端都设有控制点,则水准测量附合到两端控制点上。若观测线只有一端有控制点,则需要进行闭合水准测量。按照三等水准测量的精度要求进行,经平差后求得各测点的高程。

当观测站地区地形起伏较大(两点间的倾角大于 20°)时,可以选用测角精度不低于 6″的全站仪,进行两个测回的竖角和斜距测量。需要进行往返测量,取往返测量高差的平均值为两测点间的最终高差值。往返测量高差的允许互差 Δh 可按下式计算:

$$\Delta h = 8 + 0.1D \tag{10-6}$$

式中,D 为两点间的水平距离,m。

（2）平面位置测量

测点平面位置的测量方法,根据观测站周围的地形条件以及所选控制点的情况可以选择边交会、角交会、边角交会、导线测量或 GPS 的方法。现在一般多选择导线测量或 GPS 测量方法。

若选择导线测量,当观测线两端都设有控制点时,采用附合导线测量。当观测线一端有控制点时,采用闭合导线测量或复测支导线测量。按 5″导线的精度进行测量,经平差后求得各点平面位置。

全面观测中,测点间的距离可以通过全站仪直接测出,或根据两测点的平面坐标用坐标反算公式得出。支距也可以根据各测点坐标结合测线两端基准点的坐标求出。因此,在全面观测过程无须单独进行测点间距离测量和支距测量工作。

（3）全面观测要求

采动前,两次测得的同一点的高程差不得大于 10 mm,计算得到支距差不得大于 30 cm,同一边的长度差不大于 4 mm,测点的点位中误差不大于 7 cm,取两次观测的平均值作为观测的原始数据。同时按照实测数据,将各点展绘到观测站设计图上。

（三）日常观测工作

所谓日常观测工作,指的是首次和末次全面观测之间适当增加的水准测量工作,以获取地表动态移动规律。为了判定地表是否已经开始移动,回采工作面推进一定距离（$0.25 \sim 0.5H_0$）后,在预计可能首先移动的区域,选择几个工作点,每隔几天进行一次水准测量,如果发现测点有下沉的趋势,即说明地表已经开始移动了。

在移动过程中,进行重复的水准测量,测量的时间间隔视地表的下沉速度而定,一般是每隔 1～3 个月观测一次。在移动的活跃阶段,还应在下沉较大的区段,增加水准观测次数。

采动过程中的水准测量,可用单程的附合水准或闭合水准测量,按四等水准测量的精度要求进行观测。采动过程中,还要及时记录和描述地表出现的裂缝、塌陷的形态和时间,记载每次观测时的相应工作面位置、实际采出厚度、工作面推进速度、顶板垮落情况、煤层产状、地质构造、水文条件等有关情况。若要获取地表水平移动和变形的动态规律,还应该进行测点水准测量的同时,测量出观测站的平面坐标。

观测站的各项观测,一般情况下可参考表 10-3 进行。为保证所获得观测资料的准确性,每次观测应该在尽量短的时间内完成,特别是在移动活跃阶段,水准测量必须在一天内完成。若要进行平面坐标的测量工作,需要跟水准测量同时进行。

表 10-3　　　　　　　　　　　　　　观测站的观测程序

观测时间	观测内容	观测时间	观测内容
设站后 10～15 天	与矿区控制网联测	地表移动活跃期	全面观测、加密水准测量
采动影响前	全面测量、预测	地表移动衰退期	水准测量
地表移动初期	水准测量	地表移动稳定后	全面观测

任务三　　观测成果的数据处理

【知识要点】　观测数据的整理;移动和变形的计算;移动和变形曲线的绘制。

【技能目标】 能够对观测数据进行整理,掌握移动和变形的计算方法,能够绘制移动和变形曲线图。

任务导入

当观测站观测工作全部结束后,为了求出最终结果,应对每次观测结果进行综合分析,以便获得观测站受开采影响的移动变形的发展过程,以及移动和变形的最终值,从而总结地表移动变形规律。

任务分析

观测站的观测成果的数据处理包括观测数据整理、计算和绘图三个部分。首先对观测数据进行整理,然后计算各观测点的高程和相邻两点之间沿观测线方向的水平距离,最后计算观测线各点的移动和变形值,并依次绘出相应的移动变形曲线图。

相关知识

一、观测数据的整理

在进行移动和变形计算之前,必须进行观测数据的整理。

(1)为了确保实测数据的正确性,每一次观测结束后,应对观测及时进行检查,如发现粗差、超限或漏测,应立即重测或补测,直到全部观测数据符合要求为止,才能进行整理计算。

(2)计算各观测点的高程时,按各水准路线逐条进行简易平差,然后计算各观测点的高程。

(3)对观测数据加入各种改正。比如,对水准测量数据进行平差,计算各测点的高程;对钢尺丈量的边长加入比长、温度、倾斜、支距、垂曲等改正,计算各测点在观测线方向上的水平距离。

(4)计算各观测点间的水平距离时,根据坐标反算公式,由各观测点的坐标计算出观测点间的水平距离。相邻两点间水平距离在观测线方向上的投影,以及观测点在沿观测线方向和垂直于观测线方向的水平移动值,可以根据观测线两端基准点坐标和各观测点的坐标求出。

如图 10-7 所示,在工作面 ABCD 走向主断面内布置 MN 观测线,其中点 M 和 N 为测线两端的基准点,1、2 为观测线上的两个测点,2′是观测点 2 受开采影响移动后的位置。受地形条件的影响,观测点不完全位于观测线上。受地质采矿条件的影响,观测点并非完全沿着观测线方向移动。

设观测线基准点 M、N 的坐标为 (x_m, y_m)、(x_n, y_n),1、2 点在开采影响前的坐标为 (x_1, y_1)、(x_2, y_2),2 点在受开采影响移动后的坐标为 (x_2', y_2')。则移动前 1、2 两点的距离 S 和 2 点的水平移动距离 U_0。由坐标反算公式得:

$$S = \sqrt{(x_2 - x_1)^2 + (y_2 - y_1)^2} \tag{10-7}$$

$$U_0 = \sqrt{(x_2' - x_2)^2 + (y_2' - y_2)^2} \tag{10-8}$$

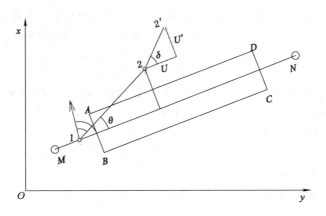

图 10-7　测点数据处理示意图

同样,通过坐标反算公式计算 MN 的方位角 α_0,12 坐标方位角 α_1,22′坐标方位角 α_2。

$$\alpha_0 = \arctan \frac{y_n - y_m}{x_n - x_m} \tag{10-9}$$

$$\alpha_1 = \arctan \frac{y_2 - y_1}{x_2 - x_1} \tag{10-10}$$

$$\alpha_2 = \arctan \frac{y_2' - y_2}{x_2' - x_2} \tag{10-11}$$

于是得到 12 与测线 MN 间的夹角 θ,和 22′与测线 MN 间的夹角 δ:

$$\theta = \alpha_0 - \alpha_1 \tag{10-12}$$

$$\delta = \alpha_0 - \alpha_2 \tag{10-13}$$

则点 1、2 间的水平距离在测线方向上的投影长度 S_1,2 点在沿着测线方向的水平移动 U 和垂直于测线方向的水平移动 U' 由下式可得:

$$\begin{cases} S_1 = S \times \cos \theta \\ U = U_0 \times \cos \alpha \\ U' = U_0 \times \sin \alpha \end{cases} \tag{10-14}$$

按照上述方法,所计算的相邻两点间的水平距离在观测线上的投影 S_1,可以作为计算倾斜、曲率和水平移动时使用。水平移动 U_0 经分解后,既能得到其在观测线上的水平分量 U,又能得到其垂直于观测线方向的水平分量 U'。

二、观测成果(移动与变形值)的计算

观测数据经过整理改正后,便可计算观测线上各测点和各测点间的移动和变形。移动和变形计算主要包括:各测点的下沉和水平移动,相邻两侧点间的倾斜和水平变形,相邻两线段(或相邻三点)的曲率变形,观测点的下沉速度等。各移动和变形按下列公式计算:

1. m 次观测时 n 点的下沉值(mm)

$$W_n = H_{n0} - H_{nm} \tag{10-15}$$

式中,W_n 为 n 点的下沉值;H_{n0}、H_{nm} 分别为首次和 m 次观测时 n 点的高程。

2. 相邻两点间的倾斜(mm/m)

$$i_{n \sim n+1} = \frac{W_{n+1} - W_n}{S_{n \sim n+1}} \tag{10-16}$$

式中，$S_{n\sim n+1}$ 为 n 点和 $n+1$ 点的水平距离；W_{n+1}、W_n 分别为 $n+1$ 点和 n 点的下沉量。

3. n 点附近的曲率，即 $n-1$ 点至 $n+1$ 点之间的曲率（mm/m²）

$$K_{n+1\sim n-1} = \frac{2(i_{n+1\sim n} - i_{n\sim n-1})}{S_{n+1\sim n} + S_{n\sim n-1}} \tag{10-17}$$

式中，$i_{n+1\sim n}$、$i_{n\sim n-1}$ 分别表示 $n+1$ 点至 n 点和 n 点至 $n-1$ 点的倾斜；$S_{n+1\sim n}$、$S_{n\sim n-1}$ 分别表示 $n+1$ 点至 n 点和 n 点至 $n-1$ 点的水平距离。

4. n 点的水平移动（mm）

$$U_n = U_{n0} \times \cos\alpha \tag{10-18}$$

式中，U_n 为 n 点的水平移动。

5. n 点至 $n+1$ 点间的水平变形（mm/m）

$$\varepsilon_{n+1\sim n} = \frac{U_n}{(S_{n+1\sim n})_0} \tag{10-19}$$

式中，$(S_{n+1\sim n})_0$ 分别表示 $n+1$ 点至 n 点在首次观测时和 m 次观测时的水平距离。

6. n 点的下沉速度（mm/d）

$$V_n = \frac{W_{nm} - W_{nm-1}}{t} \tag{10-20}$$

式中，W_{nm-1}、W_{nm} 分别表示 $m-1$ 次和 m 次观测时（即前后两次观测）n 点的下沉值；t 为两次观测的间隔天数。

7. n 点的横向水平移动（mm）

$$U_n' = U_{n0} \times \sin\alpha \tag{10-21}$$

横向水平移动是垂直于观测线方向的水平移动，计算时需要注意正负号。

每次观测之后均应及时地进行移动和变形计算，计算数字的取位可参考表 10-4。

表 10-4　　　　　移动、变形计算时的取位参数

名称	下沉 W /mm	水平移动 U/mm	倾斜 i /(mm/m)	曲率 K /(mm/m²)	水平变形 ε/(mm/m)	横向水平 移动 U'/mm	下沉速度 V/(mm/d)
取位	1	1	0.1	0.01	0.1	1	0.1

三、绘制图形

1. 观测站平面图和观测线剖面图

观测站平面图和观测线剖面图是在全面观测后根据实际的地质与采矿资料绘制的，其中观测线剖面图的竖直和平面图的水平比例尺一致。图样的比例、绘制的方法与设计图相同。图上应表示出：观测点的实际位置、地貌、地物、地表裂缝和塌陷坑的形态并注记出日期，实际的采厚、倾角，新揭露的地质构造，采区的实际形状及倾向、走向尺寸，每次观测时的工作面位置等。在平面图上还可以根据各观测线的移动变形情况，分别绘制观测站的移动、变形等值线图。

2. 地表移动和变形曲线图的绘制

地表移动变形曲线图按观测线分别绘制，并且应与对应观测线的剖面图绘制在一起。曲线图按不同的研究目的，可以分为两种类型：一种是根据最终全面观测资料与采动前的全面资料，把下沉、倾斜、曲率、水平移动和水平变形五种曲线绘在同一张观测线剖面图上，如

图 10-8 所示。这种曲面图可以反映地表移动盆地的最终形态,研究在稳定盆地上的移动和变形的分布规律,并且能图解各种移动参数。另一种是把每一次观测后绘制的同一曲线绘制在同一张观测线剖面图上,用以研究地表在移动过程中移动变形的发展规律。

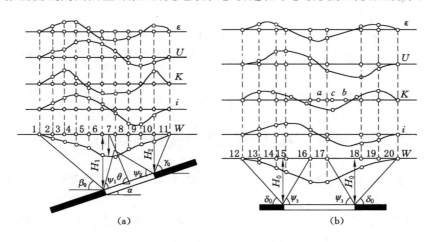

图 10-8　观测线实测移动变形曲线图

这两种曲线图的绘制原理相同。下面介绍第一种曲线图的绘制方法和步骤:

(1) 在图纸的下半部分适当位置绘出观测线的剖面图。在剖面图的上方应留出足够的绘制五种曲线面的位置。

(2) 在图纸的上部均匀地画出五种曲线的水平投影轴(由下向上依次为下沉、倾斜、曲率、水平移动和水平变形)。

(3) 将观测线的观测点投影到各水平投影轴上,并注记相应的点号;可以由剖面图上的各观测点向水平轴垂线,其垂足就是各观测点在水平轴的位置。

(4) 确定各曲线的比例尺。各曲线水平比例尺应与剖面图的比例尺一致,竖直比例尺可以根据五种移动变形值选取不同的数值。其确定的原则是:曲线能清楚地反映出移动变形的变化规律,并便于对比、分析和图解移动参数。

(5) 自上而下依据各水平投影轴绘制下沉、倾斜、曲率、水平移动和水平变形曲面。先在各水平投影轴上定出点位(下沉和水平移动为各观测点,倾斜和水平变形为各点间距的中点),然后根据综合计算表中的移动和变形值按各自的竖直比例尺展点。绘图展点时需要注意:下沉向下取值为正,其他移动变形均向上取值为正、向下取值为负。下沉是展在测点的正下方。水平移动是根据其正负号分别展在测点的正上方或正下方。倾斜和水平变形是依据其正负号展在两测点间中点的正上方或正下方。曲率是依据两相邻线段的不同情况展点:当相邻两线段的长度相等时,曲率点应展在中间点的正上方或正下方;当相邻两线段的长度不相等时,曲率点应展在两线段之和的中点的正上方或正下方。

(6) 将各曲线点分别用平滑曲线连接起来,即为各种移动变形曲线。

四、观测数据处理的结果

观测站的实测数据经过处理后,可求得下列成果:

(1) 地表移动盆地的范围、形状、大小,以及各种角值参数(边界角、移动角、裂缝角、最大下沉角、充分采动角等）。

（2）地表移动盆地主断面上的移动和变形分布及其特征，移动和变形最大值的位置。

（3）工作面推进过程中移动和变形的发展过程及其相应的主要参数（起动距、超前距、超前影响角、滞后距、滞后角等）。

（4）地表移动过程中，地表移动速度的变化以及与工作面的相应关系。

（5）地表移动各个阶段（初始阶段、活跃阶段、衰退阶段）的持续时间以及地表移动持续的总时间。

（6）工作面开始回采到地表开始下沉的时间等。

任务四　采动区建筑物变形观测方法

【知识要点】　监测网和观测点设置方法；观测点和监测网的精度设计；建筑物变形观测方法。

【技能目标】　能够掌握采动区建筑物监测网和观测点的设置方法；能够进行监测网和观测点的精度设计；能够掌握建筑物变形观测的常用方法。

 **任务导入**

地下开采引起地表土的移动和变形，而地表土的移动和变形又势必会对位于其上的建筑物产生不利的影响。这是因为地表土的移动和变形破坏了建筑物从基础到上部结构原有的应力平衡状态，使得整个建筑物在与其下部土体的共同作用下产生新的内力平衡；在新的内力平衡的产生过程中，建筑物会产生附加应力，这就容易导致建筑物从基础到上部结构不同程度的损坏，从而危及建筑物的安全，严重时还会引起建筑物破坏。不同性质的地表移动与变形（下沉、倾斜、曲率、扭曲、水平移动、水平变形），对建筑物与结构物的影响是不同的。为了可靠地判定采动区上方建筑物的稳定性和预报以后的变形，发现异常及时采取工程补强措施，以确保建筑物的安全和正常运行，因此，对采动区上方建筑物进行定期、系统的变形观测是非常有必要的。

 **任务分析**

为了保证采动区影响范围内的建筑物能够达到有效的监测监控，首先根据场地建筑物分布情况，选定进行监测的建筑物和场地范围，设置监测网及观测点，然后进行监测网和观测点的精度设计，最后完成对建筑物变形的观测工作。

 **相关知识**

一、监测网和观测点设置方法

1. 监测网的设置

观测点设在被观测的目标上，为对观测点实施观测还需要建立基准点。基准点分为稳定基准点和工作基准点。稳定基准点是指离观测目标有一定距离、位于不受采动区变形影响的稳定区域的测量控制点,一般至少布设3个。工作基准点是指位于观测目标附近,是对目标上的观测点进行观测所依据的基准点。由稳定基准点和工作基准点组成了变形监测网。由于工作基准点离观测点较近,可能在采动区上方受采动变形的影响而不稳定,其位移量通过对整个监测网的重复观测来确定。

监测基准网包括平面监测控制网和高程监测控制网,高程监测控制网的布设原则:

(1)基准点应埋设在变形区域以外,地质条件良好的地方,最好埋设在基岩上,也可在变形区域以外的多年旧建筑物上设置墙上基准点,其中基准点不宜少于3个。

(2)基准点与工作点连接成网,网形线路应合理简短。

(3)基准点的标志,应根据实际情况采用浅埋层或深埋标志。

平面监测控制网的布设原则:

(1)应根据不同的变形观测对象,布设不同的监测控制网。对大型变形建筑物,宜布设三角形网、导线网、边角网、GPS网等;对于分散、单独的小型变形建筑物宜布设视准轴线,其中轴线上或轴线两端应设立检核点。

(2)基准点及工作点的选点和高程监测点相同。

(3)平面监测控制网宜采用独立坐标系统,并进行一次布网,必要时可与国家坐标系统联测。

(4)对于精度较高要求的观测点,宜尽可能纳入监测网内统一平差,以削弱因分级传递带来的误差影响。

(5)观测点和工作点通常应设置观测墩,并安装强制对中装置。

2．观测点的设置

建筑物变形观测点应布设在能反映建(构)筑物变形特征和变形明显的部位;应避免障碍物的影响,便于观测和长期保存。根据工程实践,认为观测点宜布设在下述位置:

(1)砖石结构的建筑物一般布设在建筑物的角部、纵墙和横墙连接处及承重柱和窗间墙的肋脚部位;为了观测变形缝、补偿沟、新与旧房屋连接处受采动的影响,在其两侧需要设置观测点。

(2)框架结构建筑物一般布设在每个立柱上及箱形基础四角、拐点处。

(3)由于高耸建筑物(烟囱、水塔、高压电塔、井架)的高度较大,基础面积较小,对地表倾斜最为敏感,因此,对它们主要是进行倾斜观测,一般是在其顶部设置观测点,观测其倾斜程度。

(4)重型机械设备应布设在其基础的四周,或在基础四角的平面上钻出直径为30～50 mm、深度为100～150 mm的孔洞,用混凝土将刻有十字标记的钢筋埋于孔内作为观测点。

二、观测点和监测网的精度设计

1．观测点的精度设计

建筑物变形观测是为了检查建筑物变形是否超过允许的变形值,因此其观测精度应根据建筑物的允许变形值确定。国际测量工作者联合会(FIG)第十三届会议(1971年)上工程测量组提出:"如果观测的目的是为了使变形值不超过某一允许的数值而确保建筑物的安全,则其观测的中误差应小于允许变形值的1/10～1/20;如果观测的目的是为了研究其变形的过程,则其中误差应比这个数小得多。"因此,采空区上方建筑物变形观测取用的精度标准,一般可按小于允许变形值的1/10～1/20的要求取值。不同建筑物的允许变形值,与其地基、基础、结构形式、重要程度有关,一般按照建筑工程规范中的规定(表 10-5)或由设计单位提出。

表 10-5 建筑工程规范中建筑物的允许变形值

变形特征或结构形式		允许变形值	
砖石承重结构的局部倾斜		砂土和中低压缩黏土	高压缩黏土
		0.002	0.003
工业与民用建筑物相邻桩基沉降		0.002L	0.003L
当基础沉降不均匀不产生附加应力的结构		0.005L	0.005L
桥式吊车轨道倾斜	纵向	0.004	
	横向	0.003	
高耸结构基础倾斜	$h \leqslant 20$	0.008	
	$20 < h \leqslant 50$	0.006	
	$50 \text{ m} < h \leqslant 100$	0.005	

注:表中的单位为 m;L 为相邻柱基中心间距;h 为相对地面的建筑物高度。

根据《工程测量规范》(GB 50026—2007)的规定,可得不同建筑物变形测量等级及精度,见表 10-6。

表 10-6 建筑物变形测量等级及精度

等级	垂直位移监测		水平位移监测	适应范围
	变形观测点的高程中误差/mm	相邻变形观测点的高差中误差/mm	变形观测点的点位中误差/mm	
一等	0.3	0.1	1.5	变形特别敏感的高层建筑、高耸构筑物、工业建筑、重要古建筑、大型坝体、精密工程设施、特大型桥梁、大型直立岩体、大型坝区地壳变形监测等
二等	0.5	0.3	3.0	变形比较敏感的高层建筑、高耸构筑物、工业建筑、古建筑、特大型和大型桥梁、大中型坝体、直立岩体、高边坡、重要工程设施、重大地下工程、危害性较大的滑坡监测等
三等	1.0	0.5	6.0	一般性的高层建筑、多层建筑、工业建筑、高耸构筑物、直立岩体、高边坡、深基坑、一般地下工程、危害性一般的滑坡监测、大型桥梁等
四等	2.0	1.0	12.0	观测精度要求较低的建(构)筑物、普通滑坡监测、中小型桥梁等

2. 监测网的精度设计

采动区上方建筑物变形观测网一般由两部分组成：一是在观测目标上设立多个沉降（变形）观测点；二是设立包括稳定基准点和工作基准点组成监测基准网。

对于一个建成的建筑物变形观测网，变形观测点所能够达到的精度，除取决于由监测网出发对观测点的测量精度 $m_测$，也受监测网本身的精度影响；最不利的情况是监测网中最弱点 $m_弱$ 施测观测点，则观测点的观测中误差为：

$$m_观 = \sqrt{m_测^2 + m_弱^2} \tag{10-22}$$

则

$$m_弱 = \sqrt{m_测^2 - m_观^2} \tag{10-23}$$

当 $m_观$ 由建筑物允许变形值确定后，就可以选择观测点的测量精度 $m_测$ 和监测网的最弱点精度 $m_弱$。测量精度 $m_测$ 取决于选定的测量方法和测量仪器。可适当调整 $m_测$ 和 $m_弱$ 的关系，最终确定适宜的监测网和观测方法。

当 $m_弱$ 解出之后，可根据监测网确定最弱点的权值 $P_弱$，由此可解得监测网观测值单位权中误差 m_0 为：

$$m_0 = m_弱 \sqrt{P_弱} \tag{10-24}$$

进而可确定监测网的测量等级与相应技术要求。

三、建筑物变形观测方法

建筑物变形观测方法，根据监测项目的特点、精度要求、变形速率以及监测体的安全性等指标，按表 10-7 选用，也可同时采用多种方法进行监测。

表 10-7　　　　　　　　　　　　　建筑物变形观测方法

类型	观测方法
水平位移观测	三角形网、极坐标法、交会法、GPS测量、正倒垂线法、视准线法、引张线法、激光准直法、精密量距、伸缩仪法、多点位移计、倾斜仪等
垂直位移观测	水准测量、液体静力水准测量、电磁波测距、三角高程测量等
三维位移观测	全站仪自动跟踪测量、卫星实时定位测量（GPS-RTK）、数字摄影测量、三维激光扫描技术
主体倾斜观测	经纬仪投点法、差异沉降法、激光准直法、垂线法、倾斜仪、电垂直梁
挠度观测	垂线法、差异沉降法、位移计、挠度计等
监测体裂缝观测	精密量距、伸缩仪、测缝计、位移计、摄影测量等
应力、应变观测	应力计、应变计

下面介绍现阶段建筑物变形观测中常用的几种特殊测量方法。

1. 全站仪自动跟踪测量

全站仪自动跟踪测量以其自动化、高精度、三维监测的技术优势，在变形监测中得到了普遍应用。自动跟踪全站仪具有自动照准、锁定跟踪、联机控制等功能，实现测量过程的全自动化，被称作测量机器人。其应用 ATR 模式自动目标识别，当测量机器人发送的红外光被反射棱镜返回并经测量机器人内置的 CCD 相机判别接收后，马达就驱动全站仪自动转向棱镜，并自动精确测定；由于测量机器人精确照准，减少了人员照准误差等，提高了观测精度,并能很短的时间内完成一目标点的观测,可以对多个目标作持续和重复观测。测量机器人可实现全天候的无人值守监测。基站、基准点、目标点三者之间的关系如图 10-9 所示。

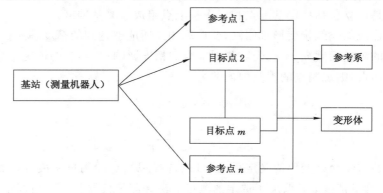

图 10-9 测量机器人变形监测系统

2. GPS 测量

近年来,GPS 不论是在硬件方面还是在软件方面都有长足的发展。实践证明,在降低成本、缩短工作时间,以及设计的灵活性等方面,GPS 技术较常规技术有以下优越之处:

(1) GPS 具有很高的定位精度,经过国内外大量实验表明,GPS 卫星定位计算的内符合与外符合精度均能达到 $\pm(5\ \text{mm}+1\ \text{ppm})$。

(2) GPS 自动化程度高,观测时间短。用 GPS 作静态相对定位(边长小于 15 km)时,采集数据的时间可缩短到 1 h 左右;尤其是实时动态测量技术(RTK)是以载波相位观测量为根据的实时差分 GPS 测量技术,实时地计算并显示出用户站的三维坐标。

(3) GPS 可以进行全天候观测,保证了变形监测的连续性和自动化。

GPS 与计算机技术、数据通信技术及空间分析技术进行集成,实现了从数据采集、传输、管理到变形分析及预报的自动化,以实现远程在线网络实时监控(图 10-10)。在该领域

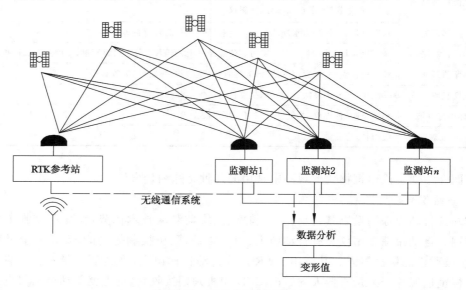

图 10-10 GPS-RTK 监测系统

的研究,开始重视建立实用的、低成本的 GPS 实时在线监测系统,以推动其在变形监测领域的应用范围;开始重视研究有效提取变形体动态变形特征的变形分析方法;开始重视研究 GPS 垂直位移监测精度,使之能与水平位移监测精度匹配,发挥其测定三维位移的优越性。

3. 数字摄影测量

摄影测量作为一种遥感式数据采集方法,可用于各种目的的测量,以前由于存在设备专业化、价格昂贵、所需工作环境的限制、数据处理技术复杂、处理周期长、信息反馈慢等原因,难以推广。近年来,随着计算机技术的飞速发展,摄影测量已经进入了数字摄影测量时代。被摄物体的数字影像的获取变得越来越容易。利用数字影像处理技术和数字影像匹配技术获得同名像点的坐标,就可以计算出对应物点的空间坐标。数字摄影测量技术应用于变形监测与其他测量手段相比,具有显而易见的优点。通过摄影测量的方法,建立变形体的三维立体模型,通过模型的量测,以测定监测点乃至整个变形体的空间位置及其变化。其监测精度已经达到了毫米级。显然变形监测的摄影测量方法,不仅圆满地解决了观测的同时性、观测点的连续性、动态监测等问题,而且可以对一些无法到达的变形体进行监测。

4. 三维激光扫描技术

激光雷达通过发射红外激光直接测定雷达中心到地面的角度和距离信息,以获取监测点的三维坐标数据。激光雷达属于无合作目标主动遥感测量技术,事先不需要布置任何测量标志,直接对变形体扫描,能够快速获取变形体上高密度的三维坐标数据。根据遥感平台不同,三维激光扫描可分为机载型、车载型、站载型,其中车载型和站载型属于地面遥感系统,是建筑物变形监测的主要平台。

三维激光扫描技术对变形体监测数据采集采用高密度、高速度的面采集方式,具有很强的数字空间模型信息的获取能力。其中,需要在不同测站(基站)位置扫描建筑物以获取物体的完整形状信息。不同的扫描数据通过共同的连接点可以配准到同一坐标系中,形成一个整体。其扫描过程如图 10-11 所示。

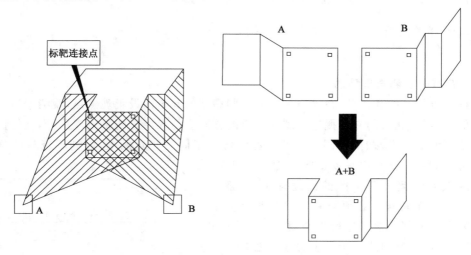

图 10-11　三维激光扫描仪的扫描过程

三维激光扫描仪的测程根据仪器种类,从几米到 2 km 以上。单点测量精度在几毫米到数厘米之间,模型的精度要远高于单点精度,可达 2～3 mm。激光扫描系统得到的是海量数据,点云具有一定的散乱性,没有实体特征参数,直接利用该数据比较困难。因此,必须建立针对三维激光扫描技术的整体变形监测概念,研究三维激光扫描变形监测理论和数据处理方法。由于三维扫描系统价格昂贵,该方法用于建筑物的变形监测投入较大,目前普及应用还有相当的难度。

任务五　岩层内部移动变形监测方法

【知识要点】　巷道岩移变形观测法;钻孔岩移变形观测法。

【技能目标】　能够利用已有的巷道进行岩层移动变形观测;掌握常用的岩移钻孔钢丝绳观测法、钻孔伸长仪观测法和钻孔倾斜仪观测法。

 **任务导入**

地下采矿引起的岩层移动,是从工作面顶板开始的,直到地表。要了解岩层与地表移动的全过程,仅建立地表移动观测站进行观测是不够的,还需要对岩层内部的移动变形进行观测。要掌握地下开采引起的岩层移动规律,同掌握地表移动规律一样,实地观测是基本手段。目前,岩层移动的观测工作主要是在工作面周围及其上部的巷道和钻孔中进行。根据不同的观测目的和观测条件选择观测的地点和方法。在岩层内部设置一系列互相联系的观测点,称为岩层内部观测站。

 **任务分析**

为了掌握工作面上覆岩层的移动和变形,根据现有的条件,选择观测地点和观测方法,一般多采用钻孔观测法。在采动影响范围内,从地面或井下巷道中,向岩层内部打钻孔,并在钻孔内不同水平上设置观测点(称深部测点)进行观测。

 **相关知识**

一、巷道中观测岩层移动

根据观测的目的和条件,在采空区上方不同高度的巷道内设置观测点,观测巷道可以利用旧有的,也可为此目的专门掘进。观测巷道的方向应与煤层走向垂直或平行,最好位于移动盆地主断面上。设站时,不同水平的观测线应位于同一竖直面上,以利于资料的分析比对。巷道观测线应该超出采动影响范围外一部分。测点间距按巷道离开采空区的高度确定,一般去5～15 m。巷道观测站必须同井下测量控制点联测。在采空区上部巷道中进行观测时,要保证工作人员的安全,因此巷道应位于导水裂缝带之上。

如图 10-12 所示为某水平煤层开采时所布设的巷道观测站,在地表移动盆地主断面上布设一条地

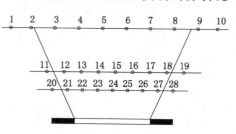

图 10-12　巷道观测站示意图

表移动观测线,于主断面下方岩层开掘两条不同水平的巷道,并在巷道内按一定间距布设观测点,一般是靠近采空区的观测点布设较为密集。如图所示,地表和巷道内观测线边缘的点,均在移动影响范围以外。

通过岩层内部布置的观测点所获取的观测资料,对比地表移动规律表明,岩层移动是自下而上有规律地发展,其移动值是逐渐减小的,但岩层下部移动值的波动较大。

巷道观测虽然能获得比较可靠、真实的岩层内部第一手资料,但巷道开掘费用高,维修工作量大,不宜大量采用。如果有合适的旧巷道能用来进行观测,则可以收到较好的效益。

二、钻孔中观测岩层移动

钻孔观测,就是在采动影响范围内,从地面或井下巷道中,向岩层内部打钻孔,并在钻孔内不同水平上设置观测点(称深部测点)进行观测。钻孔中设置测点的位置和数量,应根据观测目的来决定。一般测点应设在个岩层的接触面附近,在厚岩层内按一定间距设点。通过观测求出各测点沿轴向或垂直轴向的移动量和移动速度,从而判断垮落带的高度和离层出现的位置。钻孔观测的方法主要有:岩移钻孔钢丝绳观测法、钻孔伸长仪观测法、钻孔倾斜仪观测法。

1. 岩移钻孔钢丝绳观测法

岩移钻孔钢丝绳观测法的钻孔观测点分为金属和木制两种。金属测点是用混凝土灌注使之与孔壁岩层紧密固结在一起的。木制测点是用压缩木制成,利用其遇水膨胀性与孔壁岩层紧密固结在一起。

压缩木由圆形压缩木构成,中间有隔铁环,用螺丝固定在钢管上。测点的直径应根据钻孔的实际孔径确定。压缩木料要求木块无裂缝、无拐节、无硬芯,压缩变形量约在50%左右为宜。

如图10-13所示,设点时先把最底部一号测点放到钻孔内的设计位置上,注水(金属测点时灌注混凝土)使其固定。然后把固定在一号测点上的钢丝,从第二个测点中心的钢管穿过,将第二号测点固定到设计位置。一号测点和二号测点的钢丝均从三号测点的中心钢管穿出,并固定三号测点。以此方法依次设定各个测点。将每个测点上的钢丝引出钻孔口,在各个钢丝上悬一重锤挂于空口的支架滑轮上。当岩层移动时,测点带动钢丝和重锤上下移动,通过测量各个重锤的上下移动量,确定钻孔内相应测点的位移量。

通过岩移钻孔钢丝绳观测法,可以了解岩层钻孔方向的移动情况,但这种方法测点受到深度的限制,且费用昂贵,钢丝已损坏,使用周期较短。因此,从国外引进了钻孔伸长仪和钻孔倾斜仪来测量岩层移动。

2. 钻孔伸长仪观测法

钻孔伸长仪由四部分组成:带有金属感应环的波状塑性管、感应探头、具有读数装置的卷缆轮和带有刻画标尺的电缆与基准架,如图10-14所示。

塑性管每节长度为2~6 m,沿竖向是柔性的,感应金属环以设计的间距固定于塑性管上;感应探头内部有无线电频率振荡器和电测器电路,不受非准直性、磁带或多感应现象的影响,用于感应金属环发生感应;具有读数装置的卷缆轮上有电压指示器、灵敏度旋钮、蜂鸣器和电池检验旋钮等;基准架上配置有手柄和滑轮等,通过与探头连接的电缆调整探头在钻孔中的位置,电缆外表每米有一刻度,架子上有毫米刻画的标尺,用来测量深度不足1 m的

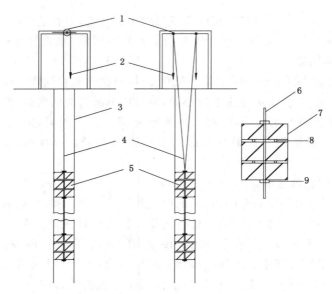

图 10-13　岩移钻孔钢丝绳法结构安装示意图

1——滑轮；2——重锤；3——钻孔；4——钢丝；

5——测点；6——钢管；7——压缩木；8——垫圈；9——螺母

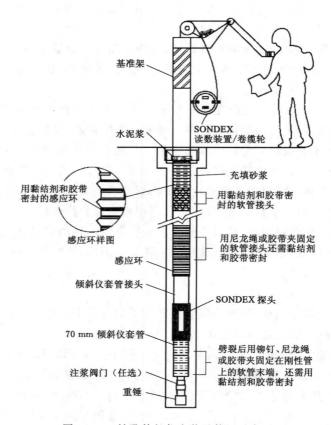

图 10-14　钻孔伸长仪安装及使用示意图

尾数部分。

如图 10-14 所示,当探头在波状塑性管移动并接近金属感应环时,将引起蜂鸣报警,同时指示器上的指针偏转。当指针偏转量达到最大时,此时探头中心正好对准金属环。利用电缆和标尺上的刻画,即可测定出探头所在的位置。根据开采前后的测量结果,可计算出不同深度处岩层的移动变形值。为获得绝对的位移值,应在移动区以外的测量基点测出空口基准架的移动值。钻孔伸长仪的测深精度可达 1.5 mm。

3. 钻孔倾斜仪观测法

钻孔倾斜仪由四部分组成:测管、传感器、电缆和数据记录器,如图 10-15 所示。

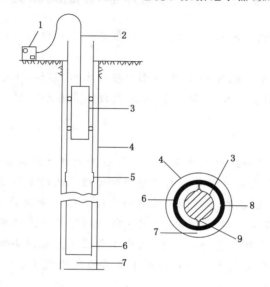

图 10-15　钻孔倾斜仪测量示意图

1——数据记录器;2——电缆;3——传感器;4——钻孔;
5——接头;6——套管;7——充填材料;8——导向槽;9——导向轮

测管分铝管和塑料管两种,其上带有两对正交的导向槽,如图 10-16 所示,测管为倾斜仪提供可靠的方位;传感器具有防水功能,它由两个相互垂直的伺服加速器组成。在管子内,横向上通过导向轮受测管支撑,竖向上通过电缆与数据记录器相连;电缆外径 10.7 mm,每隔 0.5 m 有一个黄色标记,每隔 1 m 有一个红色标记,以便确定测量时的深度;数据

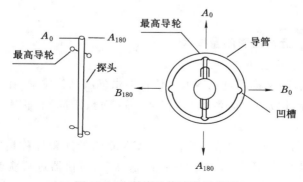

图 10-16　测管及传感器示意图

记录器是集采集和数据处理的高级仪器。

测量时,先将传感器与数据记录器用电缆相连,在孔口把传感器下放于测管内,依次由电缆上的刻度值标定在设计的深度,由数据记录器来进行读数和记录。整个钻孔测完后,由数据记录处理器计算出钻孔内每一个指定深度的偏斜值。移动前后同一位置处的偏斜值之差,即为该位置处的水平移动值。在安装良好的情况下,钻孔深度为 25 m 时,测量偏差值为 6 mm。

任务六　地表与岩层移动监测新方法

【知识要点】　测量机器人和近景摄影测量在变形监测中的应用;GPS-RTK 定位技术的应用。

【技能目标】　了解测量机器人、近景摄影测量技术和 GPS-RTK 定位技术的原理,掌握测量机器人、近景摄影测量技术和 GPS-RTK 定位技术在移动变形监测中应用。

任务导入

获取地表移动规律的传统方法是在采煤工作面上方建立地表移动观测站,通过对观测站的日常测量工作,获取采动过程中地表移动变形过程中的动态规律,以及地表移动盆地稳定后的移动变形分布情况,求取不同预计模型的参数。传统方法的理论和实践上都较为成熟,但该方法的外业工作量大,测量周期长,只能得到有限离散点的坐标,无法获得实时全面的地表移动数据。且在山体下进行开采时,由于工作面上方地形条件复杂,传统的测量手段实施起来将更为艰难。随着新测量仪器和测量技术的快速发展,矿山地表移动数据的获取手段也将进入一个新的阶段。

任务分析

为了解决传统方法外业工作量大、测量周期长、无法获得实时全面的地表移动数据等不足,依据新设备以及新技术,提出测量机器人、近景摄影测量技术和 GPS-RTK 定位技术等在移动变形监测中应用。

相关知识

一、测量机器人和近景摄影测量技术

1. 测量机器人在变形监测中的应用

TCA 自动化全站仪,又称测量机器人。该仪器由伺服马达驱动,在一定的范围内,由机载系统软件控制,自动识别目标、测量(水平角、垂直角、距离)目标和自动检测记录观测数据。

测量机器人的测角测距精度高,目前徕卡 TCA2003 的测角标称精度达到 $\pm 0.5''$,测距标称精度 $\pm(1\ mm + 1 \times 10\text{-}6D)$。且在此仪器的基础上,对仪器进行实验检测,精确确定仪器的差分改正系数,实现温度、气压、大气折光等外部条件对测量距离、角度观测值的实时差分改正,提高观测的精度。相比于普通全站仪测量机器人,具有自动照准功能,随机携带变形监测程序,且能够基于 GeoBasic 进行二次开发。测量机器人的这些特点决定了它在变形监测中的广泛应用。

目前在我国,徕卡 TCA2003 已成功用于小浪底大坝外部变形监测、大型桥梁变形监测、溪洛渡电站变形监测等监测工程中。对于不同的工程实例,虽然具体的监测方法和使用的具体监测程序不同,但是其基本原理和步骤相似,都是基于徕卡 TCA2003 的自动照准功能开发监测程序,自动获取监测点在不同时间的三维坐标,进行前后对比分析。其基本步骤如图 10-17 所示。

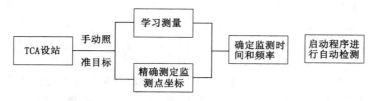

图 10-17　TCA2003 监测基本步骤

2. 近景摄影测量在变形监测中的应用

近景摄影测量是摄影测量学的一个分支,采用非接触量测手段,具有速度快、精度高、信息量大、不触及目标等优点。近景摄影测量可以使用非量测数码相机进行拍照测量,其所用设备价格低廉,便于携带,野外作业灵活方便。目前摄影测量的精度可达到毫米级,能满足大部分建筑变形监测的精度要求。

因此,国内已有许多学者将此技术应用于大坝、边坡以及矿山的变形监测。如盛业华等在 2003 年使用非量测相机,基于直接线性变换(DLT)算法,将近景摄影测量应用于梅山铁矿地表塌陷区的监测,测量精度为分米级。刘昌华等在 2007 年使用标定后的非量测相机,采用旋转多基线交向摄影方式,在木城涧煤矿大台井采煤区上方的山坡做近景摄影测量实验,测量精度达到厘米级。

基于近景摄影测量原理,不同的学者根据不同的算法,展开野外数据获取和内业数据处理工作。因实地情况、拍摄方法、数据处理方法不同,所得到的数据精度各不相同。目前,在国内近景摄影测量在矿山地表变形的监测精度,大都止步于厘米级。

3. 监测站的设计

因为监测站同时要作 TCA2003 的监测点和像控点,所以对其结构有特殊的要求。其观测墩与地表移动观测站的下部观测墩相同,埋在地下。观测墩上方安置基座,基座上有水准器用于整平。基座上安装近景摄影测量使用标靶,标靶具有一定厚度,且固定垂直于基座。用 SMR 棱镜作 TCA2003 的棱镜。SMR 棱镜为嵌入式空心角锥反射镜,高 1.05 cm,直径 3.72 cm。将 SMR 棱镜镶嵌到标靶中,位于标靶中心的正上方,紧邻标靶中心。完成监测站和像控点的组合。监测站如图 10-18 所示。

监测站在埋设时,应使基座上的水准气泡居中,保证标靶处于竖直状态。要得到近景摄影测量的像控点坐标,只需对监测站坐标在竖直方向进行改正。其表达式为:

$$Z_{像} = Z_i - z \tag{10-25}$$

式中,$z = \sqrt{2} r$。

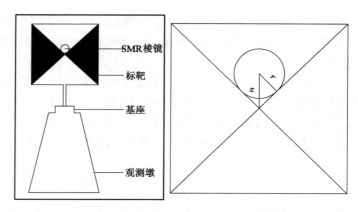

图 10-18　监测站示意图

因为观测墩整体埋入地下且底面积较小,其随地表整体下沉不会造成监测站的过多倾斜,可近似认为标靶处于竖直状态。在标靶倾角较小时,因标靶倾斜引起的点位误差公式为:

$$\sigma = z\sin\delta \tag{10-26}$$

式中,σ 为点位误差;δ 为标靶倾角,取 $\delta=5°$,代入公式求得 $\sigma=2$ mm。

可见,由于棱镜直径较小,且距标靶中心近,由于倾斜引起的像控点坐标误差很小,以棱镜坐标获取标靶中心点坐标的方法是可靠的。

4. 监测站的布设方案

在变形区外的高地上选取坐标已知的基准站,用来架设 TCA2003,尽量控制缩短基准站与监测站间的距离。在矿山变形区建立永久监测站,连续观测山体地表移动情况。取小部分位于变形区外,其余布设在变形区内,要确保地表移动盆地的关键特征点附近有监测站,能捕捉到移动突变信息。监测站的分布情况同时应满足做近景摄影测量像控点的要求,均匀分布,避免布设在同一直线或同一平面上。

拍摄前需提前标定相机,使非量测相机量测化。外业拍摄时,采用旋转多基线交相摄影的方式,这样可以降低对像控点布设的要求。根据实际地形,拍摄点尽量选在高于拍摄区域的地方,缩短拍摄距离,以提高测量精度。摄影基线长根据摄影距离和拍摄范围确定。其测量方案如图 10-19 所示。

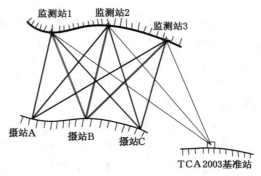

图 10-19　测量方案示意图

如图 10-19 所示,监测站布设好后,在基准站架设 TCA2003,开启程序自动连续监测。然后根据地下采煤掘进情况对山体进行拍摄,记录拍摄时间,对应 TCA2003 在拍照时间附近获得的监测站坐标,进行相应改正后作为像控点坐标。这样两种监测方法的外业工作,仅需一人就能轻松完成。

相比无棱镜法测量标靶中心坐标,使用测量机器人和近景摄影测量结合的方法,提高了像控点坐标测量精度,从而提高了近景摄影测量的精度。而且每次拍照时不再单独测量像控点坐标,只需从提取 TCA2003 中相应时间段坐标数据即可,两项工作一人即可完成,提高了外业工作的效率,增强了灵活性。采用新方法,可以同时获取两种有用数据:一是由 TCA2003 获取的高精度地表连续移动变形离散点数据,二是由近景摄影测量获取的较高精度的山体移动变形面状数据。前者可以作为后者精度分析的基础。

通过提高数据采样频率,获取地表移动的动态信息,结合地质采矿条件和地下工作面推进情况,可以分析地下开采对地面沉降的动态影响。

二、GPS-RTK 定位技术

1. GPS-RTK 工作原理

GPS-RTK 技术是以载波相位为根据的实时差分 GPS 测量技术,它能够实时提供测站点在指定坐标系中厘米级精度的三维定位结果。RTK 测量系统通常由三部分组成:GPS 信号接收部分、实时数据传输部分和实时数据处理部分(GPS 控制器及实时数据处理软件)。

GPS-RTK 定位技术是根据 GPS 的相对定位理论,将一台接收机设置在已知点上(基准站),另一台或几台接收机放在待测点上(流动站),同步采集相同卫星信号。基准站在接收 GPS 信号并进行载波相位测量的同时,通过数据链将其观测值、卫星跟踪状态和测站坐标信息一起传送给流动站,流动站通过数据链接收来自基准站的数据,然后利用 GPS 控制器内置的随机实时数据处理软件与本机采集的 GPS 观测数据组成差分观测值进行实时处理,实时给出待测点的坐标、高程及实测精度,并将实测精度与设计精度指标进行比较,一旦实测精度符合要求,手簿将提示测量人员记录该点的三维坐标及精度。作业时,流动站可处于静止状态,也可处于运动状态,可已知点上先进行初始化后再进入动态作业,也可在动态条件下直接开机,并完成整周模糊值的搜索求解。在整周模糊值固定后,即可进行每个单元的实时处理,只要能保持 4 颗以上卫星相位观测值的跟踪和必要的几何图形,则流动性可随时给出待测点厘米级的三维坐标。

GPS-RTK 系统数据流程如图 10-20 所示。

2. RTK 技术优点

(1) 作业效率高:在一般的地形地势下,高质量的 RTK 设站一次即可测完 4 km 半径的测区,大大减少了传统测量所需的控制点数量和测量仪器的"搬站"次数,仅需一人操作,在一般的电磁波环境下几秒钟即得一点坐标,作业速度快,劳动强度低,节省了外业费用,提高了劳动效率。

(2) 定位精度高,数据安全可靠,没有误差积累:只要满足 RTK 的基本工作条件,在一定的作业半径范围内(一般为 4 km),RTK 的平面精度和高程精度都能达到厘米级。RTK 技术当前的测量精度:平面 10 mm+2 ppm;高程 20 mm+2 ppm。

(3) 降低了作业条件要求:RTK 技术不要求两点间满足光学通视,只要求满足"电磁波

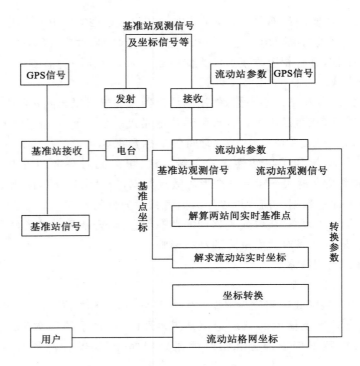

图 10-20　GPS-RTK 系统数据流程图

通视"。因此,和传统测量相比,RTK 技术受通视条件、能见度、气候、季节等因素的影响和限制较小,在传统测量看来,由于地形复杂、地物障碍而造成的难通视地区,只要满足 RTK 的基本工作条件,它也能轻松地进行快速的高精度定位作业。

(4) RTK 作业自动化、集成化程度高,测绘功能强大:RTK 可胜任各种测绘内、外业。流动站利用内装式软件控制系统,无须人工干预便可自动实现多种测绘功能,使辅助测量工作极大减少,减少人为误差,保证了作业精度。

(5) 操作简便,容易使用,数据处理能力强:只要在设站时进行简单的设置,就可以边走边获得测量结果坐标或进行坐标放样。数据输入、存储、处理、转换和输出能力强,能方便快捷地与计算机、其他测量仪器通信,手簿软件的使用简单易学。

3. GPS-RTK 在地表与岩层移动观测中的应用

采动影响前及稳定移动后的初次全面观测和末次全面观测,按下列要求进行:

(1) 高程测量

在确认观测站控制点未被碰动,且其高程没有变化的前提下,可直接从观测站控制点开始进行水准测量。如果观测线两端都设有控制点,则水准测量附合到两端控制点上。若只在观测线一段有控制点,则需要进行往返水准测量。施测按三等水准测量的精度要求进行,经平差后求得各观测点的高程。当观测站地区地形起伏较大(两点之间的倾角大于 20°)时,可采用三角高程测量,应用不低于 2″ 全站仪两个测回观测竖直角。

(2) 平面位置测量

RTK 平面测量时一般流程如图 10-21 所示。

进行 RTK 测量时应该注意以下几点:

图 10-21　RTK 测量的一般流程

① 一定要先检查数据通信链连接正确后,方可通电开机观测。

② 基准站应当选择在视野开阔的观测站控制点上,这样有利于卫星信号的接收。

③ 为直接得到矿区所在坐标系统下的坐标,进行流动站转换参数设置可选择布尔萨七参数转换模式,转换参数可使用连接测量中所计算的七参数结果。

④ 进行观测时,一定要时常注意观察解的模式(双差固定解时点位精度才可靠)。

⑤ RTK 外业测量中误差为 3 cm。

在整个移动过程中,全面观测的次数取决于设站的目的。如果设站只是为了研究稳定后(静态)的地表移动规律,只要进行首次和末次全面观测即可。为了便于比较和分析,也可在移动过程中适当增加 1～2 次全面观测。在薄煤层开采引起的地表最大下沉值小于开采厚度的 10%～20% 时,采动过程中可不增加全面观测的次数。如果设站的目的在于研究采动过程中的动态地表移动规律,就需在移动的过程中,特别是在移动的活跃阶段,加密全面观测的次数,并保证其观测质量。

思考与练习

1. 什么是移动观测站? 有哪些类型?

2. 观测站设计原则和设计内容是什么?

3. 剖面线状观测站观测线的位置和长度是如何确定的?

4. 观测站如何进行标定? 控制点和工作测点如何埋设?

5. 地表移动观测站全面观测包括哪些内容?

6. 观测数据整理包括哪些内容?

7. 如何进行移动变形计算和绘制移动变形曲线图?

8. 观测站的实测数据经过处理后,可以得到哪些成果?

9. 如何设置采动区建筑物监测网?

10. 建筑物变形观测点一般布设在哪些位置?

11. 观测点和监测网的精度都有哪些要求?

12. 建筑物移动变形观测方法有哪些?

13. 为什么要进行岩层移动变形观测?

14. 常用的岩移观测方法有哪些?

15. 如何使用钻孔伸长仪和测斜仪?

16. 简述测量机器人与近景摄影测量技术进行地表移动动态监测的监测过程。

17. 简述 GPS-RTK 进行地表移动观测的观测过程。

项目十一　地表移动变形规律与预计

任务一　地表移动盆地稳定后主断面内移动变形分布规律

【知识要点】　水平煤层非充分采动主断面内地表移动和变形分布特征;倾斜煤层非充分采动主断面内地表移动和变形分布特征。

【技能目标】　能绘图说明水平煤层非充分采动时主断面内下沉曲线、倾斜曲线、曲率曲线的分布特征。

　任务导入

由于地质采矿条件对地表移动与变形分布规律有着显著影响,本任务讨论的地表移动变形分布规律基于以下典型和理想化条件:

(1) 深厚比 $H/m > 30$。较大深厚比的条件下,地表移动变形在空间和时间上才具有明显的连续性。

(2) 地质采矿条件正常,无大的地质构造,并采用正规的循环作业。

(3) 单一煤层开采,且不受邻区开采影响。

研究表明,在均系走向长壁式采煤、全部垮落法管理顶板,且开采厚度一定时,影响分布规律的地质采矿因素主要是煤层倾角、采区尺寸和开采深度。其中,采区尺寸和开采深度可由采动程度反映。下面按采动程度和煤层倾角分类讨论地表移动变形分布规律。

　任务分析

为了掌握地表移动盆地稳定后主断面内移动变形分布规律,首先分析水平煤层开采非充分采动地表移动变形规律,掌握移动变形曲线空间分布特征,然后探讨不同采动程度和倾斜煤层采动移动变形的分布规律,掌握其中的区别。

　相关知识

一、水平煤层非充分采动主断面内地表移动变形分布规律

水平煤层开采时的采动程度可用走向充分采动角来判别。当用 Ψ_3 角作的两直线交于岩层内部而未及地表时,此时地表为非充分采动,如图 11-1 所示。

1. 下沉曲线

下沉曲线表示了地表沉陷区(移动盆地)内下沉的分布规律。设沿主断面方向为 x 轴,

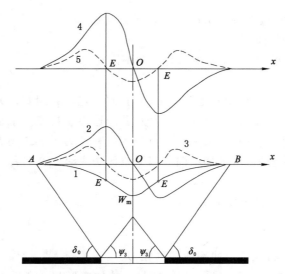

图 11-1　非充分采动时主断面内地表移动和变形分布规律

1——下沉曲线；2——倾斜曲线；3——曲率曲线；4——水平移动曲线；5——水平变形曲线

下沉曲线用 $W(x)$ 表示。

在讨论下沉分布规律时，应首先确定下沉曲线上的三个特征点：

(1) 最大下沉点 O：该点下沉值最大，水平煤层时位于采空区正上方。

(2) 盆地边界点 A、B：边界点处的下沉值为 10 mm，可根据走向边界角 δ_0 确定 A、B 两点位置。

(3) 拐点 E：拐点是指在移动盆地主断面上下沉曲线的凸凹分界点。拐点位置一般位于采空区边界上方而略偏向采空区一侧。充分采动条件下，拐点处的下沉值约为最大下沉值的一半。

下沉曲线的分布规律：在采空区中央上方 O 处地表下沉值最大，从盆地中心向采空区边界下沉逐渐减小，边界点 A、B 处下沉为 10 mm，下沉曲线以采空区中央对称。

2. 倾斜曲线

倾斜曲线表示了地表移动盆地内倾斜的变化规律，倾斜为下沉的一阶导数，即：

$$i(x) = \frac{\mathrm{d}W(x)}{\mathrm{d}x} \tag{11-1}$$

倾斜曲线分布规律：盆地边界至拐点间倾斜渐增，拐点至最大下沉点间倾斜逐渐减小，在最大下沉点处倾斜为零。在拐点处倾斜最大，有两个相反的最大倾斜值，倾斜曲线以采空区中央呈中心对称。

3. 曲率曲线

曲率曲线表示地表移动盆地内曲率的变化规律，它是倾斜的一阶导数、下沉的二阶导数，即：

$$K(x) = \frac{\mathrm{d}i(x)}{\mathrm{d}x} = \frac{\mathrm{d}^2 W(x)}{\mathrm{d}x^2} \tag{11-2}$$

曲率曲线的分布规律：

(1) 曲率曲线有三个极值，两个相等的最大正曲率和一个最大负曲率，两个最大正曲率位于边界点和拐点之间,最大负曲率位于最大下沉点处。

(2) 边界点和拐点处曲率为零。

(3) 盆地边缘为正曲率区,盆地中部为负曲率区。

4. 水平移动曲线

水平移动曲线表示地表移动盆地内水平移动的分布规律,用 $U(x)$ 表示。

水平移动曲线分布规律与倾斜曲线的相似:盆地边界至拐点间水平移动渐增,拐点至最大下沉点间水平移动逐渐减小,在最大下沉点处水平移动为零。在拐点处水平移动最大,有两个相反的最大水平移动值,水平移动曲线以采空区中央呈中心对称。

5. 水平变形曲线

水平变形是水平移动的一阶导数,即:

$$\varepsilon(x) = \frac{\mathrm{d}U(x)}{\mathrm{d}x} \tag{11-3}$$

水平变形曲线的分布规律与曲率曲线的相似:

(1) 水平变形曲线三个极值,两个相等的最大拉伸变形和一个最大的压缩变形,两个最大正曲率位于边界点和拐点之间,最大负曲率位于最大下沉点处。

(2) 边界点和拐点处水平变形曲线为零。

(3) 盆地边缘为拉伸区,盆地中部为压缩区。

上述五条曲线中,倾斜曲线和水平移动曲线相似,曲率曲线和水平变形曲线相似,可表示为:

$$U(x) = B \cdot i(x) = B \cdot \frac{\mathrm{d}W(x)}{\mathrm{d}x} \tag{11-4}$$

$$\varepsilon(x) = B \cdot K(x) \approx B \cdot \frac{\mathrm{d}^2 W(x)}{\mathrm{d}x^2} \tag{11-5}$$

式中,B 为水平移动系数,根据已有资料:$B = 0.13 \sim 0.18$。

二、水平煤层充分采动主断面内地表移动和变形分布规律

与水平煤层非充分采动主断面内地表移动和变形分布规律相比,充分采动条件下的主断面内地表移动和变形分布规律(图 11-2)具有以下特点:

(1) 下沉曲线上的最大下沉点 O 的下沉值已达到该地质采矿条件下的最大值,即充分采动条件下的地表最大下沉值 W_0。

(2) 倾斜、水平移动曲线没有明显变化。

(3) 在最大下沉点 O 处,水平变形和曲率变形值均为零,盆地中心区出现两个最大负曲率和两个最大压缩变形值,位于拐点 E 和最大下沉点 O 间。

(4) 拐点处下沉值为最大下沉值的一半。

三、水平煤层超充分采动主断面内地表移动和变形分布规律

与水平煤层非充分采动主断面内地表移动和变形分布规律相比,超充分采动条件下的主断面内地表移动和变形分布规律(图 11-3)具有以下特点:

(1) 下沉盆地出现 $O_1 - O_2$ 的平底区,该区域内各点下沉值相等且达到该地质采矿条件下的最大值。

(2) 平底区 $O_1 - O_2$ 内,倾斜、曲率、水平变形均为零或接近于零;各种变形主要分布在采空区边界上方附近。

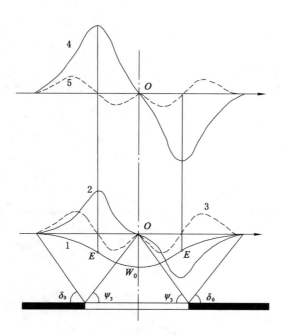

图 11-2　充分采动时主断面内地表移动和变形分布规律

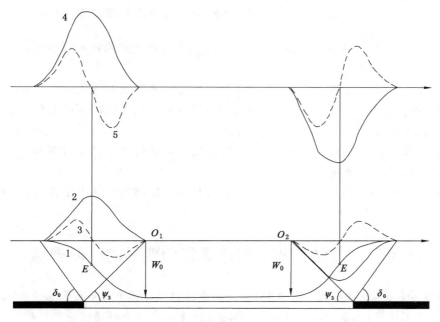

图 11-3　超充分采动时主断面内地表移动和变形分布规律

（3）最大倾斜和最大水平移动位于拐点处；最大正曲率、最大拉伸变形位于拐点和边界点之间；最大负曲率、最大压缩变形位于拐点和最大下沉点间。

四、倾斜煤层非充分采动主断面内地表移动和变形分布规律

倾斜煤层（15°～55°）非充分采动主断面内地表移动和变形分布规律具有如下特征（图11-4）：

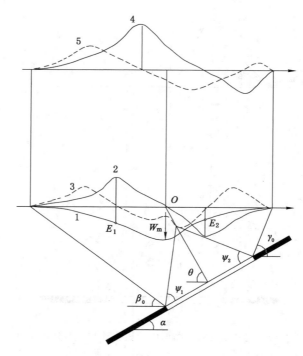

图 11-4　倾斜煤层非充分采动时主断面内地表移动和变形分布规律

（1）五种移动变形曲线均失去对称性；水平移动曲线和倾斜曲线不再相似，水平变形曲线和曲率曲线不再相似。

（2）下沉曲线：最大下沉点偏向下山方向；上山部分的下沉曲线比下山部分的要陡，范围要小；两个拐点不与采空区中央对称，而偏向下山方向。随下沉曲线的变化，倾斜曲线和曲率曲线相应发生变化。

（3）水平移动曲线：随煤层倾角的增大，指向上山方向的水平移动值逐渐增大，指向下山方向的水平移动值逐渐减小。

（4）水平变形曲线：最大拉伸变形在下山方向，最大压缩变形在上山方向，水平变形为零的点与最大水平移动点重合。

任务二　采动过程中的地表移动变形的一般规律

【知识要点】　采区内地表点的移动轨迹；工作面推进过程中的超前影响情况；工作面推进过程中的下沉速度；地表移动延续时间；推进过程中地表水平移动的变化规律。

【技能目标】　能绘图说明采区内地表点的移动轨迹；能计算地表移动盆地内最大下沉点的下沉速度，并绘制相应的下沉速度曲线，分析地表移动持续时间。

任务导入

地下煤层采出后引起地表沉陷是一个较为复杂的时间和空间过程。随着工作面的向前推进，不同时间回采工作面与地表点的相对位置不同，开采对地表点的影响也不同。地表点

的移动经历了开始移动、剧烈移动、移动停止的全过程。因此,在进行开采设计和选择地面建筑物保护措施时,仅根据各点移动停止后的沉陷规律是不够的,往往采动过程中的地表移动对地面建筑物破坏更大。

任务分析

为了掌握采动过程中地表移动变形的规律,首先需掌握采区内地表点的移动轨迹,同时计算地表移动盆地内最大下沉点的下沉速度,并绘制相应的下沉速度曲线,分析地表移动持续时间,最后根据采动过程中水平移动曲线,掌握采动过程中水平移动的特征。

相关知识

一、地表点的移动轨迹

随着工作面的向前推进,地表点的移动方向和大小是动态变化的。图 11-5 描述了移动盆地走向主断面充分采动区内点 A 的移动轨迹,该点从开始移动到稳定的全过程可分为四个阶段:

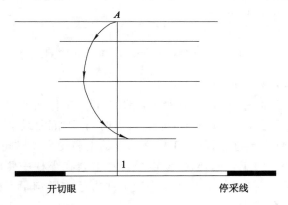

图 11-5 采动过程中主断面内地表点移动轨迹示意图

(1)当工作面由远处向 A 点推进、移动波及 A 点时,A 点的移动方向与工作面的推进方向相反,下沉速度由小逐渐变大,此时为移动的第一阶段。

(2)当工作面通过 A 点的正下方(点 1 处)继续向前推进时,A 点下沉速度迅速增大,并逐渐达到最大下沉速度,A 点的移动方向近于铅直,此时为移动的第二阶段。

(3)工作面继续推进逐渐远离 A 点后,A 点的移动方向逐渐与工作面推进方向相同,此时为移动的第三阶段。

(4)工作面远离 A 点一定距离后,回采工作面对 A 点的影响逐渐消失,最终 A 点停止移动,此时为移动的第四阶段。稳定后,A 点的位置一般不在起始位置的正下方,而略微偏向回采工作面停采线一侧。

上面仅描述了位于充分采动区内点的移动轨迹,由于地表其他点与采空区相对位置不同,各点的移动轨迹并不相同。如位于开切眼一侧煤壁上方的点只受工作面通过该点后的影响;而位于停采线一侧煤壁上方的点只受迎工作面推进的影响。移动盆地内各点移动的

共同特点是:开始时移动方向都是指向回采工作面,移动稳定后移动向量都是指向采空区中心。

二、工作面推进过程中的超前影响

(一)启动距

走向主断面上,工作面由开切眼推进一定距离到达 A 点后(图 11-6),覆岩的破坏移动才开始波及地表。通常把地表开始移动(下沉达 10 mm)时工作面的推进距离称为启动距,其大小主要与开采深度和覆岩力学性质有关。一般初次采动条件下,启动距约为 $0.25\sim0.5$ H_0(H_0 为平均开采深度)。

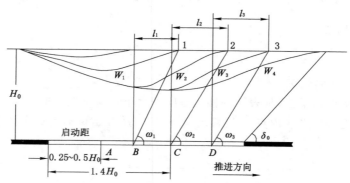

图 11-6   工作面推进过程中的超前影响

(二)超前影响、超前影响角、超前影响距

图 11-6 中,当工作面推进至 B 点时,得下沉曲线 W_1,工作面前方的点 1 开始受采动影响而下沉;当工作面约推进 $1.2\sim1.4H_0$,即至 C 点时,得下沉曲线 W_2,地表 2 点开始受影响而下沉。可见,在工作面推进过程中,工作面前方的地表受采动影响而下沉。将工作面前方地表开始移动的点与当时工作面连线,该连线与水平线在煤柱一侧的夹角称为超前影响角,用 ω 表示。开始移动点到工作面的水平距离 l 称为超前影响距。由超前影响距和开采深度计算开采影响角的公式为:

$$\omega = \operatorname{arccot} \frac{l}{H_0} \tag{11-6}$$

掌握了超前影响规律,便可以在工作面推进过程中确定工作面在任意位置时的地表影响范围。

三、工作面推进过程中的下沉速度

下沉速度是指地表点两次观测的下沉差(或高程差)与其观测的时间间隔之比,是反映地表移动变形剧烈程度的重要指标。计算公式为:

$$v_n = \frac{W_{m+1} - W_m}{t} = \frac{H_{m+1} - H_m}{t} \tag{11-7}$$

式中,W_{m+1}、W_m 为 n 号点第 $m+1$ 次、第 m 次测得的下沉量,mm;H_{m+1}、H_m 为 n 号点第 $m+1$ 次、第 m 次测得的高程,mm;t 为两次观测时间间隔。

工作面推进过程中地表点的下沉速度变化规律如图 11-7 所示。图中纵坐标表示下沉速度,1、2、3、4 为工作面推进到不同位置时地表各点的下沉速度曲线,如曲线 1 为工作面从 A 推进到 B 时地表各点的平均下沉速度曲线,最大下沉速度为 v_{AB}。可见:

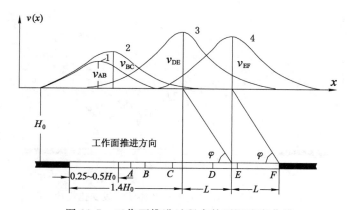

图 11-7 工作面推进过程中的下沉速度曲线

1,2——非充分采动时的下沉速度曲线;3,4——充分采动时的下沉速度曲线

（1）非充分采动时,工作面由 A 推进到 B,由 B 推进到 C 时,随着采空区面积的增大,地表各点下沉速度也增大。

（2）当地表达到充分采动后,地表下沉速度曲线形状基本不变,且随着工作面的推进而向前移动。最大下沉速度达到该地质采矿条件下的最大值,最大下沉速度点的位置总是滞后回采工作面一定的距离,这种现象称为最大下沉速度滞后现象,此固定距离称为最大下沉速度滞后距,用 L 表示。将地表最大下沉速度点与相应的回采工作面连线,该连线与水平线在煤层一侧的夹角,称为最大下沉速度滞后角,用 φ 表示。最大下沉速度滞后角可由滞后距 L 和平均采深 H_0 求得:

$$\varphi = \text{arccot} \frac{L}{H_0} \tag{11-8}$$

四、地表移动延续时间

所谓地表移动延续时间,是指一定区域开采条件下,最大下沉点开始下沉（下沉 10 mm）到结束（连续 6 个月内下沉小于 30 mm）的整个时间。因为在移动盆地内各地表点中,最大下沉点的下沉量最大,下沉的持续时间最长。一般根据地表下沉速度大小及其对建筑物的影响程度,将地表点的整个移动过程分为三个阶段:

（1）开始阶段:下沉量达到 10 mm 的时刻开始,至下沉速度达到 1.67 mm/d（或 50 mm/月）时刻止。

（2）活跃阶段:下沉速度大于 1.67 mm/d（或 50 mm/月）的阶段。该阶段内地表点的下沉量占总下沉量的 85% 以上,地表移动剧烈,是地面建筑物损坏的主要时期,因此也称该阶段为危险变形阶段。

（3）衰退阶段:下沉速度刚小于 1.67 mm/d 时起,至 6 个月内下沉累计不超过 30 mm 时止。

五、推进过程中地表水平移动的变化规律

图 11-8 所示为采动过程中地表水平移动的变化规律。图中,曲线 U_A、U_B、U_C……分别表示工作面推进至 A、B、C……时的地表水平移动曲线。

非充分采动时,随着工作面的推进,采空区面积不断扩大,地表水平移动值逐渐增大。当工作面分别推进至 A、B、C、D 时,各点的水平移动值 $U_D>U_C>U_B>U_A$,且水平移动值等于零的点随工作面的推进而向前移动,即图 11-8 中的 O_1、O_2、O_3、O_4。

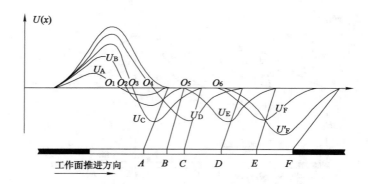

图 11-8　采动过程中地表水平移动曲线变化规律

达到充分采动时,固定边界上方的水平移动逐渐趋于稳定,水平移动值等于零的点不再向前移动。如图 11-8 中水平移动曲线 U_E,此时固定边界上方的曲线形状基本不再变化,O_5 不再向前移动。

达到了超充分采动时,随着工作面的继续向前推进,水平移动值为零的区域不断扩大,图中的 $O_5 \sim O_6$,而整个曲线 U_F 与充分采动时曲线 U_E 的形状基本相似,最大水平移动值也基本相等。

停采后,最大水平移动值仍继续增大,直至地表移动稳定为止。曲线 U'_F 为移动稳定后的水平移动曲线。可见,稳定后的最大水平移动值要大于采动过程中的最大水平移动值。

　任务实施

根据分析,本任务的实施以某矿地表移动观测站实测资料分析为例,该地表移动观测站共观测 11 次,最大下沉点为 18 号点,历次观测值及计算见表 11-1,绘出最大下沉点的下沉和下沉速度曲线,并进行必要分析。

表 11-1　　　　　　　　　最大下沉点(18 号点)下沉速度计算表

次数	日期		下沉值 /mm	天数间隔	下沉值 间隔/mm	下沉速度 /(mm/d)	至工作 面距离
1	2008.5.7		0				−256
2	6.11	2008.5.25	44	35	44	1.3	−165
3	6.25	6.18	91	14	47	3.4	−123
4	7.15	7.5	346	20	255	12.8	−70
5	8.13	7.30	932	29	586	20.2	−1
6	9.24	9.3	2 131	42	1199	28.5	+108
7	10.10	10.2	2 200	16	69	4.3	+148
8	11.10	10.26	2 280	31	80	2.6	+227
9	12.25	11.3	2 303	46	23	0.5	+253
10	2009.2.21	2009.1.23	2 322	58	19	0.3	+253
11	5.10	4.16	2 332	78	10	0.13	+253

一、求最大下沉点(18 号点)的下沉速度

通过计算求得 18 号点在不同时刻的下沉值和下沉速度(表 11-1)。

二、求地表最大下沉点至相应工作面的水平距离 *l*

将 18 号点作为原点,工作面推进方向为正方向。即工作面推进至 18 号点正下方时,$l=0$,工作面尚未推过 18 号点时的距离为负号,推过 18 号点时的距离符号为正号(图 11-9)。量出各 *l* 值记入表 11-1。

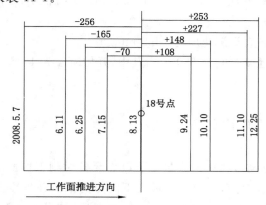

图 11-9　最大下沉点值工作面距离 *l* 的求取方法

三、绘制最大下沉点的下沉和下沉曲线

根据计算出的数据,绘制地表最大下沉点(18 号点)的下沉速度曲线、下沉曲线及该点与工作面的相对位置关系,如图 11-10 所示。具体方法为:以横坐标表示时间 *T*,以纵坐标

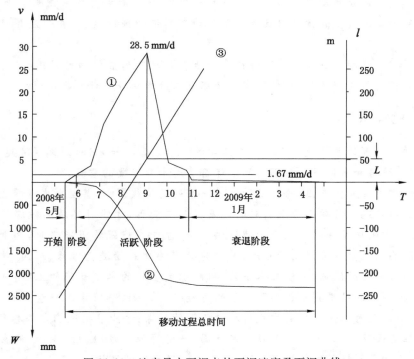

图 11-10　地表最大下沉点的下沉速度及下沉曲线

分别表示下沉速度 v、下沉量 W 和最大下沉点至工作面的水平距离 l。根据表 11-1 的数据进行展点。点的下沉速度值展在相邻两次观测日期的中间，下沉值和 l 展在对应点下。连接各点即求得下沉速度曲线①、下沉曲线②和 l 直线③。

四、分析图中各曲线

1. 下沉速度曲线

（1）在整个移动过程中，最大下沉点的下沉速度开始时很小，逐渐增大，达到最大值，然后变小，直至最后移动停止。

（2）从曲线中求得最大下沉速度为 28.5 mm/d。

（3）求得地表移动延续时间为 330 天。其中，开始阶段为 17 天，活跃阶段为 150 天，衰退阶段为 163 天。

2. 下沉曲线

活跃阶段的下沉量占总下沉量的 95.6%。

3. l 直线

l 直线反映了整个移动过程中地表最大下沉点至各时刻工作面的水平距离。将其与最大下沉点的下沉速度曲线对照，可以得出最大下沉点的下沉速度变化与工作面位置之间的关系。不难看出，当工作面推过最大下沉点一段距离后，该点的下沉速度才达到最大，从而得到滞后距 L，其值为 52 m。

任务三　地表移动与变形预计方法

【知识要点】 地表移动与变形预计的目的和意义；地表移动与变形预测方法分类；概率积分法地表移动变形最值的预计以及主断面移动变形值的预计，概率积分法预计参数的求取方法。

【技能目标】 能利用概率积分法进行采动地表移动变形最值的预计；能进行地表移动盆地主断面的移动与变形的预计；根据实测数据求取概率积分预计参数。

任务导入

地表移动与变形的预计是矿山开采沉陷学的核心内容之一，它对国家经济建设、环境保护和在建筑物、铁路和水体下（"三下"）的采煤都有着十分重要的意义。

大规模的矿产资源被采出，给环境带来了一系列的消极影响，甚至引发了重大的地质灾害事故。只有准确地预计矿山开采引起的地表移动与变形，才能对环境的破坏提前做出评估，为开发后的矿山环境保护和综合治理提供依据；才能在建筑物下采煤时，判别出建筑物是否受开采影响以及受开采影响的程度，并作为受影响建筑物进行维修、加固、就地重建或地下开采措施被采用的依据；才能在水下采煤时，确定合理的水下开采的上限；才能在铁路下采煤时，根据预计的结果判断铁路下开采的可能性，估算铁路维修工作量和材料用量，安排维修计划，通过及时维修铁路的方式解放铁路下的压煤；才能准确地确定井巷和各类敏感建筑物的煤柱留设范围，避免导致盲目圈定范围、浪费资源和危险的发生；才能在进行承压水上采煤时，确切了解煤层地板移动、变形和应力重新分布的规律，实现安全生产。

任务分析

为了掌握地表移动与变形预计方法,首先需掌握地表移动与变形预计的目的和意义,同时了解现阶段地表移动与变形的预计方法分类,重点掌握利用概率积分法进行地表移动变形预计,包括最值的预计、地表移动盆地主断面的移动与变形的预计,最后根据实测数据求取概率积分预计参数。

相关知识

一、地表移动与变形预测方法分类

由于开采沉陷预计的重要性,早在 20 世纪初,测量工作者就开始展开地表沉陷预计的研究工作,对地下开采地表移动过程进行系统的观测,建立各种形式的观测站,通过观测资料的整理分析,提出了许多各具特色的预计方法,并对开采沉陷的机理及岩层和地表移动的规律进行了深入的研究。

通常按建立预计方法的途径不同,地表移动变形预计的方法可分为:

(1) 基于实测资料的经验方法:即通过对大量开采沉陷实测资料的数据处理,确定预计各种移动变形值的函数形式和预计参数的经验公式。在预计时,先根据开采的地质采矿条件,运用经验公式求定预计参数,再代入已确定的预计函数求移动与变形值。

(2) 理论模拟方法:把岩体抽象为某个理论模型,按照这个模型计算受开采影响岩体产生的移动、变形和应力的分布情况。如认为岩层和地表是一种连续的介质,则此模型属于连续介质模型;否则,就属于非连续介质模型。此法所用的函数一般均由理论研究得出,所用的参数常用试验或理论推导求得,一般与现场实测资料没有直接关系。

(3) 影响函数法:根据理论研究或其他方法确定微小单元开采对岩层或地表的影响(用影响函数表示),把整个开采对岩层或地表的影响看作是采区内所有微小单元开采的总和,据此计算整个开采引起的岩层和地表的移动与变形。此法所用参数常常根据实测资料求得。

我国几十年来积累了大量的开采沉陷实测资料,并建立了以概率积分法、负指数函数法、典型曲线法为基础的地表变形预计方法体系,并在实践中得到了广泛的应用。除了这三种方法,还有其他的一些方法以及在近些年来新生的一些方法,在一定的条件下也能很好地预计地表移动与变形,主要有数值模拟法、相似材料模拟法、灰色系统理论预测法、神经网络预测法和时序预测法等。

我国《建筑物、水体、铁路及主要井巷煤柱留设与压煤开采规程》中列出的预计方法为概率积分法、负指数函数法、典型曲线法,其中随机介质理论概率积分法的应用尤为广泛,便于采取数学手段进行一系列严密的理论推导,其参数物理意义明确,便于找出其与岩层物理力学性质、地质采矿条件之间的关系,极大地推动了煤矿开采技术发展,使我国在该领域进入国际先进之列。本章详细介绍概率积分法。

二、概率积分法的数学模型和预计方法

概率积分法是因其所用的移动和变形预计公式含有概率积分而得名。这种方法是将矿山岩层移动作为一个服从统计规律的随机现象来讨论。因此,这种方法是以随机介质理论

为基础的一种预计方法,也叫随机介质理论法。

概率积分法自 20 世纪 60 年代引入我国以来,经过我国开采沉陷科研工作者多年的研究,其方法在许多矿山得到了广泛的应用,并已发展成我国较成熟、应用最为广泛的预计方法之一。

(一)概率积分法基本原理

作为开采沉陷研究主体的岩体是一种成因较为复杂的层状介质,在生成的过程中,由于地质作用使得岩体结理、断层软弱夹层等非均质结构面被切割,开采作用使原生结构再次受扰动,表现出明显的不连续性,所以用非连续介质模型研究开采沉陷问题更适当。波兰学者李特威尼申等首先应用非连续介质中颗粒介质力学来研究岩层与地表移动问题,认为开采引起的岩层与地表移动的规律与作为随机介质的颗粒介质模型所描述的规律在宏观上相似,后由我国学者刘宝琛、廖国华等发展为概率积分法。

作为随机介质的颗粒体介质,在研究其移动规律时可抽象为图 11-11 所示的理论模型。该模型认为介质是由类似砂粒或相对来说很小的岩块这样的介质颗粒组成,颗粒之间完全失去联系,可以相互运动,大量的颗粒介质之间移动可以看作是随机过程。颗粒介质在重力作用下,不受其尺寸大小、岩层几何形状的影响,而仅受随机规律支配。该模型将岩层假设成如图 11-11(a)所示的介质颗粒,如果移动第一层的 a_1,则上面的颗粒 a_2、b_2 都有 1/2 的概率将会在重力作用下下落充填 a_1 的空洞,而其上一层 a_3 有 1/4、b_3 有 2/4 和 c_3 有 1/4 的概率下落充填第二层的空洞,这种过程一直持续到地表,便在地表形成一个单元下沉盆地。开采沉陷过程可以看作是大量单元空洞从地层深处向地面移动的过程,地表下沉盆地的形态趋近于一条正态分布概率密度函数[图 11-11(b)]。

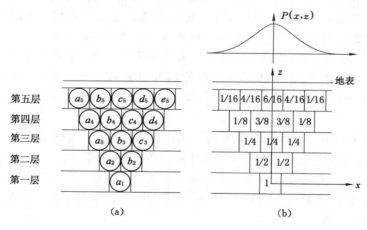

图 11-11　作为随机介质的颗粒体介质的理论模型

(二)最大移动与变形值的预计

1. 最大下沉值 W_0

$$W_0 = mq\cos\alpha \tag{11-9}$$

2. 最大倾斜值 i_0

$$i_0 = i(0) = \frac{W_0}{r} \tag{11-10}$$

在地表最大倾斜的地方($x=0$),下沉值为:

$$W(0) = \frac{W_0}{2}$$

3. 最大曲率值 K_0

$$K_0 = K(\pm x_k) = \mp 1.5 \frac{W_0}{r^2} \tag{11-11}$$

式中,当 $x \approx -0.4r$ 时,$W(x) \approx 0.16W_0$,K_0 为负曲率最大值;当 $x \approx +0.4r$ 时,$W(x) \approx 0.84W_0$,K_0 为负曲率最大值。

4. 最大水平移动值

地表点的水平移动和倾斜成正比,所以倾斜达到最大值处(此时 $x=0$)水平移动也达到最大值,且有:

$$U_0 = bri_0 = bW_0 \tag{11-12}$$

5. 最大水平变形值

在地表曲率达到最大值处($x \approx \pm 0.4r$),地表水平变形也达到最大值,且有:

$$\varepsilon_0 = \varepsilon(\pm x_k) = \mp 1.52 \frac{bW_0}{r} \tag{11-13}$$

式中,当 $x \approx +0.4r$ 时,地表出现负水平变形(压缩变形)最大值;当 $x \approx -0.4r$ 时,地表出现正水平变形(拉伸变形)最大值。

(三)半无限开采时地表移动盆地走向主断面的移动与变形的预计

半无限开采是指 x 方向上的开采宽度相当大,使计算 z 方向上的岩层或地表达到充分采动,开采宽度继续增大时,工作面上方地表移动与变形不再发生变化;反之,开采宽度相对较小,z 方向上岩层或地表还不充分,其数值还将继续随开采宽度增大而改变,这种情况称之为有限开采。

为了研究沿地表移动盆地走向主断面的移动与变形情况,假设此时煤层的倾斜方向是充分采动,煤层的开采厚度为 M,开采深度为 H,如图 11-12 所示。

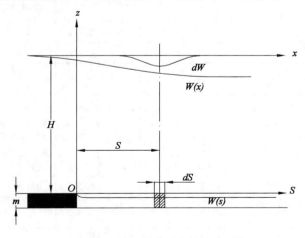

图 11-12　单元开采引起的地表下沉

为了方便应用,下面将半无限开采时走向主断面的地表移动与变形的预计公式汇总如下:

$$\begin{cases} W(x) = \dfrac{W_0}{2}\Big[erf\big(\dfrac{\sqrt{\pi}}{r}x\big) + 1\Big] \\[2mm] i(x) = \dfrac{W_0}{r}\mathrm{e}^{-\pi\frac{x^2}{r^2}} \\[2mm] k(x) = -\dfrac{2\pi W_0}{r^3}x\mathrm{e}^{-\pi\frac{x^2}{r^2}} \\[2mm] u(x) = bW_0\mathrm{e}^{-\pi\frac{x^2}{r^2}} \\[2mm] \varepsilon(x) = -\dfrac{2\pi bW_0}{r^2}x\mathrm{e}^{-\pi\frac{x^2}{r^2}} \end{cases} \qquad (11\text{-}14)$$

将最大值计算公式(11-9)～式(11-13)代入式(11-14),并将最大值除到等式的左侧可得:

$$\begin{cases} \dfrac{W(x)}{W_0} = \dfrac{1}{2}\Big[erf\big(\dfrac{\sqrt{\pi}}{r}x\big) + 1\Big] = A\big(\dfrac{x}{r}\big) \\[2mm] \dfrac{i(x)}{i_0} = \dfrac{U(x)}{U_0} = \mathrm{e}^{-\pi\frac{x^2}{r^2}} = A'\big(\dfrac{x}{r}\big) \\[2mm] \dfrac{k(x)}{k_0} = \dfrac{\varepsilon(x)}{\varepsilon_0} = -4.134\dfrac{x}{r}\mathrm{e}^{-\pi\frac{x^2}{r^2}} = A''\big(\dfrac{x}{r}\big) \end{cases} \qquad (11\text{-}15)$$

式中,$A\big(\dfrac{x}{r}\big)$,$A'\big(\dfrac{x}{r}\big)$,$A''\big(\dfrac{x}{r}\big)$ 分别是 x 的三个不同的函数(不是求导数的关系),称为移动和变形的分布函数。分布函数可从数值表(表 11-2)以 $\dfrac{x}{r}$ 为引数直接查出。在预计时,需要先按公式(11-9)～式(11-13)预计出最大值,再以预计点的主为引数查表,得分布函数 $A\big(\dfrac{x}{r}\big)$,$A'\big(\dfrac{x}{r}\big)$,$A''\big(\dfrac{x}{r}\big)$ 值,再把相应的最大值与分布函数值相乘就可得预计的移动和变形值。

表 11-2   移动和变形分布函数值表

$\dfrac{x}{r}$	0	±0.1	±0.2	±0.3	±0.4	±0.5	±0.6	±0.7
$A\big(\dfrac{x}{r}\big) = \dfrac{W(x)}{W_0}$	0.500 0	0.598 9	0.691 9	0.773 9	0.841 9	0.894 9	0.933 5	0.960 1
	0.500 0	0.401 1	0.308 1	0.226 1	0.158 1	0.105 1	0.066 5	0.039 9
$A'\big(\dfrac{x}{r}\big) = \dfrac{i(x)}{i_0} = \dfrac{U(x)}{U_0}$	1.000 0	0.969 3	0.881 9	0.753 7	0.604 9	0.455 9	0.322 7	0.214 5
$A''\big(\dfrac{x}{r}\big) = \dfrac{k(x)}{k_0} = \dfrac{\varepsilon(x)}{\varepsilon_0}$	0.000	∓0.401	∓0.730	∓0.933	∓1.000	∓0.940	∓0.800	∓0.620
$\dfrac{x}{r}$	±0.8	±0.9	±1.0	±1.1	±1.2	±1.3	±1.4	±1.5
$A\big(\dfrac{x}{r}\big) = \dfrac{W(x)}{W_0}$	0.977 5	0.987 9	0.993 8	0.997 1	0.998 6	0.999 4	0.999 8	0.999 9
	0.022 5	0.012 1	0.006 2	0.002 9	0.001 4	0.000 6	0.000 2	0.000 1
$A'\big(\dfrac{x}{r}\big) = \dfrac{i(x)}{i_0} = \dfrac{U(x)}{U_0}$	0.133 9	0.078 5	0.043 2	0.022 3	0.011 1	0.004 9	0.002 1	0.000 9
$A''\big(\dfrac{x}{r}\big) = \dfrac{k(x)}{k_0} = \dfrac{\varepsilon(x)}{\varepsilon_0}$	∓0.442	∓0.292	∓0.178	∓0.100	∓0.054	∓0.026	∓0.013	∓0.005

注:当 $\dfrac{x}{r}$ 为正值时,$A\big(\dfrac{x}{r}\big)$ 取上一行的数,$A''\big(\dfrac{x}{r}\big)$ 取"-"号;当 $\dfrac{x}{r}$ 为负值时,$A\big(\dfrac{x}{r}\big)$ 取下一行的数,$A''\big(\dfrac{x}{r}\big)$ 取"+"号。

由图 11-12 可以看出,在推导式(11-15)时煤壁是直立的,其左边的煤层顶板下沉量为 0,右边的煤层顶板下沉突变量为 W_0。实际上,由于煤壁右侧采空区顶板的悬臂作用,顶板形成如图 11-13 中 OBC 那样的曲线,使顶板下沉量从 0 逐渐增大到 W_0。

在图 11-13 中,假设在 B 点处存在一个直立的煤壁(即在这个煤壁的顶板下沉量从 0 突变到 W_0),并且根据此假想煤壁计算出来的地表移动变形值与图 11-13 中所示的顶板实际位置计算出来的结果相同。若设 OB 的平距为 S_0,则与图 11-12 的结果相比较,地表移动和变形曲线均向右平移了一段距离 S_0。因为像图 11-13 那样不考虑顶板悬臂作用时,下沉曲线的拐点在实际煤壁 O 的正上方,而在图 11-13 中拐点在假想煤壁 B 的正上方,所以 S_0 是概率积分法预计的又一个参数,它实际上是悬臂作用引起的拐点的偏移距离,将距离煤壁 S_0 作为工作面计算边界,故称它为拐点偏距。

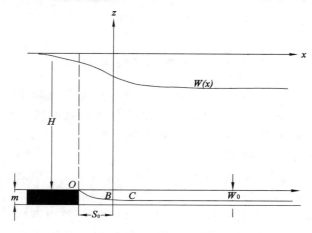

图 11-13　移动和变形曲线的偏移

（四）地表移动盆地主断面的移动与变形的预计

1. 走向主断面地表移动与变形的预计

有限开采时地表移动盆地主断面的预计可采用叠加原理计算,设煤层沿倾斜方向已达到充分采动,沿走向方向没有达到充分采动。如图 11-14 所示,开采 C 点到 $x=+\infty$ 的 E 点之间的全部煤层,可用半无限开采计算公式求得;开采 C 和 E 之间的煤层,引起的地表下沉可以当作 x 坐标平移 l,用 $(x-l)$ 值代替 x 值代入半无限公式计算,则其引起的地表下沉为 $W(x-l)$。计算由 CD 煤层开采而引起的地表下沉可当作两个半无限开采之差,即 $W^0=W(x)-W(x-l)$。

所以根据叠加原理,走向主断面上有限开采时地表移动与变形的值公式如下:

$$\begin{cases} W^0(x)=W(x)-W(x-l) \\ i^0(x)=i(x)-i(x-l) \\ K^0(x)=K(x)-K(x-l) \\ U^0(x)=U(x)-U(x-l) \\ \varepsilon^0(x)=\varepsilon(x)-\varepsilon(x-l) \end{cases} \quad (11\text{-}16)$$

式(11-16)中 l 为走向有限开采时的计算长度,其值为:

$$l=D_3-S_3-S_4 \quad (11\text{-}17)$$

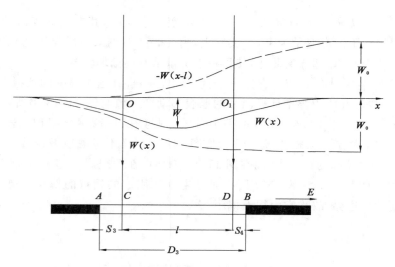

图 11-14　有限开采时地表的移动与变形

式(11-17)中 D_3 为工作面走向长,S_3、S_4 为左、右边界的拐点偏移距。拐点偏移距是概率积分法预计的又一个参数,由于顶板悬臂的作用,下沉曲线的拐点不在实际煤壁的正上方,而距离煤壁偏移一段距离,这段距离称为拐点偏移距。

2. 倾向主断面地表移动与变形的预计

若煤层走向方向是充分采动,倾向方向是有限开采,则倾向主断面上的移动与变形根据以下等影响的原则进行计算。

如图 11-15 所示,AB 为煤层的实际开采边界,但实际计算边界在拐点 C、D 处,其下山和上山的拐点偏移距分别为 S_1、S_2。但由于煤层倾斜,拐点不在计算边界 C、D 的正上方地表,而是向下山方向偏移,位于 O、O_1 处。CO 线(CO_1 线)与水平线的夹角 θ_0 称为开采影响传播角,是概率积分法预计的另一个参数。

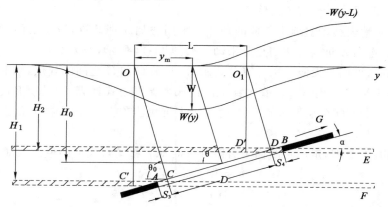

图 11-15　有限开采时倾向主断面地表移动与变形

根据等影响原则假设:水平煤层 $C'F$ 的开采与倾斜煤层 CG 的开采引起的地表移动和变形是相同的,即 $C'F$ 开采与 CG 开采等影响。同理水平煤层 $D'E$ 开采与倾斜煤层 DG 开采等影响。参考走向主断面地表的预计,计算边界 CD 开采对地表的影响等效于 CG 和 DG

开采之差,即 CG 和 DG 引起开采影响之差。

所以计算假设的水平煤层 $C'F$ 引起的地表移动与变形时,开采深度为倾斜煤层实际的下山边界的采深 H_1,拐点在地表 O 处;计算假设的水平煤层 $D'E$ 引起的地表移动与变形时,开采深度为倾斜煤层实际的上山边界的采深 H_2,拐点在地表 O_1 处。据此写出走向充分采动、倾向方向有限开采时沿倾向主断面的地表移动与变形计算公式如下:

$$\begin{cases} W^0(y) = W(y,t_1) - W(y-L;t_2) \\ i^0(y) = i(y;t_1) - i(y-L;t_2) \\ K^0(y) = K(y;t_1) - K(y-L;t_2) \\ U^0(y) = U(y;t_1) - U(y-L;t_2) \\ \varepsilon^0(y) = \varepsilon(y;t_1) - \varepsilon(y-L;t_2) \end{cases} \tag{11-18}$$

式(11-18)中 t_1、t_2 表示下山、上山边界的不同参数,等效上、下山的水平煤层的主要影响半径不再相同,其下山、上山方向的主要影响半径 r_1、r_2 可按下式求出:

$$r_1 = \frac{H_1}{\tan \beta_1}, \quad r_2 = \frac{H_2}{\tan \beta_2}$$

式中,$\tan \beta_1$、$\tan \beta_2$ 分别为下山和上山的主要影响角正切。

式(11-18)中的 L 称为倾向工作面计算长度,计算公式如下:

$$L = (D_1 - S_1 - S_2) \frac{\sin(\theta_0 + \alpha)}{\sin \theta_0} \tag{11-19}$$

3. 走向和倾向都是有限开采时主断面上地表移动与变形预计

往往在实际情况中沿走向和倾向方向均为有限开采,此时无论走向还是倾向方向都不能单纯用另一个方向为充分采动的公式求取地表移动与变形值,需在原有的值上再乘上一个小于 1 的系数,这个系数称为采动程度系数。走向(倾向)采动程度系数 $C_{xm}(C_{ym})$,表示由于走向(倾向)不是充分采动而导致倾向(走向)主断面上移动和变形减小的倍数,其值为:

$$C_{xm} = \frac{W^0_{my}}{W_0} C_{ym} = \frac{W^0_{mx}}{W_0}$$

这只是在主断面上地表预计才用到的一个系数,在地表任意点预计时不再乘以这个系数,并且和上文提到的采动系数 n 不是同一个概念,互相之间不能混淆。

所以,走向和倾向方向均为有限开采时主断面上的移动与变形预计公式可写成:

走向主断面移动变形公式:

$$\begin{cases} W^0(x) = C_{ym}[W(x) - W(x-l)] \\ i^0(x) = C_{ym}[i(x) - i(x-l)] \\ K^0(x) = C_{ym}[K(x) - K(x-l)] \\ U^0(x) = C_{ym}[U(x) - U(x-l)] \\ \varepsilon^0(x) = C_{ym}[\varepsilon(x) - \varepsilon(x-l)] \end{cases} \tag{11-20}$$

倾向主断面移动变形公式:

$$\begin{cases} W^0(y) = C_{xm}[W(y;t_1) - W(y-L;t_2)] \\ i^0(y) = C_{xm}[i(y;t_1) - i(y-L;t_2)] \\ K^0(y) = C_{xm}[K(y;t_1) - K(y-L;t_2)] \\ U^0(y) = C_{xm}[U(y;t_1) - U(y-L;t_2)] \\ \varepsilon^0(y) = C_{xm}[\varepsilon(y;t_1) - \varepsilon(y-L;t_2)] \end{cases} \tag{11-21}$$

式中,C_{xm}、C_{ym} 分别为走向和倾向采动程度系数。

三、概率积分法参数的求取方法

我国自 20 世纪 50 年代以来,在全国各大矿区开展了开采沉陷的观测工作,为各矿区的沉陷预计及研究开采沉陷的基本规律提供了大量的资料。本节说明的是在获得可靠的实测数据之后,如何进行地表沉陷实测资料的数据处理,以研究开采沉陷的分布规律和求定各种预计参数。

在一个地表观测站的观测工作结束后,首先需对观测成果进行整理与分析,之后应进一步求取这个观测站的实测参数。

概率积分法关于下沉盆地的参数共包含 8 个,即下沉系数 q,主要影响角正切 $\tan\beta$,水平移动系数 b,左、右、上、下拐点偏移距 S_1、S_2、S_3、S_4,开采影响传播角 θ。其所有参数都是在充分采动情况下的参数。

(一)特征点求参数

利用地表沉陷的特殊点直接求取参数。

1. 下沉系数 q

充分采动时,地表最大下沉值 W_0 与煤层法线采厚 M 在铅垂方向投影长度的比值:

$$q = \frac{W_0}{M \cdot \cos\alpha} \tag{11-22}$$

2. 水平移动系数 b

充分采动时,走向主断面上地表最大水平移动值 U_0 与地表最大下沉值 W_0 的比值:

$$b = \frac{U_0}{W_0} \tag{11-23}$$

3. 主要影响正切值 $\tan\beta$

走向主断面上走向边界采深 H 与主要影响半径 r 之比:

$$\tan\beta = \frac{H}{r} \tag{11-24}$$

走向主断面上下沉值为 $0.16W_0$ 和 $0.84W_0$ 值的点间距为 $0.8r$,即 $l = 0.8r$,由此得:

$$r = l/0.8 \tag{11-25}$$

4. 开采影响传播角 θ

充分采动时,为倾向主断面上地表最大下沉值 W_0 与该点水平移动值 U_0 之比的反正切:

$$\theta = \arctan\left(\frac{W_0}{U_0}\right) \tag{11-26}$$

5. 拐点偏移距 S

充分采动时,下沉盆地主断面上下沉值为 $0.5W_0$、最大倾斜和曲率为零的三点的点位 x(或 y)的平均值 x_0(或 y_0)为拐点坐标。将 x_0(或 y_0)向煤层投影,其投影点距采空区边界的距离为拐点偏移距。拐点偏移距分上边界拐点偏移 S_1、下山边界拐点偏移距 S_2、走向左边界拐点偏移距 S_3 和走向右边界拐点偏移距 S_4。

这种方法的缺点:

(1)在确定参数时,往往只用到 $1\sim2$ 个实测点,这些关键点的观测值误差对参数的影响很大,如果这些点在测量过程中误差较大,所求得的参数常常也有较大的误差。

（2）在求参过程中只有到 1～2 个实测点，而这些点对于所有的观测值来说，不一定是最合适的。

（二）曲线拟合

为了克服特征点求参数的缺点，采用最小二乘法求取参数的方法，根据所有实测的下沉值和水平移动值求取参数的估计值。由于下沉和水平移动的分布不是线性的，所以需要采用曲线进行拟合实测值从而求取参数的估计值。

曲面拟合基本原理（图 11-16）如下：

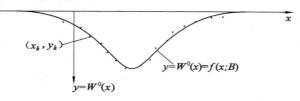

图 11-16　曲线拟合求取参数的基本原理

若 y 是自变量 x 和待求参数 $B(b_1,b_2,\cdots,b_m)$ 的函数：

$$y = f(x,B) \tag{11-27}$$

现给出 n 组观测值 (x_k,y_k)，$k=1,2,\cdots,n$，并满足：

$$Q = \sum [y_k - f(x_k,B)]^2 = \min \tag{11-28}$$

即 $Q=[VV]=\min$。

为了满足 $Q=[VV]=\min$，根据求极值的方法，从而得出：

$$\frac{\partial Q}{\partial b_i} = 0 \tag{11-29}$$

从而解出参数 $b_1\sim b_m$。

优点：求出的参数比较准确。

缺点：对实际观测站的布设形式要求比较高，如果不符合类型规定，就无法求出参数；只适合矩形工作面，对任意工作面无法求解；并且对求参数的处置要求比较高，一旦初值选择不合适，求解参数时容易发散。

（三）曲面拟合

该方法是将曲线拟合求参数的方法推广到整个下沉盆地的方法，与曲线拟合求参方法相比较，放宽了对地表移动观测站设置的要求，不再严格要求观测站的形式符合类型规定。

缺点：此法只适合矩形工作面，不适合任意形状工作面开采求参数，而且求取参数时对求参初值的选取要求很高，如若初值选取不合适，求取参数时很容易发散，导致无法得到合理的参数。

任务实施

本次任务实施以一个工程案例进行分析，该案例如下：某工作面开采，若倾向达到充分采动，走向足够长，可认为是半无限开采。已知走向主断面处的开采深度 $H_0=31$ m，采厚 $m=1.45$ m，$\alpha=12°$，覆岩岩性类型为中硬，用全部垮落法管理顶板。本矿区概率积分参数的经验公式为：$q=0.76$，$\tan\beta=2.2$，$S=4$ m，$b=0.36$，预计采后地表移动最大值和主断面

上距边界内、外 10 m 处 A、B 两点的移动变形。

预计步骤如下：

（1）建立坐标系：如图 11-17 所示，坐标原点选在距工作面实际边界 S_0 的 O 点处，x 轴正方向指向采空区。

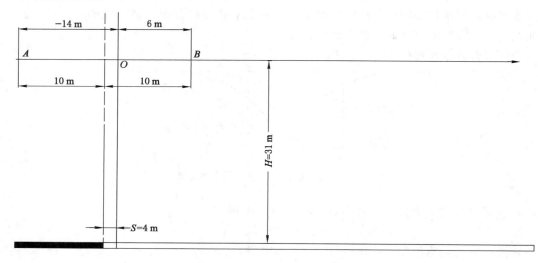

图 11-17　主断面移动与变形预计实例

（2）确定预计参数：开采主要影响半径 $r = H_0 / \tan \beta = 31 / 2.2 = 14$（m）。

（3）计算最大移动变形值：

最大下沉值：$W_0 = mq \cos \alpha = 0.76 \times 1\ 450 \times \cos 12° = 1\ 078$（mm）；

最大倾斜值：$i_0 = W_0 / r = 1\ 078 / 14 = 77$（mm/m）；

最大曲率值：$K_0 = 1.52 W_0 / r^2 = 1.52 \times 1\ 078 / 14^2 = 8.4$（mm/n）；

最大水平移动值：$U_0 = bW_0 = 0.36 \times 1\ 078 = 388$（mm）；

最大水平变形：$\varepsilon_0 = 1.52 bW_0 / r = 1.52 \times 0.36 \times 1\ 078 / 14 = 42$（mm/m）。

（4）求 A、B 移动变形值：

A 点坐标：$x_A = -14 m x_A / r = -14 / 14 = -1.0$；

B 点坐标：$x_B = 6 m x_B / r = -6 / 14 = -0.43$。

查表求 $A\left(\dfrac{x_A}{r}\right), A'\left(\dfrac{x_A}{r}\right), A''\left(\dfrac{x_A}{r}\right)$：

$$A\left(\frac{x_A}{r}\right) = 0.006\ 2, \quad A\left(\frac{x_B}{r}\right) = 0.857\ 0$$

$$A'\left(\frac{x_A}{r}\right) = 0.043\ 2, \quad A'\left(\frac{x_B}{r}\right) = 0.562\ 3$$

$$A''\left(\frac{x_A}{r}\right) = 0.178, \quad A''\left(\frac{x_B}{r}\right) = -0.982\ 8$$

根据上面求得的值求取 A、B 移动变形值：

$$W_A = W_0 A\left(\frac{x_A}{r}\right) = 1\ 078 \times 0.006\ 2 = 7\ (\text{mm})$$

$$i_{A} = i_{0}A'\left(\frac{x_{A}}{r}\right) = 77 \times 0.043\ 2 = 3.3\ (\text{mm/m})$$

$$k_{A} = k_{0}A''\left(\frac{x_{A}}{r}\right) = 8.4 \times 0.178 = 1.50\ (\text{mm/m}^{2})$$

$$U_{A} = U_{0}A'\left(\frac{x_{A}}{r}\right) = 380 \times 0.043\ 2 = 17\ (\text{mm})$$

$$\varepsilon_{A} = \varepsilon_{0}A''\left(\frac{x_{A}}{r}\right) = 42 \times 0.178 = 7.5\ (\text{mm/m})$$

同理求得：

$$W_{B} = 924\ \text{mm}, \quad i_{B} = 43.3\ \text{mm/m}, \quad K_{B} = -8.26\ \text{mm/m}^{2},$$
$$U_{B} = 218\ \text{mm}; \quad \varepsilon_{B} = -41.3\ \text{mm/m}$$

任务四　地表移动与变形预计软件与实例分析

【知识要点】　利用预计软件求取实测参数的方法；预计软件预计主断面地表移动变形曲线和任意点的移动变形值。

【技能目标】　掌握利用预计软件进行实测数据求取预计参数；掌握利用预计软件计算主断面地表移动变形曲线和任意点的移动变形值。

随着计算机技术的快速发展，原来由于庞大的计算量而无法手工进行的开采沉陷的预计和参数反演工作现在依靠计算机便可以实现。采用编写的软件计算来替代手工计算，不仅快捷、方便、避免人工计算错误，还可以迅速准确自动地绘制出相应的预计曲线图，将科研工作者从繁杂的手工计算中解脱出来。

首先利用预计软件进行实测数据求取预计参数，然后利用预计软件计算主断面地表移动变形曲线和任意点的移动变形值。

一、地表移动与变形预计软件

越来越多的学校和科研机构开始自行研究开发相应的沉陷预计软件，并在许多矿区得以应用，比较有代表性的软件系统有：

（1）中国矿业大学吴侃等开发的"矿区沉陷预报系统"，实时预计中的预计模型采用概率积分法动态、稳态预计模型，模型的参数求取采用模矢法。

（2）中国矿业大学康建荣、王金庄等开发研制的"任意形状工作面多线段开采沉陷预计系统"，以概率积分法为理论模型，对山区地表移动规律进行研究，用直接面积积分的方法，建立的开采沉陷预计系统适合于任意形状多工作面开采、多线段开采的情况。

（3）中国矿业大学朱晓峻等开发的"开采沉陷预计系统"，采用概率积分法模型，对模型的参数求取采用遗传算法。

（4）西安科技大学余学义等研制的"YLH 预计评价系统"，该软件以概率积分法和 Budrgk-Knothe 理论为基础，是集开采方法选择、基于扇形闭合回路积分叠加模型的地表沉陷预计、参数优化选择和建筑物与地表破坏程度分类评价为一体的评价软件。

（5）煤炭科学研究总院田锦州等开发的"开采沉陷智能化预计系统"，基于等价转换线积分型概率积分法开发的开采沉陷计算软件，主要有开采沉陷预计与地表移动参数拟合反求两大功能。

二、地表移动与变形预计软件实例分析

以中国矿业大学朱晓峻等开发的"开采沉陷预计系统"（图 11-18）进行实例分析，该软件的功能分两个方面：一是地表移动与变形预计参数的求取；二是地表移动与变形的预计。

图 11-18　系统启动界面

（1）地表移动与变形预计参数的求取

本例采用某煤矿工作面观测站 S 线的实测数据，工作面从 2002 年 12 月开始开采，2003 年 5 月 30 日开采结束。该工作面采用倾向长壁综采放顶煤采煤法开采，全部垮落法管理顶板，其基本情况见表 11-3。工作面与地面观测站井上、下对照如图 11-19 所示。

表 11-3　　　　　　　　　　工作面基本情况表

工作面	平均采深/m	平均煤厚/m	煤层倾角/(°)	走向长/m	倾斜宽/m	采煤方法	顶板管理方法
1	614	5.34	5	770	185	倾向长壁	全部垮落

观测站原始数据见表 11-4。

将工作面基本情况、观测数据和求取的参数用软件规定的格式准备好，如图 11-20 所示。

准备好的 Excel 文件导入到软件中，用软件进行求参，其求参结果见表 11-5 和表 11-6。

地表移动观测线 S 线地表下沉曲线拟合图如图 11-21 所示。

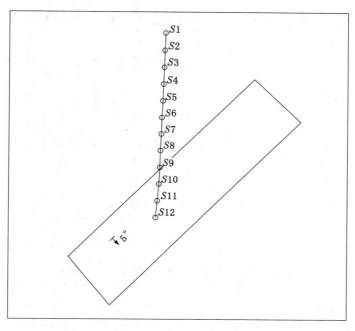

图 11-19　工作面与地面观测站井上、下对照图

表 11-4　　　　　　　　　　　　　　工作面观测站 *S* 线观测数据

点号	北方向 X/m	东方向 Y/m	下沉/mm
S1	3 919 766.658	39 489 406.832	6
S2	3 919 715.254	39 489 404.825	17
S3	3 919 664.315	39 489 403.496	40
S4	3 919 613.929	39 489 401.488	80
S5	3 919 563.636	39 489 399.494	120
S6	3 919 513.182	39 489 397.417	195
S7	3 919 463.617	39 489 395.548	326
S8	3 919 413.654	39 489 393.785	402
S9	3 919 363.085	39 489 391.842	471
S10	3 919 313.091	39 489 389.871	514
S11	3 919 263.063	39 489 384.966	507
S12	3 919 213.014	39 489 380.037	489

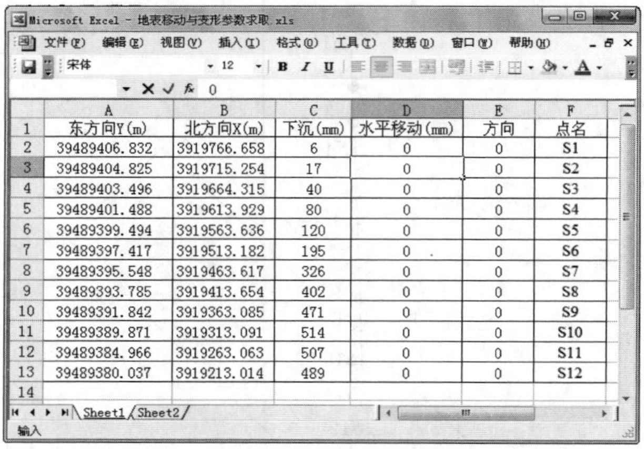

	A	B	C	D	E	F
1	东方向Y(m)	北方向X(m)	下沉(mm)	水平移动(mm)	方向	点名
2	39489406.832	3919766.658	6	0	0	S1
3	39489404.825	3919715.254	17	0	0	S2
4	39489403.496	3919664.315	40	0	0	S3
5	39489401.488	3919613.929	80	0	0	S4
6	39489399.494	3919563.636	120	0	0	S5
7	39489397.417	3919513.182	195	0	0	S6
8	39489395.548	3919463.617	326	0	0	S7
9	39489393.785	3919413.654	402	0	0	S8
10	39489391.842	3919363.085	471	0	0	S9
11	39489389.871	3919313.091	514	0	0	S10
12	39489384.966	3919263.063	507	0	0	S11
13	39489380.037	3919213.014	489	0	0	S12
14						

图 11-20 地表移动与变形参数求取的数据

表 11-5 **根据 *S* 线下沉曲线拟合求取的概率积分法参数**

参数	q	$\tan\beta$	θ	S
参数值	0.83	1.65	90°	42.65

表 11-6 ***S* 线按概率积分法模型拟合下沉值与实测下沉值对比表**

点号	实测下沉值/mm	预计下沉值/mm	Δ/mm
S1	6	19	−13
S2	17	35	−18
S3	40	63	−23
S4	80	104	−24
S5	120	159	−39
S6	195	228	−33
S7	326	304	22
S8	402	382	20
S9	471	445	26
S10	514	494	20
S11	507	518	−11
S12	489	513	−24

(2) 地表移动与变形的预计

某矿某工作面走向长 150 m，倾向长 100 m，采厚 $m=1$ m，平均采深 $H=100$ m，水平煤层，工作面左下角坐标为(0,0)。概率积分法参数为：下沉系数 $q=0.7$，主要影响角正切 $\tan\beta=2.0$，拐点偏移距 $S=10$ m，水平移动系数 $b=0.3$，开采影响传播角 $\theta=90°$，对上述工作面的地表一个任意点和主断面进行移动变形预计，其任意点坐标为(0,100)，预计方向为 315°，并生成走向和倾向主断面变形曲线。

在对工作面任意点预计之前，首先按软件的要求准备好工作面的情况，文件采用 XML

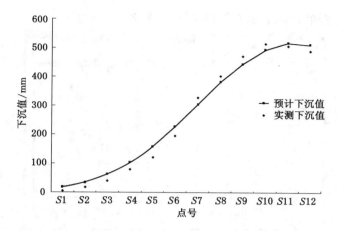

图 11-21 地表移动观测线 S 线地表下沉曲线拟合图

标记语言格式,方便辨认及填写参数,具体格式如图 11-22 所示。

```
1   <预计参数>
2       <GZMname>某工作面</GZMname>
3       <m>1000</m>
4       <q>0.7</q>
5       <α>0</α>
6       <b>0.3</b>
7       <tanβ>2</tanβ>
8       <θ>90</θ>
9       <H0>100</H0>
10      <S1>10</S1>  <S2>10</S2>  <S3>10</S3>   <S4>10</S4>
11      <A>0</A>
12      <ZC>150</ZC>  <QC>100</QC>
13      <X0>0</X0>  <Y0>0</Y0>
14      <Divide>0</Divide>
15  </预计参数>
```

图 11-22 地表移动与变形预计准备的数据

将准备好的数据导入到软件中,如图 11-23 所示。

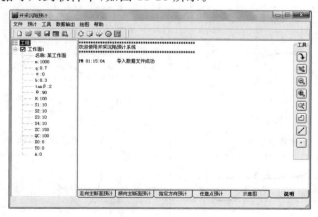

图 11-23 地表移动与变形预计数据导入

导入数据并检查无误后,在"预计"菜单栏中首先点击"准备数据",这一步对预计工作面进行初始化并计算工作面的最大移动变形值,然后点击"单一工作面主断面预计",这一步计算主断面的移动变形值,结果显示在软件表格中,如图 11-24 所示。

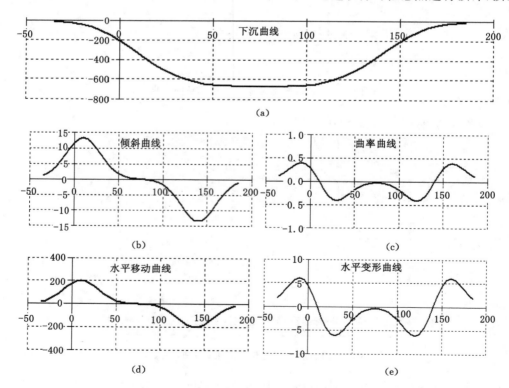

图 11-24　主断面移动变形值计算结果

　　然后可以通过菜单栏中"数据输出"输出预计结果,以及在菜单"绘图"中绘制主断面移动变形曲线图,如图 11-25 所示。

　　当计算任意点的移动变形值时,首先将预计点的坐标及预计方向准备成文本文件,如图 11-26 所示。

　　再在菜单栏"预计"中选择"任意点批量预计",即可通过软件对任意点进行预计,预计结

图 11-25　走向和倾向移动变形曲线

(a) 下沉曲线;(b) 走向倾斜曲线;(c) 走向曲率曲线;(d) 走向水平移动曲线;(e) 走向水平变形曲线

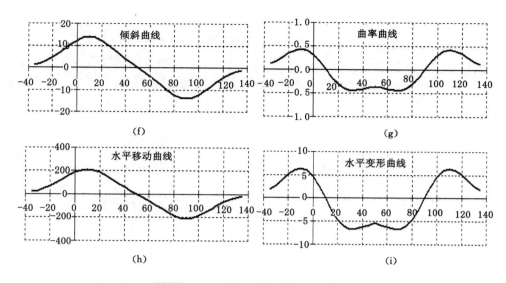

续图 11-25　走向和倾向移动变形曲线

（f）倾向倾斜曲线；（g）倾向曲率曲线；（h）倾向水平移动曲线；（i）倾向水平变形曲线

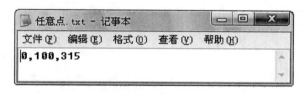

图 11-26　任意点预计的数据

果见表 11-7。

表 11-7　　　　　　　　　　　　　　任意点预计结果

下沉/mm	倾斜/(mm/m)	曲率/(mm/m²)	水平移动/mm	水平变形/(mm/m)
66.4	5.37	0.31	80.6	4.7

思考与练习

1. 绘图说明水平煤层非充分采动时主断面内下沉曲线、倾斜曲线、曲率曲线的分布特征。

2. 绘图说明采区内地表点的移动轨迹。

3. 地表移动持续时间分为哪三个阶段，其划分的依据是什么？

4. 简述现阶段最常用的地表移动变形预计方法。

5. 某煤矿一矩形工作面，煤层为水平煤层，采用走向长壁全部垮落法采煤，倾向充分采动，工作面走向足够长，采厚 2.0 m，平均采深 200 m。已知地表移动变形预计参数为：$S=0.05H$，$q=0.8$，$\tan\beta=2.0$，$b=0.3$。试用概率积分法预计全部开采后的地表移动变形最大值和主断面上距边界内 10 m 处 A 点的移动变形。

6. 某煤矿一矩形工作面,煤层为水平煤层,采用走向长壁全部垮落法采煤,倾向长为 150 m,走向长为 500 m,采厚 2.0 m,平均采深 200 m。已知地表移动变形预计参数为:$S=0.05H$,$q=0.8$,$\tan\beta=2.0$,$b=0.3$。试利用地表移动与变形软件预计该工作面主断面地表移动变形曲线。

项目十二　开采沉陷防治技术

任务一　保护煤柱设计

【知识要点】　保护煤柱留设所用参数选取方法；垂直剖面法留设保护煤柱；垂线法留设保护煤柱。

【技能目标】　能在 CAD 中分别运用垂直剖面法和垂线法留设建筑物保护煤柱。

任务导入

保护煤柱是指专门留设在井下不予采出的、旨在保护其周边岩层内部和地表的保护对象不受开采有害影响的那部分煤炭。

任务分析

根据保护对象的范围和掌握的地表移动与变形规律，在地下开采煤层层面上圈定一个边界，开采活动均在这个圈定的边界外进行，使得开采活动的有害影响不波及保护对象的范围。

相关知识

一、保护煤柱留设所用参数

1. 保护煤柱留设维护带宽度

由于地质采矿条件的复杂性、井上下对照图的误差、移动角值参数误差等各种干扰保护煤柱正确留设因素的存在，使得保护煤柱留设的尺寸和位置产生误差，为抵消这种误差的影响，需要在保护煤柱留设过程中再适当增加受保护对象的范围，增加的这一部分范围称为维护带。维护带的宽度依据受保护对象的保护等级确定。按建筑物的重要性、用途以及受开采引起的不同后果，根据相关规定，将矿区范围的建（构）筑物保护等级分为四级，并分别给出不同保护等级建（构）筑物维护带宽度，具体见表 12-1。

表 12-1　　　　　　　　　　　矿区建（构）筑物保护等级划分

保护等级	主要建（构）筑物	维护带宽度/m
I	国务院明令保护的文物和纪念性建筑物；一等火车站，发电厂主厂房，在同一跨度内有两台重型桥式吊车的大型厂房，平炉，水泥厂回转窑，大型选煤厂主厂房等特别重要或特别敏感的、采动后可能导致发生重大生产、伤亡事故的建（构）筑物；铸铁瓦斯管道干线，大、中型矿井主要通风机房，瓦斯抽放站，高速公路，机场跑道，高层住宅楼等	20

保护等级	主要建(构)筑物	维护带宽度/m
II	高炉、焦化炉,220 kV 以上超高压输电线路杆塔,矿区总变电所,立交桥;钢筋混凝土框架结构的工业厂房,设有桥式吊车的工业厂房,铁路煤仓,总机修厂等较重要的大型工业建(构)筑物;办公楼,医院,剧院,学校,百货大楼,二等火车站,长度大于 20 m 的二层楼房和三层以上多层住宅楼;输水管干线和铸铁瓦斯管道支线;架空索道,电视塔及其转播塔,一级公路	15
III	无吊车设备的砖木结构工业厂房,三、四等火车站,砖木、砖混结构平房或变形缝区段小于 20 m 的两层楼房,村庄砖瓦民房;高压输电线路杆塔,钢瓦斯管道等	10
IV	农村木结构承重房屋,简易仓库等	5

2. 移动角值参数选取

保护煤柱留设过程中,移动角的取值对计算结果有着直接影响。对于拥有地表移动观测资料的矿区而言,其移动角及其他参数,可以通过对观测成果的综合分析得到。对于缺乏观测资料和新的矿区,其移动角可采用类比的方法确定。所谓类比法,就是把与本矿区煤田特征和开采条件相类似的矿区的参数作为本矿区的参数。

二、保护煤柱留设方法

保护煤柱留设的过程是依据受护面积边界和掌握的地表移动规律,确定出保护煤柱边界。在计算保护煤柱边界之前需要准备相应的基础资料,主要包括:保护对象(如工业广场、房屋、公路、铁路、立井等)的特征及使用要求、矿区的地质及煤层赋存条件、符合精度要求的必要的图纸资料(如井田地质地形图、煤层底板等高线图、井上下对照图等)以及本矿区地表移动参数以及断层、背向斜等地质构造情况等。常用的保护煤柱留设方法有垂直剖面法和垂线法。

(一)垂直剖面法

垂直剖面法是作沿煤层走向和倾向的垂直剖面图,根据移动角参数,计算出剖面上煤柱边界宽度,并将其投影至平面图上得到保护煤柱边界。其设计步骤如下:

1. 确定受护面积边界

根据煤层的走向、倾向关系确定出建筑物的外围边界,加上一定宽度的维护带,确定出建筑物的受护边界。根据建筑物的分布形式与煤层走向、倾向的相互位置关系,在采用垂直断面法确定受护面积边界时可分三种情况:

(1)如果建筑物边界和煤层走向、倾向平行时,在平面图上直接沿煤层走向、倾向在建筑物边界外留一定宽度的维护带,得到受护面积边界,如图 12-1(a)所示。

(2)如果建筑物边界与煤层走向斜交时,通过建筑物的四个角点,分别作与煤层走向或倾向平行的直线,再留设维护带,得到受护面积边界,如图 12-1(b)所示。

(3)如果地面建筑物较多,可通过建筑群的最外角点,分别作和煤层走向或倾向平行的直线,再留设维护带,得到受护面积边界,如图 12-1(c)所示。

在建(构)筑物受护边界应不出现过多的边、角。当建(构)筑物受护面积较小时,应酌情加大其保护煤柱尺寸,以避免在建(构)筑物受护面积内因地表变形叠加而超过其允许变形值。

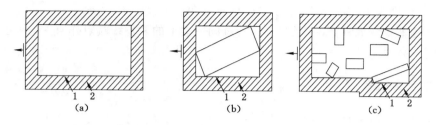

图 12-1　垂直剖面法留设保护煤柱时受护面积边界的确定
1——建筑物边界；2——维护带

2. 确定保护煤柱边界

在受护面积边界与煤层走向平行或垂直时所作的垂直剖面上，在松散层内用松散层移动角 φ，在基岩内根据基岩移动角 β、γ、δ 画直线，做出保护煤柱边界。

3. 计算保护煤柱压煤量

做好保护煤柱后，还应计算其压煤量，保护煤柱压煤量可用下式计算：

$$Q = \frac{A}{\cos \alpha} m\rho \tag{12-1}$$

式中，Q 为压煤量，t；A 为煤柱平面面积，m^2；m 为煤层厚度，m；ρ 为煤层质量密度，t/m^3；α 为煤层倾角，(°)。

（二）垂线法

垂线法是利用解析方法留设保护煤柱。先作出受护面积边界的垂线，利用公式计算垂线的长度，再在平面图上量出垂线长度，从而确定保护煤柱边界。其设计步骤如下：

1. 确定受护面积边界

在平面图上直接作出平行于受护对象边界的直线、四边形或多边形等，再在其外侧画出围护带，得到受护边界，这种边界一般与煤层走向斜交。

2. 确定松散层保护边界

若松散层厚度为 h，松散层移动角为 φ，则松散层保护边界的宽度为：$s = h\cot\varphi$；从受护面积边界向外量距离 s，得到了松散层保护边界。

3. 确定保护煤柱边界

（1）在松散层保护边界上，分别在各角点上作相邻两边的垂线。

（2）判别各垂线的性质：若垂线的方向指向（或偏向）煤层上山方向，则为上山方向垂线；反之，若垂线的方向指向（或偏向）煤层下山方向，则为下山方向垂线。

（3）计算垂线长度，上山方向垂线长度为 q，下山方向垂线长度为 l，分别按下式计算：

$$q = \frac{(H_i - h)\cot\beta'}{1 + \cot\beta' \cdot \tan\alpha \cdot \cos\theta}, \quad l = \frac{(H_i - h)\cot\gamma'}{1 - \cot\gamma \cdot \tan\alpha \cdot \cos\theta} \tag{12-2}$$

式中，H_i 为各角点处的煤层埋深，m；h 为松散层厚度，m；α 为煤层倾角，(°)；θ 为松散层受护面积边界与煤层走向所夹的锐角，(°)；β'、γ' 为分别为斜交剖面下山移动角和上山移动角，可按下式计算：

$$\cot\beta' = \sqrt{\cot^2\beta \cdot \cos^2\theta + \cot^2\delta \cdot \sin^2\theta} \tag{12-3}$$

$$\cot\gamma' = \sqrt{\cot^2\gamma \cdot \cos^2\theta + \cot^2\delta \cdot \sin^2\theta} \tag{12-4}$$

式中，β、γ、δ 分别为采用的下山、上山和走向移动角。

（4）在各垂线量取计算的垂线长度，并过同一边上的两垂线端点作直线，圈定的边界即为确定的保护煤柱边界。

 任务实施

一、垂直剖面法设计建筑物保护煤柱

所设计的保护煤柱为一幢六层楼房，其平面尺寸及形状如图 12-2 所示。房屋长轴方向与煤层走向线夹角 $\theta=45°$，煤层倾角 $\alpha=15°$，厚度 $m=2.0$ m，房屋下方煤层埋藏深度 $H=240$ m，基岩岩性坚硬，松散层厚度 $h=15$ m。选用设计保护煤柱时参数取值为：$\delta=\gamma=75°$，$\beta=58°$，$\varphi=45°$。

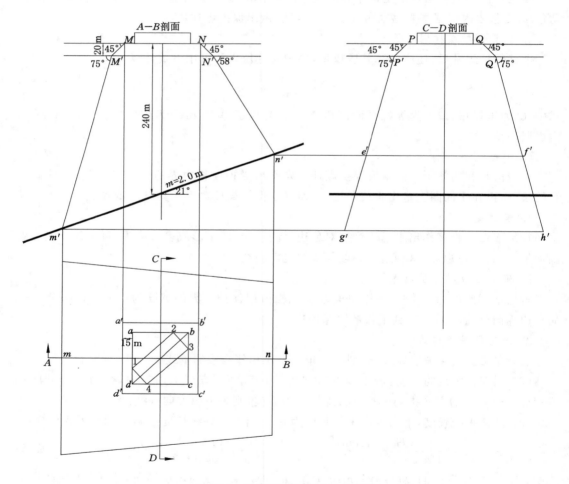

图 12-2　垂直剖面法留设保护煤柱

用垂直剖面法设计该楼房保护煤柱的步骤如下：

（1）根据《煤矿安全规程》中矿区建（构）筑物保护等级划分的规定，六层楼房属于Ⅱ级保护对象，其维护带宽度为 15 m。

（2）如图 12-2 所示，在平面图（1：2 000）上房屋角点 1、2、3、4 处作平行于煤层走向和倾向方向的直线，得到直角四边形 $abcd$，在 $abcd$ 外侧加宽度为 15 m 的围护带，其外边 $a'b'c'd'$ 为受护面积边界。

（3）过四边形 $a'b'c'd'$ 中心点作煤层倾斜剖面 $A—B$ 和走向剖面 $C—D$，然后在剖面 $A—B$ 和剖面 $C—D$ 上分别求出保护煤柱边界。

（4）在 $A—B$ 剖面图（1：2 000）上标出地表线、楼房轮廓线、松散层、煤层等，并标注煤层倾角 $\alpha=15°$，煤层厚度 $m=2.0$ m，楼房下方煤层埋藏深度 $H=240$ m。

（5）在平面图上将 $A—B$ 剖面线与受护面积边界之交点转绘到 $A—B$ 剖面图上的地表线上，得到点 M、N，由点 M、N 以 $\varphi=45°$ 作直线至基岩面得到交点 M'、N'。然后，在煤层上山方向以 $\beta=58°$ 由点 N' 作直线与煤层底板交于 n' 点；同理在煤层下山方向以 $\gamma=75°$ 由点 M' 作直线与煤层底板交于点 m'，点 n'、m' 分别为沿煤层倾斜剖面上保护煤柱的上、下边界。将点 m'、n' 投影到平面上，得到点 m、n。

（6）将平面图上的剖面线 $C—D$ 与受护边界之交点转绘到 $C—D$ 剖面图的地表线上，得到点 P、Q。在 $C—D$ 剖面图上由点 P、Q 以 $\varphi=45°$ 作直线至基岩面得到交点 P'、Q'。然后，以 $\delta=75°$ 由点 P'、Q' 分别作直线。

（7）将 $A—B$ 剖面图上的点 n'、m' 分别投影到 $C—D$ 剖面图上，与 $C—D$ 剖面图上基岩内的两条斜线相交，得交点 e'、f' 及 g'、h'。$e'f'$ 为煤柱上山边界线在 $C—D$ 剖面线上的投影，$g'h'$ 为煤柱下山边界线在 $C—D$ 面上的投影。

（8）将点 e'、f'、g'、h' 分别转绘到平面图上，得点 e、f、g、h。连接点 e、f、g、h 形成一个梯形，即为所求保护煤柱平面图。

二、垂线法设计建筑群保护煤柱

某建筑群均为三层以上的居民住宅楼，其平面轮廓及尺寸如图 12-3 所示。建筑群下方煤层厚度 $m=3.0$ m，煤层倾角 $\alpha=14°$，房屋下方煤层埋藏深度 $H=190\sim230$ m，松散层厚度 $h=25$ m。选用设计保护煤柱时参数取值为：$\delta=\gamma=73°$，$\beta=66°$，$\varphi=45°$。

用垂直剖面法设计该楼房保护煤柱的步骤如下：

（1）根据《煤矿安全规程》中矿区建（构）筑物保护等级划分的规定，三层以上居民住宅楼属于 II 级保护对象，其维护带宽度为 15 m；在平面图（图 12-3）上确定受护边界五边形 12346。在五边形外侧加围护带 15 m，得受护边界 $1'2'3'4'6'$。

（2）在受护边界 $1'2'3'4'6'$ 向外按宽度 $s=h\cot\varphi=25\cot45°=25$（m）画出五边形 $abcde$，保护煤柱边界可根据五边形 $abcde$ 采用垂线法设计。

（3）由 a、b、c、d、e 各点分别作线段 ab、bc、cd、de、ea 的垂线。各垂线长度 q、l 按式（12-2）计算。计算其实数据为：

① 斜交剖面移动角 β'、γ'。本例中 ab、dc 和 ae、bc 边的 $\theta=45°$，cd 边的 $\theta=10°$，$\alpha=14°$，$\delta=\gamma=73°$，$\beta=66°$。根据式（12-3）、式（12-4）计算出：$\theta=45°$ 时，$\gamma'=73°$，$\beta'=69°$；$\theta=10°$ 时，$\gamma'=73°$，$\beta'=78.8°$。

② a、b、c、d、e 各点（$H-h$）计算。本例中各点的（$H-h$）值如下：$(H-h)_a=178$ m，$(H-h)_b=217$ m，$(H-h)_c=186$ m，$(H-h)_d=158$ m，$(H-h)_e=161$ m。

根据上述数据，按式（12-2）计算出各点的 q、l 值，计算结果见表 12-2。

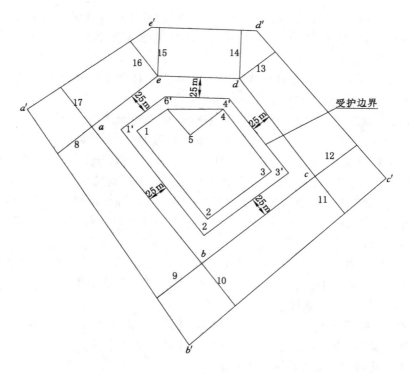

图 12-3　用垂线法设计建筑群保护煤柱

表 12-2　　　　　　　　　　　垂线长度 q、l 值计算结果

计算点号	a		b		c		d		e	
$H-h$/m	178		217		186		158		161	
垂线	a—17	a—8	b—9	b—10	c—11	c—12	d—13	d—14	e—15	e—16
q	63.7					66.6	56.3	62.9	64.2	57.6
l		57.5	70.1	70.1	60.1					

（4）在各垂线上，按比例尺截取各线段计算长度，用直线分别连接垂线各端点，相交成五边形 $a'b'c'd'e'$。该五边形轮廓即为建筑物保护煤柱边界的平面图。

任务二　建筑物下采煤防治技术

【知识要点】　开采引起的地表移动和变形对建（构）筑物的影响；在移动盆地内所处位置不同时对建筑物的影响；建筑物下采煤地表和建筑物变形控制的基本方法。

【技能目标】　能运用建筑物下采煤地表和建筑物变形控制的基本方法。

 任务导入

我国将建筑物下、水体下和铁路下采煤简称"三下采煤"。根据相关规程的规定，建构筑物、水体和铁路压煤和主要井巷煤柱的合理开采和采动对象的保护与治理，是煤炭行业和企

业的计划、设计、生产、技术、地质、测量和基本建设各部门的共同职责。煤矿各级管理部门和企业,应根据矿区生产、建设发展需要,由总工程师领导上述部门制定有关开采、保护及治理的规划,积极稳妥地组织实施。

据统计,我国建筑物下压煤量达 87 亿 t 左右,其中以村庄下压煤量最大(约占 60%),其次为工业场地,再次为其他工民用建筑物。随着社会经济的发展,矿区地面建筑物还在逐渐增多,建筑物下压煤开采已成为许多矿区面临的主要问题,严重制约着矿区的可持续发展,因此,进行建筑物下采煤研究具有十分重要的理论和实际意义。

要进行建筑物下采煤,需分析地下开采后地表移动变形对建筑物的影响,然后根据建筑物的所在位置,合理布设井下工作面,最后井上和井下采取相应的控制措施,从而减小地表移动变形对建筑物的影响。

一、开采引起的地表移动和变形对建(构)筑物的影响

地下采矿后,地表发生移动和变形,破坏了建筑物与地基之间的初始平衡状态。伴随着力系平衡的重新建立,使建筑物和构筑物中产生附加应力,从而导致建筑物和构筑物发生变形,严重时将遭到破坏。地下开采对建筑物的影响主要有垂直方向的移动变形(下沉、倾斜、曲率)和水平方向的移动变形(水平移动、水平变形)及由它们引起的建筑物的扭曲变形、剪切变形。不同性质的移动变形对建(构)筑物的影响是不同的。

1. 地表下沉对建筑物的影响

一般地讲,当建筑物所处的地表出现均匀下沉时,建筑物和构筑物中不会产生附加应力,因而不会使建筑物损害。但当地表下沉量较大,地下水位又很浅时,如果由此而使潜水位上升,造成建筑物周围长期积水或使建筑物过度潮湿,改变了建筑物所处的环境,降低了地基的强度,这就会影响建筑物的使用,在特别不利时,甚至可能造成建筑物的破坏或废弃。

2. 地表倾斜对建(构)筑物的影响

地表倾斜后,将引起建筑物的歪斜。由于建筑物倾斜,在建筑物自重形成的偏心荷载作用下,产生了附加倾覆力矩,承重结构内部将产生附加应力,基底的承压力也将重新分布。特别是底面积小而高度很大的建筑物(如水塔、烟囱、高压线等),地表倾斜对它们的影响更为明显。图 12-4 所示为地表倾斜变形对高耸建筑物(烟囱)的影响。在受开采影响使地表产生倾斜 i 后,烟囱发生了歪斜,在其筒身各个不同的横截面内,将因偏心力矩的作用而产生自重附加弯矩。计算出作用于烟囱筒身任意截面上的自重附加弯矩后,即可对筒身、基础以及地基进行强度和稳定性的验算。

3. 地表曲率对建筑物的影响

地表曲率变形表示地表倾斜的变化程度。由于出现了曲率变形,地表将由原来的平面而变成曲面形状,建筑物的荷载与地基反力间的初始平衡状态遭到了破坏。在正负曲率作用下,房屋全部切入地基或房屋部分切入地基,如图 12-5 所示。图 12-5 中(a)所示为在地表正曲率变形时,房屋基础全部嵌入地基土壤内;图 12-5(b)所示为在地表正曲率变形时,

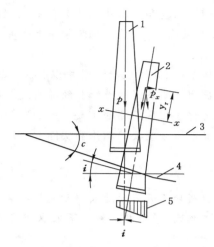

图 12-4　地表倾斜变形对高耸建筑物的影响

1——采前位置；2——采后位置；3——下沉前地表；4——下沉后地表；5——地基反力

房屋基础中部嵌入地基土壤内，两端悬空；图 12-5(c)所示为在地表负曲率变形时，房屋基础全部嵌入地基土壤内；图 12-5(d)所示为在地表负曲率变形时，房屋基础两端嵌入地基土壤内，中部悬空。

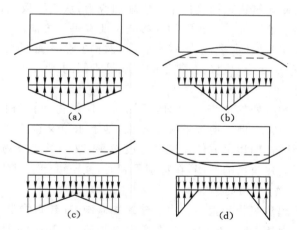

图 12-5　地表曲率对建筑物影响示意图

地表倾斜会引起公路、铁路、排水渠、管道等的坡度变化，还可引起机器设备的倾斜，破坏其正常工作状态。

房屋在受到正负曲率影响下，将使地基反力重新分布，因而使建筑物（房屋）墙壁在竖直面内受到附加的弯矩和剪力的作用，其值如果超过建筑物基础和上部建筑的强度极限时，建筑物就会出现裂缝。在正曲率作用下，房屋中央所产生的应力大于原有的应力，易在建筑物的顶部中间出现裂缝；在负曲率作用下，房屋两端地表应力增大，易形成底部中央的裂缝。

4. 地表水平变形对建筑物的影响

地表水平变形对建筑物的破坏作用很大，尤其是拉伸变形的影响。由于建筑物抵抗拉伸能力远小于抵抗压缩的能力，所以较小的地表拉伸变形就能使建筑物产生开裂性裂缝。

一般在门窗洞口的薄弱部位最易产生裂缝,砖砌体的接合缝,建筑物结点(如房梁)容易被拉开。从我国建筑物下采煤的经验来看,当地表水平拉伸变形大于 1 mm/m 时,在一般砖石承重的建筑物墙身上就会出现较细小的竖向裂缝。虽然房屋抗压缩变形能力大于拉伸变形,但当压缩变形较大时,建筑物产生的破坏就比较严重,可使建筑物墙壁、地基压碎,地板鼓起产生剪切和挤压裂缝,可使门窗洞口挤成菱形,砖砌体墙产生水平裂缝,纵墙或围墙产生褶曲或屋顶鼓起,如图 12-6 和图 12-7 所示。

图 12-6　房屋上的拉伸裂缝图

图 12-7　压缩变形造成的房屋损坏

除上述变形影响外,还有剪切变形和扭曲变形对建筑物的影响。目前我国大多为村下采煤,受影响的房屋在横向方向的尺寸较小,剪切变形和扭曲变形的影响较小,一般不考虑。主要考虑以上各种移动变形的影响,尤其关心地表曲率和水平变形的影响。

综上所述,使建筑物产生破坏和变形的原因是较多的,但主要原因是曲率和水平变形的影响。往往在它们的影响作用下,使采动地区地面建筑物砖墙上出现裂缝,而裂缝是建筑物受地表变形影响出现的最普遍的破坏现象。

二、在移动盆地内所处位置不同时对建筑物的影响

对于平面形状为矩形的建筑物来说,建筑物短轴方向承受变形的能力大于长轴方向,建筑物承受压缩变形的能力大于承受拉伸变形的能力,房屋承受扭曲变形的能力较差。对于达到充分采动的地表移动盆地,地表变形主要集中在采空区边界内外侧的盆地边缘区,因此,当结构、平面形状、尺寸都相同的建筑物,在位于地表移动盆地不同位置时,受到的采动影响是不同的,如图 12-8 所示。

(1)处于盆地中央的房屋,其长轴垂直于煤层走向(图 12-8 中的房屋 a)。在倾向方向上,盆地中央地表为压缩变形区,而建筑物的抗压缩变形能力较强。在走向方向上,建筑物先受拉伸、后受压缩变形影响,可能先开裂,在工作面采过后裂缝会再度闭合,有利于建筑物维修。

在工作面沿走向推进方向上,建筑物的尺寸较小,其受到的动态变形总量较小。

(2)处于移动盆地边缘,其长轴垂直于煤层走向(图 12-8 中的房屋 b)。在倾斜方向上,工作面边界上方地表拉伸变形最大,房屋长轴又和倾向一致,故其受到的破坏较为严重,可能出现永久性裂缝。在走向方向上,工作面推进时受到的影响与房屋 a 的情况相似。

(3)处于移动盆地中央,其长轴平行于煤层走向(图 12-8 中的房屋 c)。在走向方向上,由于房屋长度较大,工作面推进过程中,受地表动态变形影响较严重。产生的拉伸和压缩变

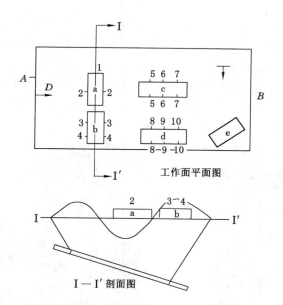

图 12-8　建筑物位于地表移动盆地不同位置采动影响示意图

形总量也较大,裂缝出现较多;虽然大部分裂缝在工作面推过后会闭合,但房屋质量将大大下降。在倾向方向上,房屋尺寸较小,又位于采空区中部,破坏较轻。

（4）处于移动盆地边缘,其长轴平行于煤层走向(图 12-8 中的房屋 d)。在走向方向上,同房屋 c 相比,也会受到较严重的动态变形影响,但程度相对较轻,裂缝宽度较小。在倾向方向上,由于建筑物尺寸较小,与房屋 b 相比,受影响程度较轻,出现永久性裂缝的可能性较小。

（5）当房屋轴向与煤层走向斜交时,对房屋的破坏性较大(图 12-8 中的房屋 e)。房屋将受到扭曲变形的影响,可能在窗间墙上出现许多斜交裂缝或马尾状裂缝。

综上所述,房屋 a、d 的位置较为有利,房屋 e 的位置最为不利。在移动盆地中央的房屋,尽量使其长轴和煤层走向(工作面推进方向)垂直;在盆地边缘的房屋,应使房屋长轴和工作面推进方向平行。

三、建筑物下采煤地表和建筑物变形控制的基本方法

建筑物下采煤地表和建筑物变形控制措施主要包括三个方面:一是在井下采取采矿措施,控制岩层移动,尽量减少建筑物所在地表的移动和变形值;二是在岩层移动向地表传递的过程中通过向岩层裂隙注浆控制地表的移动和变形;三是在地表直接对建筑物采取结构保护措施,以提高建筑物承受地表变形的能力。这几方面措施常常联合使用,只有在进行综合经济技术比较后,才能确定着重采取哪方面的措施。

（一）地下开采措施控制地表移动变形

通过在井下选择合适的开采方法或合理布置工作面等采矿措施,可以有效地减小或控制岩层移动和地表变形,达到保护地面建筑物安全的目的。在生产实践中,常用的地下开采措施有全柱式协调开采、部分开采和充填开采。

1. 全柱式协调开采

全柱式开采就是在建筑物下煤柱的整个范围内,通过多工作面联合或同时开采,使被保护对象处于下沉盆地的中间区或压缩变形区或地表拉伸变形与压缩变形抵消区。在这种情况下,被保护对象只承受动态变形以及最终的均匀下沉,而不承受最终的拉伸变形。为了实现全柱开采,最根本的是要求柱内不出现永久性开采边界和不造成各煤层变形值的累加。它可以最大限度地减少开采对受护建筑物的有害影响。

（1）长工作面开采

长工作面开采就是利用长工作面形成的地表下沉盆地中央区稳定后变形值很小的特点,使建筑物位于稳定后地表下沉盆地的中央区。这时,要求动态变形值小于建筑物允许变形值,还要求开采后潜水位的变化不影响建筑物的正常使用。长工作面的布置方式有两种形式:① 单一长工作面,是在煤柱范围内只布置一个工作面[图 12-9（a）],一般在煤柱面积较小时采用;② 台阶状长工作面,即是在煤柱范围内布置几个互相错开的台阶状工作面[图 12-9（b）],一般是在煤柱面积较大时采用这种方式。

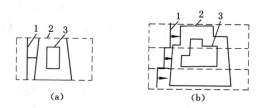

图 12-9　长工作面开采布置示意图

1——工作面;2——煤柱边界;3——建筑物保护范围

（2）间歇开采

间歇开采是在煤柱内一次只开采一个煤层（或分层）。第二个煤层（或分层）的回采,要在第一个煤层（或分层）回采结束,地表移动基本稳定后才能进行,以消除或减少多个煤层开采影响的累加。

（3）协调开采

按照开采沉陷理论,利用两个或多个煤层（或分层）同时开采所产生的地表变形互相抵消的原理,协调优化设计工作面位置及开采顺序,使被保护对象处于下沉盆地的中间区域,使地表变形值不产生累加,甚至能抵消一部分变形值,从而使被保护对象只承受动态变形及最终的均匀下沉,达到减弱开采对地表影响的目的。

（4）连续开采

在开采面积大的煤柱时,一般连续开采,不允许过久地停顿,因为每过久地停顿一次,就会形成一个永久性的开采边界,使本来只承受动态变形值的地方发展为承受静态变形值。

（5）适当安排工作面与建筑物长轴的关系

建筑物抗变形能力与它的平面形状有一定的关系。矩形建筑物长轴方向抗变形能力较小,短轴方向抗变形能力较大,可以利用这一特点来布置工作面。如图 12-10 所示。

① 当建筑物位于回采区段周边以内时,长壁工作面应平行于建筑物的长轴布置。

② 当建筑物位于回采区段周边以外时,长壁工作面应垂直于建筑物长轴方向布置。

③ 尽量避免工作面与建筑物长轴斜交。

④ 对于城市工业或住宅建筑群,应以其中主要的或大多数的建筑物、街道、设备的长轴方向为依据来布置长壁工作面。

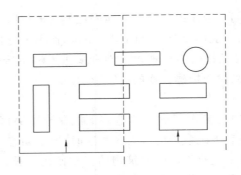

图 12-10　工作面推进方向与建筑群的位置关系

2. 部分开采

部分开采的实质就是通过只采出部分煤炭资源、留下部分资源以控制岩层和地表移动变形量来达到保护建筑物的目的。部分开采技术主要包括限厚开采和以部分支撑煤柱为核心的开采技术,如房式采煤、条带开采等。

(1) 房式采煤

房式开采是在开采煤层中掘进一系列宽度为 5~7 m 的煤房或巷道,煤房间用联络巷相连,形成近似于长方形的煤柱,煤柱宽度由数米至二十多米不等。采煤在煤房中进行,留煤房或巷道之间的矩形煤柱支撑上覆岩层,控制岩层移动。图 12-11 为块状煤柱房式采煤法示意图。房式采煤法在国外应用较多,美国是世界上采用连续采煤机房式开采最早和产量最高的国家之一,回采率一般为 50%~60%,地表下沉系数 0.35~0.68。我国西山矿务局、陕西黄陵矿、兖州集团公司南屯煤矿、神府东胜矿区大柳塔煤矿等进行过房式开采研究。

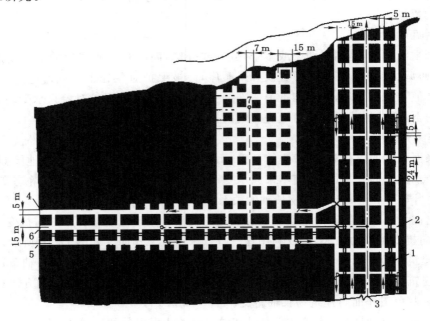

图 12-11　块状煤柱房式采煤法示意图

（2）条带开采

条带开采就是将要开采的煤层区域划分成比较正规的条带形状,采一条、留一条,用留下的条带煤柱支撑上覆岩层,控制岩层移动,使地表只发生轻微、均匀的移动和变形。波兰、苏联、英国等主要采煤国家在 20 世纪 50 年代就开始应用条带法开采建筑物压煤,取得了较为丰富的经验。我国已成功地在徐州、峰峰、邯郸、兖州、济北等矿区多个煤矿采用条带开采技术进行了村庄下安全采煤。如用条带开采方法对沛县城密集建筑下进行了采煤,采出率为 30%～40%,地下开采后地面建筑物完好无损,地表下沉不到 300 mm;在峰峰一矿工人村、二矿工业广场下进行厚煤层分层冒落条带开采,共采煤两个分层,总采厚 4.4 m,采出率为 51.5%～57.6%,开采后地面绝大部分房屋完好。

3. 充填法开采

充填法是一种采空区岩层控制方法。其特点是用取自采场外部的砂、石、矿渣或炉灰等充填材料(简称填料)直接充填或制成膏体充填采空区,并靠填料的支承作用减少顶板下沉和垮落。采用充填方法控制顶板的采煤方法统称为充填采煤法。充填方式视其输送填料方式的不同划分为人力充填、自溜充填、风力充填、水力充填、机械充填、膏体充填等。

人力充填是在采空区中砌筑若干条宽度为采高 2～2.5 倍的矸石带(带间距一般为 8～15 m),带间仍为空顶部分(未被填料充满)。由于人力充填未实现机械化,因此劳动强度很大,劳动生产率很低,我国正规的采场已不再使用。

自溜充填利用填料自重进行充填,只适于开采急倾斜煤层,如我国北票台吉矿、淮南孔集矿、重庆中梁山煤矿等曾有应用。

风力充填与水力充填相比,系统较为简单,适用条件广,可应用于缺水地区或近水平煤层,较易实行采充平行作业,我国曾分别在鸡西城子河矿和淮北局试用。但风力充填设备费用高,充填管路磨损快,耗电量大,充填不够致密,充填成本较高以及危害性粉尘的含量较高。

水力充填方法的充填能力大,机械化程度较高,充填成本低于风力充填,充填密实率高,沉缩率低,有利于保护采区上方地表建筑物,粉尘低,有利于防治自然发火。我国是世界上使用水力充填最早,也是水力充填技术较为先进的国家之一。

早期的机械充填对填料要求不严,使用设备较少,但充填能力很低,充填质量差。近年来新开发的机械抛矸充填和综合机械化固体充填采煤技术,在配套设备研制、工艺系统优化、地表沉陷控制效果研究方面都取得了一些成果。机械化固体直接充填开采是一种集减沉、减排、环保为一体的新型煤炭资源开采技术,已成为绿色开采体系的核心技术之一。

（二）覆岩离层注浆控制地表移动变形

由于煤层上覆岩层是由多层岩层组合而成,其物理力学性质差异较大,当岩层组合为下软上硬时,煤层开采后覆岩在垂直方向上的移动呈现时间和空间上的不连续性和不同步性,于是产生离层裂缝。覆岩离层注浆技术的核心就是在采空区上方地表的适当位置打钻,通过钻孔高压将电厂粉煤灰与水按照一定的比例配成浆液注入弯曲下沉带中的离层裂缝区域,达到控制与减缓地表沉降的目的,如图 12-12 所示。

有关离层注浆减沉研究最早的是苏联,曾有高压注浆减缓地表沉降和变形的专利;波兰试验离层注浆减沉率为 20%～30%。近十余年来,我国对离层注浆减沉的理论和方法进行了较为系统理论和实际应用的研究,包括离层裂缝发育位置、大小、工作面最佳开采区间、浆

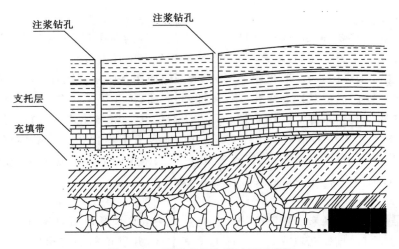

图 12-12   覆岩离层注浆减沉示意图

液扩散半径、注浆孔间距、离层注浆减沉的工艺、离层注浆减沉效果等。我国已先后在抚顺、大屯、兖州、唐山等多个矿区进行过离层注浆减沉工业性试验,取得了丰硕的成果,但也存在一些问题,如减沉效果如何评价、浆液扩散半径计算、离层注浆减沉后地表移动计算方法等,都有待进一步完善。

(三)地面建筑物保护和抗变形措施

采用建筑结构抗变形措施以增强建筑物承受地表变形的能力,使建筑物正常工作。常用的地面建筑物保护和抗变形措施主要有三类:刚性措施、柔性措施和人工调整变形措施。

刚性措施就是提高建筑物的刚度和整体性,增强建筑物抵抗变形的能力,如设置钢拉杆、钢筋混凝土圈梁等;柔性措施就是提高建筑物适应或吸收地表变形的能力,减小地表变形引起的建筑物附加内力,如设置变形缝、地表缓冲沟、基础滑动层等;人工调整变形措施就是通过人工调整消除地基不均匀沉降对建筑物的影响。

(1)钢拉杆

钢拉杆可承受地表正曲率变形和拉伸变形产生的拉应力,减少地表正曲率和拉伸变形对建筑物墙壁的影响。采用钢拉杆保护建筑物墙壁,具有施工简单、工作量小以及地表移动稳定后可以回收钢材等优点。由于钢拉杆不能承受横向力和扭转力的作用,仅能限制横向力所引起的破坏程度,而且钢拉杆与墙壁的共同作用能力较差,所以钢拉杆的加固效果不如钢筋混凝土圈梁。钢拉杆一般设于建筑物外墙的檐口或楼板水平上,并以闭合形式将建筑物外墙箍住。

(2)钢筋混凝土圈梁

设置钢筋混凝土圈梁的作用在于增强建筑物整体性和刚度,提高砖石砌体的抗弯、抗剪和抗拉的强度,可在一定程度上防止或减少裂缝等破坏现象的出现。圈梁可分为墙壁圈梁和基础梁两种。墙壁圈梁主要承受地表曲率变形引起的附加弯矩和附加剪力。基础圈梁主要承受地表水平变形引起的建筑物基础平面内和平面外的附加水平力,以及地表曲率变形引起的附加弯矩和附加剪力。圈梁一般设置在建筑物的外墙上,基础圈梁一般设于地面以下基础的第一个台阶上,墙圈梁一般设于檐口以及楼板下部或窗过梁水平的墙壁上,如图12-13 所示。

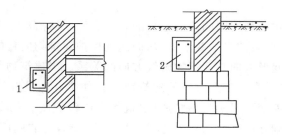

图 12-13　设置钢筋混凝土圈梁

1——墙壁圈梁；2——基础圈梁

（3）变形缝

切割变形缝就是将长度较大的建筑物自层顶至基础部分成若干个彼此互不相连、长度较小、刚度较好、自成变形体系的独立单体。这样，可以减小地基反力分布的不均匀对建筑物的影响，减少作用于建筑物的附加应力，提高建筑物适应地表变形的能力。

建筑物上的变形缝一般应设置在：平面形状复杂的建筑物的转折部位；建筑物的高度差异或荷载差异处；建筑结构（包括基础）类型不同；地基强度有明显差异处。对于长度较大的建筑物一般可每隔 20 m 左右设置一道变形缝（图 12-14）。一般情况下，无论建筑物位于何种地表变形区，变形缝最小宽度均不应小于 5 cm。

图 12-14　某中学下采煤时教学楼上切割的变形缝

（4）变形补偿沟

变形补偿沟是在建筑物周围的地表挖掘的有一定深度的槽沟。其作用是吸收地表水平变形，以减少建筑物处地表的水平变形值，从而达到保护建筑物的目的。变形补偿沟设置的位置应考虑地表压缩变形方向与建筑物轴线方向的关系。当建筑物受到一个轴线方向的地表压缩变形时，则仅沿垂直于变形方向的建筑物所有外墙外侧设置。当建筑物受到两个轴线方向或斜向地表压缩变形影响时，则应沿建筑物周围设置闭合的变形补偿沟。变形补偿沟的边缘距建筑物基础外侧 1～2 m，沟宽度不小于 60 cm，沟的底面比基础底面深 20～30 cm(图 12-15)。在开采影响到达建筑物以前，就应将沟挖好。沟内应充填好炉渣等松散材料。为防止沟内积水，应在沟的上部铺一层厚度为 30 cm 的黏土防水层。沟应加盖板，便于行走。为保证变形补偿沟的效果，应定期检查沟内充填材料，如发现压实，必须及时更换。

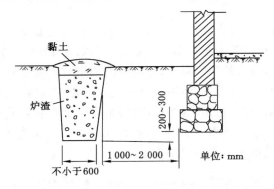

图 12-15　变形补偿沟

（5）堵砌门窗洞

当建筑物受到地表水平压缩变形和负曲率变形影响时，可采用堵砌门窗洞的办法，以提高墙壁抵抗地表负曲率变形和水平变形的能力。该措施具有简便易行的优点，一般用于加固仓库等建筑物。

任务三　铁路下采煤防治技术

【知识要点】　地下开采引起路基的移动和变形；地下开采引起线路上部建筑的移动和变形；铁路下采煤的技术措施。

【技能目标】　能运用铁路下采煤的技术措施；能进行铁路下采煤地表观测站的观测工作。

任务导入

铁路是一种特殊结构的建筑物，铁路下采煤具有以下的特点：

（1）铁路是延伸性建筑物，相互之间联系密切。如果某一区段出了故障，必然会影响全线正常通车。在处理某区段线路时，必须考虑到该区段与相邻段之间在平面和纵断面之间的衔接问题。

（2）线路突然地、局部地陷落，对列车运行危害极大。因为这种突然地陷落，既难以预

测又不能在列车通过之前消除。

（3）铁路线路是在承受列车的动荷载作用下工作的，列车速度快、重量大、线路受力复杂。同时，线路暴露于大气中，不断受到温度和光照等自然条件的影响，加之铁路下采煤的影响，线路的移动和变形较为复杂。

 **任务分析**

要进行铁路下采煤，需分析地下开采后地表移动变形对路基以及线路上部建筑的影响，然后根据铁路所在的位置，合理布设井下工作面，最后井上和井下采取相应的控制措施，从而减小地表移动变形对铁路的影响。

 **相关知识**

一、地下开采引起路基的移动和变形

铁路线路主要由路基、道床、轨枕和钢轨组成（图 12-16）。线路的基础是路基，列车的动荷载通过轨枕和道床传递给路基。因此，路基必须经常保持足够的强度和稳定性。铁路下方的煤层被采出以后，地表移动首先带动路基移动，并引起线路的上部建筑道床、轨枕、钢轨联结零件和道岔的一系列变形。

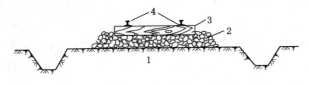

图 12-16　铁路线路横断面图

1——路基；2——道床；3——轨枕；4——钢轨

1. 路基的下沉过程及其分布特征

采空区上覆岩层的移动波及地表以后，位于采空区上方的路基开始下沉。随着回采工作面的推进，路基下沉量逐渐增大，下沉范围亦不断扩展。在路基最大下沉点和下沉边界之间下沉呈连续性渐变分布。观测表明，路基在下沉过程中在竖直方向上一般不会产生松动和脱层等危害，路基是随着地表的下沉呈连续下沉的。

工作面刚靠近路基时，路基的下沉速度很小。随着工作面的推进，路基下沉速度逐渐加大。工作面推过线路之后，路基的下沉速度达到最大值。随着工作面的继续远离，下沉速度逐渐减小，直到路基基本稳定。此时路基下沉速度趋近于零，而下沉值却达到最大。

路基的移动过程与地下的开采深度密切相关。当开采深度较大时，覆岩内整体弯曲带所占比重很大，路基受整体弯曲带的支托，一般不会出现局部塌陷。经验表明，煤层的开采深度与开采厚度之比（简称深厚比）超过 20 时，路基基本不会产生突然下沉。

采动过程中地表的下沉、倾斜、曲率变形、水平移动和水平变形，都能对路基产生不同程度的影响。其中，影响最大的是水平方向（包括沿路基轴线的方向和垂直于路基轴线的方向）的移动和变形。

2. 路基在水平方向上的移动与变形

路基在下沉的同时还伴随有水平方向的移动。垂直于路基轴线的横向水平移动,将改变路基原来的方向。路基的横向水平移动范围与地表下沉范围基本相同。横向水平移动同样具有大范围、连续和渐变的特征。

沿路基的纵向水平变形,使路基受到拉伸或压缩影响。土质路基有一定的孔隙度,能吸收压缩变形。拉伸变形会导致路基密实度降低,以致产生裂缝。

路基在竖直方向上一般不会出现离层,由拉伸变形引起的路基孔隙比变化量是很微小的,而且是很缓慢的。在此期间,路基还会被列车动荷载所压实。因此,在采动过程中路基始终具有足够的强度。

开采引起的路基裂缝,一般只发生在局部地段,而且发展到道床内会被压实,所以裂缝对路基强度影响不大。

二、地下开采引起线路上部建筑的移动和变形

路基的移动和变形使线路上部建筑物的标高和平面位置发生变化,具体表现为竖直方向的下沉、水平方向的横向移动和纵向移动。由于这三种移动在线路的相邻点上的不均匀性,使线路发生坡度的变化、竖直曲线形状的变化、两条钢轨水平的变化、线路方向的变化、轨距的变化和轨缝的变化。这些变化必然对线路的工作状态产生不利的影响。

1. 线路下沉的影响

处于下沉盆地内的线路其坡度会发生变化。如果这种变化与线路原来的坡度一致,则线路坡度增大;反之,线路坡度减小,甚至形成反坡。坡度的变化会改变列车的运行阻力。铁路部门对线路的限制坡度有明确的规定,以防止列车超载运行。《铁路技术管理规程》规定,客货共线线路的最大限制坡度为:国家Ⅰ级铁路,在一般地段为6‰,在困难地段为12‰;国家Ⅱ级铁路,在一般地段为6‰,在困难地段为15‰。上述各级铁路在双机牵引时最大坡度可为20‰。

线路相邻段的不均匀倾斜,会导致竖直方向上原有竖直线曲率半径的变化。《铁路工程设计规范》对线路纵断面有如下规定:采用抛物线型曲线时,凡相邻线段坡度代数差大于2‰的,须设计竖曲线连接。每20 m竖曲线长度的变坡率,凸形不大于1‰,凹形不大于0.5‰。为避免降低路基或起道过高,可采取每段坡长不短于25 m的连续性短坡道。两个相邻短坡道的变坡率不大于1‰,连续性短坡道的总长不短于200 m。当采用圆曲线型竖曲线时,凡相邻坡段的坡度代数差大于3‰者,须设计竖曲线。竖曲线半径一般为20 000～10 000 m,困难条件下不小于5 000 m。

实际上,尽管地表的曲率变形能改变线路纵断面形状,但是由于地表曲率变化缓慢,只要采取相应的维修措施,附加的曲率变形可以消除。

两股钢轨下沉不等,使钢轨原有水平状态发生变化,在曲线路段则改变了超高度。如果这种变化超过允许值,尤其是曲线部分出现反超高现象,对列车运行影响较大。《铁路线路维修规则》对两股钢轨的水平规定如下:曲线段实设最大超高在单线上不得大于125 mm,在双线上不得大于150 mm。两轨面的实际超高度与设计超高度相比较,其差值不得超过±4 mm。据此,可以反算出垂直于线路方向的允许地表倾斜变形值。

我国铁路的标准轨距为1 435 mm。为使两轨超高变化量小于4 mm,垂直于线路方向的地表倾斜应小于 2.8×10^{-3}。

地表的倾斜变形是容易达到 2.8×10^{-3} 的,特别是当线路与采区走向平行或垂直且位于采区边界上方时,地表倾斜值能达到很大的数值。但是,倾斜变形也不是突然发生的,在它对两轨水平的影响达到允许值之间,便可在维修中将已有的倾斜变形加以消除。

2. 线路水平移动和变形的影响

线路的横向移动与铁路相对于采空区的位置有关。当线路方向与回采工作面推进方向平行并位于下沉盆地主断面内时,线路的横向位移很小。当线路方向垂直于推进方向时,线路横向移动的轨迹有指向工作面的特点。工作面开始影响到线路时,线路移动朝向工作面;工作面越过线路下方时,线路便改变原来的移动方向而指向远离而去的工作面,并于最终越过原来的位置而停止在偏向工作面停采线一侧。如图 12-17 所示。当线路不在下沉盆地主断面上时,线路的横向移动总是指向采空区的。线路的原有直线段可能形成曲线段。

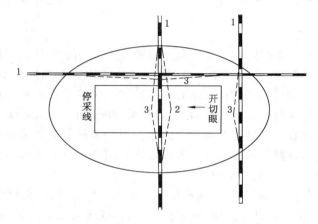

图 12-17　线路横向移动示意图

1——线路原始方向;2——工作面接近时线路移动方向;3——工作面停采后线路的最终位置

当线路与采空区斜交时,线路会由直线变为 S 形,使线路方向出现复杂的情况,如图 12-18 所示。

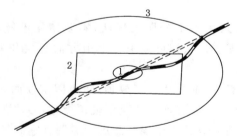

图 12-18　与采空区斜交的线路移动示意图

1——下沉盆地平底区;2——采空区;3——地表移动边界

3. 线路的纵向移动和变形的影响

线路的纵向移动主要表现为线路的爬行和轨缝的变化。线路爬行量一般小于地表沿线路纵向的水平移动量,但出现爬行的范围要大于地表移动的范围。

轨缝变化与地表水平变形有关。在拉伸变形区,轨缝增大。如果变形太大,能使轨缝达到或超过线路构造的允许值,并能将鱼尾板拉断。在压缩变形区,轨缝减小。如果压缩变形值太大,轨缝能出现瞎缝,使接头和钢轨内产生很大的压应力,甚至出现"胀轨",那是极其危险的。普通线路钢轨接头,应根据钢轨长度与钢轨温度预留轨缝。每千米轨缝设置总误差:25 m 钢轨地段不得大于±80 mm;12.5 m 钢轨地段不得大于±160 mm。在钢轨未达到最高轨温的情况下,不容许有连续三个以上的瞎缝。

三、铁路下采煤的技术措施

铁路下采煤时有两种技术措施可供选择:井下开采措施和地面线路维修措施。根据具体情况可单独采用其中一种或者两种联合使用。

(一)井下开采措施

铁路下采煤时井下开采措施的目的是减小地表下沉值和防止铁路极敏感的地表突然下沉。

1. 减小地表下沉值

地表下沉值的大小决定线路在竖直方向上的移动和变形的大小。减小地表下沉是减少线路危害的重要途径。但是,不论采取什么措施,只能使地表下沉值减小而不可能完全消除,所以在采取减小下沉的开采措施时,地面的维护措施仍然是必不可少的。但是,如果地面的维修工作能够保证线路的安全运行,井下的开采措施却不一定非采用不可。

充填开采是减小地表下沉最有效的开采方法。用外来材料充填采空区的效果,取决于充填方法、充填率、充填材料及顶板岩石性质等因素。综合机械化固体密实充填、水砂充填效果较好;风力充填和矸石自溜充填效果较差。

条带式开采特别是条带加充填,对减小地表下沉是有效的,但回采率低。

总之,减小地表下沉值的开采措施,或者成本太高,或者回采率太低,必须在进行综合经济技术对比以后,认为这些措施是可行的、合理的,才能最后确定。

2. 防止地表突然下沉

在缓倾斜和厚煤层浅部开采时,应尽量采用倾斜分层采煤法,并适当减小第一、二分层的开采厚度。这样可以抑制覆岩冒落带高度的发展,从而减小地表突然下沉的危险性。

开采急倾斜煤层时,应采用水平分层采煤法,不要使用沿倾斜方向一次暴露较大空间的落垛式或倒台阶式采煤法。这样可以阻止上山方向煤层与岩体的抽冒,防止地表突然下沉。

煤层顶板坚硬,不易冒落时,应采用人工放顶,防止因空顶面积过大而突然垮落。特别是在铁路通过的煤层露头下方的工作面有此类坚硬顶板时,必须强制放顶。

老采空区、废巷和岩溶等是铁路下采煤的隐患。需调查它们是否已被充填满,并应防止井下采煤时把其中的积水流空而造成地表突然陷落。

加快工作面的推进速度会使地表下沉速度增大,因此不宜采用。

3. 合理布置采区

有条件时,应尽量将采空区布置在线路的正下方,人为地使线路位于下沉盆地的主断面上,并与工作面推进方向平等。这时线路横向移动量最小。

在铁路下方不要留设孤立的残存煤柱,尤其是在浅部开采时更应注意,以便使线路平缓下沉。

采用协调开采方法可以减小采动过程中地表和线路的变形。为了达到此目的,两个工作面的错开距离要适当,以便使其中一个煤层开采引起的地表压缩与另一个煤层开采引起的地表拉伸相抵消。协调开采虽然可以最终减小地表变形,但使地表下沉速度增大,最终下沉值不会减小。所以,在开采影响只限于线路本身而没有其他建筑物时,要全面考虑协调开采的利弊。在铁路桥梁、隧道等对变形比较敏感的建筑物下采煤时,采用协调开采方法是一种较为有利的措施。

采用分层间歇开采可以明显降低地表下沉速度,因此也可作为减小采动过程中变形的措施之一。

（二）铁路下采煤时地面线路的保护

1. 铁路下采煤时的观测工作

在进行铁路下采煤时,应事先在地表设置专门的观测站。其目的一是随时掌握路基和线路的移动动态,为铁路维修提供依据;二是为研究路基和上部建筑的移动规律提供资料,以指导今后的铁路下采煤工作。

（1）铁路观测站的设置

铁路观测站应由两条观测线组成:一条设在钢轨上,称为轨道观测线;另一条与钢轨平行设置在路基面上,称为路基观测线。

轨道观测线的测点选在钢轨轨头的外侧,冲一个小圆坑,作为平面观测的位置。测点间距,在直线段与单根钢轨长度相适应,即 12.5 m 或 25 m;在曲线段与正矢点相对应,即每 10 m 或 20 m 设一点。测点可选在轨节编号处,以便寻找。平面测点所对应的轨面处,即为高程观测时的立尺位置。

路基观测线应设在与轨道观测线同侧的路基上。测点出露地表的高度,应考虑到不致因路基下沉而被埋没。为便于观测,路基观测点至钢轨的距离应尽量小,一般为 1.5~2.0 m。测点结构和埋设要求与地表观测站相同。路基观测线的直线部分应设置成直线,曲线部分要与线路的曲线相谐调。观测线两端应设置不少于两个控制点。

（2）高程观测工作

高程连接测量:根据矿区水准基点将高程导至观测线的控制点上,同时将铁路原有的水准点也连接测量上。高程连接测量按国家三等水准测量要求进行。路基观测线和轨道观测线的高程要分别测出。

首次观测:就是为了取得采动前各观测点的原始高程而进行的高程观测。它是用来计算线路移动与变形的基础数据,需独立进行两次,取其算术平均值作为各测点的原始值。施测亦按三等水准要求进行。

巡视测量:是为了及时发现铁路开始移动的时间。在预计开始移动前,应每隔 3~4 天对全部或部分路基点进行一次水准测量。

定期观测:发现铁路开始移动后,观测便转入定期进行。从首次观测到末次观测,其间要进行多次测量。为了减小系统误差的影响以及使各次观测精度一致,可从首次观测开始,按前、后视距离相等的原则,固定转点和水准仪放置位置,并将这些点标志在钢轨相应位置处。这样不但能提高精度,而且能加快观测速度,避免司尺和记录发生粗差。测完之后应立即在野外计算各测点的高程。

（3）平面观测工作

平面连接测量：观测站设置完毕，应及时将观测线控制点与矿区控制网连接。其测量方法依照四等三角测量的精度进行。

路基观测线的平面测量：一条观测线有几十个甚至上百个观测点。如果每个点都由导线测量求出其坐标，内、外业工作量都很大，同时由于每条边都很短，测角误差会积累迅速。因此，可以先选择若干特征点作为导线点。各点间距直线段进行角度测量、边长测量和支距测量。

轨道观测线的平面测量：由于已测出了路基观测点的平面位置，因此可以路基点为基础测量轨道点的平面位置。

（4）其他观测工作

轨缝观测：通常采用一种专门的楔形钢板尺来测量轨缝。在测量轨缝的同时，还要进行轨温测量。

曲线正矢测量：为了发现和检查线路平面曲线的变化，需要进行这项测量工作，一般在外轨内侧轨面下 16 mm 处，用正矢法往返测量弦中点至钢轨内侧轨面下 16 mm 处的垂直距离，取往返平均值，据以检查曲线是否发生了变化。

（5）绘制观测成果图

根据实测的内轨轨面的标高，绘制线路纵断面图，供线路维修时确定起道量用。最后应将每次起道周期内各次轨道观测线的下沉绘制在同一张图纸上备查。

根据轨道观测线的平面测量结果，绘制线路横向移动图，供确定拨道量用。最后应将每次拨道周期内的各次观测成果绘制在同一张图纸上备查。

2. 地面线路的维修

地面维修措施是利用铁路下采煤的特点，随时消除地下开采对线路的不利影响，以保证行车安全。在进行铁路下采煤时，应首先考虑地面维修措施，然后再考虑井下开采措施。

（1）路基的维护

路基的维护主要是加高和加宽路基。为了使新旧路基能密切吻合，在加宽路基时，应将原路基边坡挖成台阶并分层填土，夯实。预计路基加宽量较大时，要在开采前将路基一次性加宽到需要的高度。

（2）起道

线路下沉后除应加高路基以外，还应及时起垫铁路上部建筑，以恢复原始标高。起道是铁路下沉治理的最主要维修工作，当线路下沉积累到一定数值时，应及时进行起道，使轨面恢复到原有的标高；或根据线路具体情况，将部分轨面抬高进行顺坡，灵活调整线路的纵断面，使其不超出铁路限制坡度。

（3）拨道

随着线路的横向移动，不断将线路的钢轨和轨枕一起拨到原来平面位置，使线路恢复到原先的方向状态。拨道是消除线路横向水平移动的常用方法。由于线路横向移动具有大范围、渐变的特点，可以在采动期间暂时不将线路拨到原始位置，而只对失格处所及时处理，使线路在平面上保持圆滑，不出现硬弯。待地表稳定后，重新设计合理的平面位置，并据此进行整修。

（4）串轨

由于线路纵向移动主要反映在轨缝的变化上，因此可以用调整轨缝（即串轨）的方法消除有害影响。在每次串轨时,要将预计的拉伸区内的轨缝调小、压缩区内的轨缝调大,以适应地表移动的影响,延长维修周期。

任务四　水体下采煤防治技术

【知识要点】　地下开采覆岩破坏规律;地下开采覆岩破坏高度的计算方法;水体下采煤的技术措施。

【技能目标】　能计算地下开采覆岩破坏高度;能运用水体下采煤的技术措施。

 任务导入

地下开采引起的岩层与地表移动,能使开采煤层围岩中含水层里的水、溶洞水以及位于开采影响范围内的地表水和泥砂溃入井下,威胁煤矿安全生产;同时造成水资源受损,导致含水层水位下降,地面河流、水库干涸。因此,在水体下采煤时必须采取适当措施,保证开采过程中不发生灾害性透水、溃砂事故和保护水资源,避免因矿井涌水量突然增大而严重地恶化井下工作环境。

 任务分析

进行水体下采煤,要研究开采引起的覆岩破坏规律,预计覆岩破坏的范围和高度,进而决定采取相应措施,以达到安全采出水体下压煤的目的。

 相关知识

一、覆岩破坏规律

(一)覆岩破坏的分带

从对水体下采煤的要求出发,将采空区上覆岩层按破坏程度划分为垮落带、断裂带和弯曲下沉带(简称“上三带”)。垮落带和断裂带都是透水的,所以通常把它们合称为导水裂缝带,如图12-19所示。

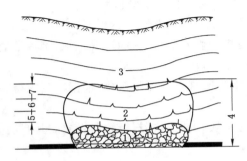

图 12-19　覆岩破坏的分带

1——垮落带;2——断裂带;3——弯曲下沉带;4——导水裂缝带;
5——严重开裂区;6——一般开裂区;7——微小开裂区

1. 垮落带

煤层顶板在采动影响下发生变形、离层、断裂后脱离原生岩体而下落到采空区的破坏区域称为垮落性破坏区或称垮落带。由于该区的岩层完全失去了原有的连续性和层状结构，不但透水，而且流砂也极易从中穿过。显然位于该区内的水体和井巷将遭受十分严重的破坏。

2. 断裂带

煤层覆岩在采动影响下只发生移动、变形和断裂，但仍保持原有层次的覆岩区，称为裂缝带。根据岩层开裂的严重程度，裂缝带又可细分为严重开裂区、一般开裂区和微小开裂区。

（1）严重开裂区。该区内岩层大部分断开，但仍保持原有层次。裂缝间连通性极好，既透水又透砂。该区一旦波及水体，将发生透水、透砂的重大事故。

（2）一般开裂区。岩层未全部断开且层次完整，裂缝间连通性较好，透水性一般，基本不透砂。该区如果波及水体，会发生透水事故。

（3）微小开裂区。岩层有微小裂缝，连通性不好，透水性微弱。该区如果触及水体，会增加矿井涌水量。

这三个区域的透水性是渐变的，其间并无明确的界线。人们常根据钻孔观测时冲洗液漏失量的大小划定出它们的界线。

3. 弯曲下沉带

一般说来，弯曲下沉带内的岩层在受开采影响后仍保留其原始的完整性。如弯曲下沉带内岩层的原始隔水性能较好（渗透系数很小，没有断层、陷落柱等涌水通道），水体下的弯曲下沉带又有足够的厚度（大于保护层厚度），则可认为弯曲下沉带可有效地阻隔水体内的水流入开采区，防止井下突水事故的发生。

（二）覆岩破坏高度的计算方法

覆岩破坏高度的计算，包括垮落带高度和导水裂缝带高度的计算。覆岩破坏高度与许多地质采矿条件有关，但是实际上不可能找到它们之间多元相关的具体表达式。到目前为止，覆岩破坏高度的计算大多采用经验公式。这些公式是根据大量的钻孔和巷道观测资料用数理统计方法获得的。下面给出一些常用的经验公式，既然是经验公式，在套用时务必注意其适用条件，并采用所研究矿区的有关数据和参数。

1. 垮落带高度计算（适用于倾角为 0～54°的煤层）

（1）煤层顶板覆岩内有极坚硬岩层，采后能形成悬顶，垮落带最大高度采用下式计算：

$$H_m = M/[(K-1)\cos\alpha] \tag{12-5}$$

式中，M 为煤层开采厚度；K 为冒落岩石碎胀系数，根据实测求得，一般为 1.10～1.40；α 为煤层倾角。

（2）煤层顶板覆岩内为坚硬、中硬、软弱、极软弱岩层或其互层时，开采单一煤层的垮落带最大高度可采用下式计算：

$$H_m = (M-W)/[(K-1)\cos\alpha] \tag{12-6}$$

式中，W 为冒落过程中顶板下沉值，由实测得到。

（3）厚煤层分层开采时垮落带最大高度，采用表 12-3 中给出的计算公式计算。

表 12-3 厚煤层分层开采的垮落带高度计算公式

覆岩岩性(单向抗压强度/MPa,主要岩石组成)	计算公式/m
坚硬(40~80,石英砂岩、石灰岩、砂质页岩、砾岩)	$H_{\mathrm{m}} = \dfrac{100\sum M}{2.1\sum M + 16} \pm 2.5$
中硬(20~40,砂岩、泥质灰岩、砂质页岩、页岩)	$H_{\mathrm{m}} = \dfrac{100\sum M}{4.7\sum M + 19} \pm 2.2$
软弱(10~20,泥岩、泥质砂岩)	$H_{\mathrm{m}} = \dfrac{100\sum M}{6.2\sum M + 32} \pm 1.5$
极软弱(<10,铝土岩、风化泥岩、黏土、砂质黏土)	$H_{\mathrm{m}} = \dfrac{100\sum M}{7.0\sum M + 63} \pm 1.5$

注:1. 公式中"±"后面的数字为中误差;$\sum M$ 为累计开采厚度。

2. 表中公式的适用范围:单层采厚 1~3 m,累计采厚小于 15 m。

2. 导水裂缝带高度计算(适用于倾角为 0~54°的煤层)

煤层覆岩内为坚硬、中硬、软弱、极软弱岩层或其互层及厚煤层分层开采时,导水裂缝带最大高度均可选择表 12-4 中给出的两种计算公式计算。

表 12-4 缓倾斜和倾斜煤层开采时导水裂缝带高度计算公式

覆岩岩性	计算公式之一/m	计算公式之二/m
坚硬	$H_{\mathrm{li}} = \dfrac{100\sum M}{1.2\sum M + 2.0} \pm 8.9$	$H_{\mathrm{m}} = 30\sqrt{\sum M} + 10$
中硬	$H_{\mathrm{li}} = \dfrac{100\sum M}{1.6\sum M + 3.6} \pm 5.6$	$H_{\mathrm{m}} = 20\sqrt{\sum M} + 10$
软弱	$H_{\mathrm{li}} = \dfrac{100\sum M}{3.1\sum M + 5.0} \pm 4.0$	$H_{\mathrm{m}} = 10\sqrt{\sum M} + 5$
极软弱	$H_{\mathrm{li}} = \dfrac{100\sum M}{5.0\sum M + 8.0} \pm 3.0$	

3. 开采急倾斜煤层时垮落带高度和导水裂缝带高度计算(适用于倾角为 55°~90°的煤层)

煤层顶底板岩层内为坚硬、中硬、软弱岩层,用垮落法开采时的垮落带高度和导水裂缝带高度可用表 12-5 中给出的计算公式计算。

表 12-5 急倾斜煤层垮落带和导水裂缝带高度计算公式

岩性	导水裂缝带高度/m	垮落带高度/m
坚硬	$H_{\mathrm{li}} = \dfrac{100Mh}{4.1h + 133} \pm 8.4$	$H_{\mathrm{m}} = 0.4 \sim 0.5 H_{\mathrm{li}}$
中硬、软弱	$H_{\mathrm{li}} = \dfrac{100Mh}{7.5h + 293} \pm 7.3$	$H_{\mathrm{m}} = 0.4 \sim 0.5 H_{\mathrm{li}}$

注:表中的 h 为回采阶段垂高;M 为煤层的法线厚度。

二、水体下采煤的技术措施

解决近水体安全采煤问题可以采取三种技术措施：留设安全煤柱、处理水体和采取开采措施。有时单独选用其中的一种即可解决问题，有时则需要其中的两种或三种措施配合使用，这要视具体条件而定。例如，当煤层直接顶和基本顶均为含水层时，谈不上留设安全煤岩柱，必须先处理水体然后考虑开采，否则会出现透水事故或者导致工作面条件恶化而影响生产。当煤层远离含水层或煤层与含水层之间有良好隔水层时，不论是否直接在松散含水层下采煤，都可以通过留设安全煤柱的方法达到安全回采的目的，而不必首先处理水体。当预计的导水裂缝带内同时有含水层和隔水层时，就应该处理水体或采取开采措施，如采取密实固体充填采煤可大幅度缩小导水裂缝带的高度。

（一）水体下采煤安全煤岩柱设计方法

在煤层至水体底面垂直距离很近的条件下，必须在水体和煤层开采上限之间留设一定垂深的岩层块段和煤层，称为安全煤岩柱。留设安全煤岩柱的实质是确定合理的开采上限，保证导水裂缝带或垮落带不波及水体。这个开采上限，对水平的煤层群来说是某一煤层，对于倾斜煤层来说是煤层的某一标高。

为确保近水体下安全采煤而留设的煤层开采上限至水体底界面之间的煤岩层区段，称为防水安全煤岩柱，也称为防水安全煤岩柱。其目的是不允许导水裂缝带波及水体。防水安全煤岩柱的垂高（H_{sh}）应大于或等于导水裂缝带最大高度（H_{li}）加上保护层厚度（H_b），如图 12-20 所示，即：

$$H_{sh} \geqslant H_{li} + H_b$$

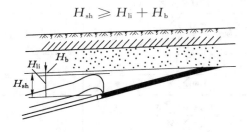

图 12-20　防水安全煤岩柱

如果煤系地层无松散层覆盖和采深较小，在留设防水安全煤柱时应考虑地表裂缝的深度（H_{dili}），如图 12-21 所示，即：

$$H_{sh} = H_{li} + H_b + H_{dili}$$

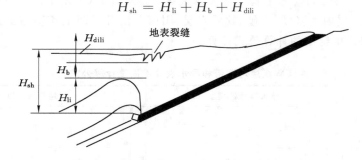

图 12-21　煤系地层无松散层覆盖时防水安全煤柱设计

地表裂缝的深度与近地表岩性及深厚比等因素有关。我国部分煤矿地表裂缝深度的实测结果见表12-6。

表 12-6   **我国部分煤矿地表裂缝深度实测资料**

矿名	深厚比	裂缝处岩(土)性	裂缝深度/m	备注
阜新清河门矿		松散层	0.4～0.6	直接量测
开滦唐家庄矿		松散层	5～6	直接量测
开滦范各庄矿		松散层	1.76	直接量测
辽源胜利矿		松散层	5.0	直接量测
抚顺胜利矿		松散层	7～8	直接量测
新汶孙村矿		松散层	2.5～3.0	直接量测
枣庄柴里矿	11～12	松散层(砂质黏土)	6～10	直接量测
扎赉诺尔矿		松散层(砂质黏土)	1.9～2.0	直接量测
淮南毕家岗矿		松散层(砂质黏土)	2.8～3.0	槽探结果
合山柳花岭矿	30～40	松散层(砂质黏土)	2.1～4.1	槽探结果
淮南李咀孜矿	18～34	松散层(砂质黏土)	2.0～3.0	槽探结果
峰峰通二矿	40～80	松散层(砂质黏土)	2.0～3.0	深沟观测

如果松散层为强或中等含水层,且直接与基岩接触,而基岩风化带也含水,在留设防水安全煤柱时应考虑基岩风化带的深度(H_{fe}),如图12-22所示。此时,$H_{sh} = H_{li} + H_b + H_{fe}$,或者将水体底界面下移至基岩风化带底界面。

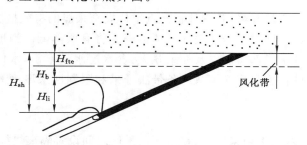

图 12-22   基岩风化带含水时防水安全煤岩柱设计

(二)水体处理措施

处理水体是水体下采煤的一项有效而又常常是迫不得已的措施。例如,在巨厚松散层下开采急倾斜煤层时,必须将松散层中的水疏干,使残余水位达到某一标准以下后才允许开采。水体处理措施主要包括两个方面:疏降水体和处理水体补给来源。

1. 疏降水体措施

当回采上限接近松散含水层或煤层直接顶板即为含水层时,必须适时地对水体采取疏降措施。常常采用大口径钻孔和巷道等方式疏干水体或降低水位。疏降水体可以在煤层回采以前或回采过程中进行,使水体中的水自然地疏干和降压。一般情况下,煤层直接顶板若为强含水层或松散层为富含水层时,宜采取预先疏降的办法;若为弱含水层时,可边采边疏降。

疏降水体措施的优点是煤炭回收率高,生产安全;缺点是必须增加疏排水设备及必要的辅助工程,增加煤炭成本。有时由于疏降水体改变了水体的自然循环,以致影响工农业生产及人民生活。

2. 处理水体补给来源

处理水体补给来源,就是在回采前用水文地质、工程地质方法对补给水体的主要来源进行处理。一般采取堵截、防渗、改道泄水等措施。采用这些措施时一定要因地制宜,一方面要根据水体自身的特点,另一方面要根据矿井的地形、地层的特点等确定方案。

(三)地下开采技术措施

采取开采技术措施,旨在减轻覆岩或底板破坏的影响,并与留设安全煤岩柱措施相配合,以期达到水体下安全采煤的目的。

1. 分层间歇开采

分层间歇开采是将原煤层按倾斜分层或按水平分层的开采方法。它能使覆岩的破坏高度比一次采全厚的破坏高度小得多。同时,使整个覆岩形成均衡破坏,防止了不均衡破坏对水体的影响。对于厚松散层下浅部开采或安全煤岩柱中基岩厚度较小的条件,分层间歇开采具有更加明显的效果。

在水体下开采缓倾斜及倾斜厚煤层时,宜采用倾斜分层长壁开采方法,并尽量减少第一、二分层的采厚,增加分层之间的间歇时间,上、下分层同一位置的回采间隔时间应不小于4～6个月,如果岩性坚硬,间隔时间应适当增加。采用放顶煤开采方法时,必须先试验后推广。

2. 部分开采

采用部分开采(如充填开采)管理顶板是近水体安全采煤的有效措施之一。它可以大大减小安全煤岩柱的尺寸,同时围岩开裂性破坏范围也将有所降低。当地表水体和松散强含水层下无隔水层时,开采浅部煤层以及在采厚大、含水层水量丰富,水体与煤层的间距小于顶板导水裂缝带高度时,应采用充填法或条带法开采和限制回采厚度等措施控制裂缝带发展高度的开采方法。

3. 分区开采

分区开采就是在水体下回采以前,在采区与采区之间设置隔离煤柱或永久性防水闸门,或是利用独立的井口和采区进行单独开采。这样一旦发生突水,可以有效地加以控制。在浅部开采和水源补给充足的条件下适用此方法。

思考与练习

1. 分别用垂直剖面法和垂线法设计一重要建筑物的保护煤柱,保护级别为Ⅱ级,保护面积的平面形状为矩形,面积为 $100\ \text{m} \times 200\ \text{m}$,长轴与煤层走向斜交成 $60°$。煤层倾角 $30°$,煤层在保护范围中央处的埋藏深度 $H = 250\ \text{m}$。地面标高为零,松散层厚度 $h = 40\ \text{m}$,煤层厚度 $m = 2.5\ \text{m}$。矿区地表移动资料: $\beta = 55°$, $\delta = \gamma = 73°$, $\varphi = 45°$。

2. 简述建筑物下采煤地表和建筑物变形控制的基本方法。

3. 简述铁路下采煤地面线路维修加固措施。其作用是什么?

4. 覆岩破坏高度与哪些地质采矿条件有关?

参 考 文 献

[1] 柴华彬,邹友峰,郭文兵.用模糊模式识别确定开采沉陷预计参数[J].煤炭学报,2005,
    30(6):701-704.

[2] 陈孝勇.公路边坡表面变形监测及工程应用[D].重庆:重庆交通大学,2015.

[3] 程建军.路堑边坡变形监测与稳定性安全评估方法[M].北京:人民交通出版社,2016.

[4] 崔有祯.开采沉陷与建筑物变形观测[M].北京:机械工业出版社,2009.

[5] 耿德庸,仲惟林.用岩性综合评价系数 P 确定地表移动的基本参数[J].煤炭学报,1980,
    5(4):13-25.

[6] 谷拴成,洪兴.概率积分法在山区浅埋煤层地表移动预计中的应用[J].西安科技大学学
    报,2012,32(1):44-50,69.

[7] 郭广礼,查剑锋.矿山开采沉陷灾害及其防治[M].徐州:中国矿业大学出版社,2012.

[8] 郭文兵,柴华彬.煤矿开采损害与保护[M].北京:煤炭工业出版社,2008.

[9] 郭文兵.煤矿开采损害与保护[M].北京:煤炭工业出版社,2013.

[10] 何国清,杨伦,凌庚娣,等.矿山开采沉陷学[M].徐州;中国矿业大学出版社,1991.

[11] 侯新春.GPS-RTK 在山区开采沉陷中的应用研究[J].山西焦煤科技,2011(9):25-
    27,30.

[12] 柯涛,张祖勋,张剑清.旋转多基线数字近景摄影测量[J].武汉大学学报(信息科学
    版),2009,34(1):44-47,51.

[13] 李金生,王占武,张博,等.工程变形监测[M].武汉:武汉大学出版社,2013.

[14] 李锦城,王国辉.测量机器人的二次开发及在桥梁变形监测工程中的应用[J].铁道建
    筑,2008(7):18-20.

[15] 李青岳,陈永奇.工程测量学[M].3 版.北京:测绘出版社,2008.

[16] 李双平,方涛,王当强.测量机器人在溪洛渡电站变形监测网中的应用[J].人民长江,
    2007,38(10):54-56.

[17] 李天子,郭辉.多基线近景摄影测量的平面地表变形监测[J].辽宁工程技术大学学报
    (自然科学版),2013,32(8):1098-1102.

[18] 梁明,王成绪.厚黄土覆盖山区开采沉陷预计[J].煤田地质与勘探,2001,29(2):
    44-47.

[19] 刘昌华,王成龙,李峰,等.数字近景摄影测量在山地矿区变形监测中的应用[J].测绘
    科学,2009,34(4):197-199.

[20] 刘礼科.长沙市地质家园二期深基坑工程监测及变形预测[D].长春:吉林大学,2014.

[21] 渠守尚,马勇.测量机器人在小浪底大坝外部变形监测中的应用[J].测绘通报,2001
    (4):35-38.

[22] 盛业华,闫志刚,宋金铃.矿山地表塌陷区的数字近景摄影测量监测技术[J].中国矿业大学学报,2003,32(4):411-415.

[23] 宋胜武,蔡德文.汶川大地震紫坪铺混凝土面板堆石坝震害现象与变形监测分析[J].岩石力学与工程学报,2009(4):840-849.

[24] 汤伏全,贺国伟.黄土山区地形对开采沉陷预计的影响研究[J].煤炭工程,2015,47(10):77-79.

[25] 王长俊,郝延锦.岩层移动参数影响因素与统计规律分析[J].煤炭技术,2008,27(3):140-142.

[26] 王启春,郭广礼,查剑锋,等.厚松散层条件下矸石充填开采地表移动规律研究[J].煤炭科学技术,2013,42(2):96-99,103.

[27] 徐孟强,查剑锋,李怀展.基于 PSO 算法的概率积分法预计参数反演[J].煤炭工程,2015,47(7):117-119,123.

[28] 杨校辉,朱彦鹏,周勇,等.山区机场高填方边坡滑移过程时空监测与稳定性分析[J].岩石力学与工程学报,2016(A2):3977-3990.

[29] 岳建平,田林亚.变形监测技术与应用[M].2 版.北京:国防工业出版社,2014.

[30] 张广发.GPS-RTK 定位技术在矿山测量中应用及优缺点的探讨[J].西部探矿工程,2014(3):145-146,150.

[31] 张庆松,高延法,刘松玉,等.基于粗集与神经网络相结合的岩移影响因素分析与开采沉陷预计方法研究[J].煤炭学报,2004,29(1):22-25.

[32] 张文志.开采沉陷预计参数与角量参数综合分析的相似理论法研究[D].焦作:河南理工大学,2011.

[33] 邹友峰,邓喀中,马伟民.矿山开采沉陷工程[M].徐州:中国矿业大学出版社,2003.